高等院校城市规划专业本科系列教材

风景园林子系列

城市景观规划设计

Urban Landscape Planning and Design

主　编　王江萍
副主编　宋菊芳　戚姣姣　任亚鹏

WUHAN UNIVERSITY PRESS
武汉大学出版社

图书在版编目(CIP)数据

城市景观规划设计/王江萍主编．—武汉:武汉大学出版社,2020.9
高等院校城市规划专业本科系列教材
ISBN 978-7-307-21660-0

Ⅰ.城…　Ⅱ.王…　Ⅲ.城市景观—城市规划—高等学校—教材
Ⅳ.TU-856

中国版本图书馆 CIP 数据核字(2020)第 128999 号

责任编辑:任仕元　　责任校对:李孟潇　　版式设计:马　佳

出版发行:**武汉大学出版社**　(430072　武昌　珞珈山)
(电子邮箱:cbs22@ whu.edu.cn 网址:www.wdp.com.cn)
印刷:武汉图物印刷有限公司
开本:787×1092　1/16　印张:18.25　字数:433 千字　插页:1
版次:2020 年 9 月第 1 版　　2020 年 9 月第 1 次印刷
ISBN 978-7-307-21660-0　　定价:39.00 元

总　　序

随着中国城市建设的迅速发展，城市规划学科涉及的学科领域越来越广泛。同时，随着科学技术的突飞猛进，城市规划研究方法、城市规划设计方法及城市规划技术方法也有很大的变化，这些变化要求城市规划高等教育在教学结构、教学内容及教学方法上做出适时调整。因此，我们特别组织编写了这套高等院校城市规划专业本科系列教材，以满足高等院校城市规划专业教育发展的需要。

这套教材由城市规划与设计、风景园林及城市规划技术这三大子系列组成。每本教材的主编教师都有从事相应课程教学 20 年以上的经验，课程讲义经历了不断更新及充实的过程，有些讲义还凝聚了两代教师的心血。在教材编写过程中，有关编写人员在原有讲义基础上，广泛收集最新资料，特别是最近几年的国内外城市规划理论及实践的资料。教材在深入讨论、反复征求意见及修改的基础上完成，可以说这是一套比较成熟的城市规划专业本科系列教材。我们希望在这套教材完成之后，继续相关教材编写，如城市规划原理、城市建设历史、城市基础设施规划等，以使该套教材更完整、更全面。

本系列教材注重知识的系统性、完整性、科学性及前沿性，同时与实践相结合，提出与规划实践、城市建设现状、城市空间现状相关的案例及问题，以帮助、引导学生积极自觉思考和分析问题，鼓励学生的创新意识，力求培养学生理论联系实际、解决实际问题的能力，使我们的教学更具开放性和实效性。

这套教材不仅可以作为高等院校城市规划和建筑学专业本科教材及教学参考书，同时也可以作为从事建筑设计、城市规划设计、园林景观设计及城市规划研究人员的工具书和参考书。

希望这套教材的出版能够为城市规划高等教育的教学及学科发展起到积极的推进作用，为城市规划专业及建筑学专业的师生带来丰富的有价值的资料，同时还能为城市规划师及其相关专业的从业者带来有益的帮助。

教材在编写过程中参考了同行的著作和研究成果，在此一并表示感谢。也希望专家、学者及读者对教材中的不足之处批评指正，帮助我们更好地完善这套教材的建设。

前　　言

城市景观规划设计是目前城市规划专业学生的一门非常重要的专业课程。改革开放以来，中国经历了世界历史上规模最大、速度最快的城镇化进程，景观规划设计作为城市建设的重要组成部分，也取得了举世瞩目的成就。习近平总书记说过，“人民对美好生活的向往，就是我们的奋斗目标。”面对社会经济的转型，人民对美好生活环境的需求日益增强，景观担负着营造和改善人居环境的时代使命。这些新的变化，标志着景观规划设计的内涵与外延有了更为广泛的拓展，同时对城乡规划专业和景观相关专业人才的知识、能力以及综合素质等方面均提出了更高的要求。本教材就是在这样的背景下编写完成的。

本教材全面梳理景观规划设计的要素、工作内容和工作方法，分类型归纳和阐述了道路景观、滨水景观、广场景观、综合公园、居住区绿地的规划设计原则与方法。同时，按照国家新形势的发展要求和新的城乡规划、景观专业人才的培养目标，扩充了绿道、海绵城市、棕地景观等规划设计内容，以提高教材的前沿性、系统性、针对性和实用性。

教材编写的主要目的是让学生全面了解景观规划设计的相关概念及其与相关学科的关系，熟悉和掌握景观规划设计的目标原则、工作阶段、设计方法和内容成果要求，培养学生系统的逻辑思维能力和操作能力、分析能力与综合能力、自主能力和团队协作能力。

参加本教材编写的人员有：王江萍、宋菊芳、戚姣姣、任亚鹏、武静、王竞永、王昱含、张思、廖杰欣、苏昱玮、张立凡、翟文雅、伊若辰、许冠楠、虞婷、高畅、陈子豪、李雪敏、王润珏。

教材编写得到了武汉大学出版社、武汉大学教务部的大力支持，是他们的无私帮助才有了本教材的顺利出版，在此一并表示谢意。

由于编者水平有限，加之时间仓促，书中差错在所难免。恳请读者批评指正，以便我们修订时进一步完善。

编　者

2020 年 7 月

目　录

第1章　绪　　论

景观规划设计是一项设计内容丰富、融科学理性分析与艺术灵感创作于一体、关于土地设计的综合创作，旨在解决人们一切户外空间活动的问题，为人们提供满意的生活空间和活动场所。根据解决问题的性质、内容和尺度的不同，景观规划设计学包含两个专业方向，即景观规划(Landscape Planning)和景观设计(Landscape Design)。景观规划是指在较大尺度范围内，基于对自然和人文过程的认识，协调人与自然关系的过程，具体地说就是为某些使用目的安排最合适的地方和在特定地方安排最恰当的土地利用。而对这个特定地方的设计就是景观设计。

1.1　景观的基本概念

1.1.1　景观的起源与定义

景观在汉语中的意思是指某地区或某种类型的自然景色，也指人工景色，相对应地在英文中的词汇是“Landscape”。

Landscape 在英文中开始使用是在 17 世纪。这一词汇来自荷兰语，是画家的专业词汇，它的含义是指绘画作品中描绘的自然风景。在 18 世纪，景观设计师逐渐将 Landscape 用于形容理想的场所。19 世纪初，德国地理学家亚历山大·冯·洪堡(Von Humboldt)将 Landscape 作为一个科学名词引入地理学中，并将其解释为“一个区域的总体特征”。俄国地理学家贝尔格等人沿这一思想发展形成了景观地理学派。Landscape 一词被引入地理学研究后，已不单只具有视觉美学上的含义，同时还具有地表可见景象的综合和某个限定性区域的双重含义。

不同学科对景观有着不同角度的认知。对“景观”一词的解释，《辞海》(1989 年缩印本)中有三个层次，具体如下：

(1)地理学名词：泛指地表自然景色。

(2)特定区域概念：专指自然地理区划中起始的或基本的区域单位，即自然地理区。

(3)类型概念：类型单位的统称，指相对隔离的地段，按其外部景观特征的相似性，归为同一区域，如荒漠景观、草原景观等。

在景观规划设计学科中，景观是由土地与土地上的空间、时间、物体及事件构成的综合内容，是复杂的自然过程与生动的人类活动在大地上的痕迹，是多种功能过程的载体，既涉及地理、生物，又涉及文化、艺术、美学、哲学以及历史等范畴。

1.1.2 景观规划设计的定义

景观规划设计目前还没有一个统一的定义，它包含了规划和设计两个层次的内涵，这也导致不同学者和组织对这一概念有不同的解释，见表 1-1。

表 1-1 不同学者和组织对景观规划设计的定义

定义来源	定　义
麦克哈格(1969)	景观规划设计是多学科综合的、用于资源管理和土地规划利用的有力工具。他强调把人与自然世界结合起来考虑规划设计问题。
西蒙兹(1969)	景观规划设计是站在人类空间与视觉总体高度的研究。他认为改善环境不仅仅是纠正技术与城市的发展带来的污染及其灾害，还应该是一个创造的过程，通过这个过程，人与自然和谐不断地演进。
ASLA	景观规划设计是一种包括对自然及建成环境的分析、规划、设计、管理和维护的职业。其职业范围包括公共空间、商业及居住用地的场地规划、景观改造、城镇设计和历史保护等。
俞孔坚(2003)	景观规划设计是关于景观的分析、规划布局、设计、改造、管理、保护与恢复的科学和艺术。
刘滨谊(2005)	景观规划设计是一门综合性的、面向户外环境建设的学科，是一个集艺术、科学、工程技术于一体的应用型专业。其核心是人类户外生存环境的建设。涉及的学科包括区域规划、城市规划、建筑学、林学、农学、地学、管理学、旅游、环境、资源、社会文化、心理等。

简而言之，景观规划设计是在不同尺度下，采用多学科综合的方法，对城市及其周边地区的土地进行分析、规划、设计、管理、保护和恢复，使之不仅能够满足人类生存和发展的需要，而且能够与自然长期和谐共存。

1.1.3 各学科中的景观研究

景观涵盖的内容非常广泛，不同专业和不同学科对景观内涵的理解存在差异，对景观研究的侧重点也不同。下面分别从美学、地理学、生态学、城市规划与景观设计等学科进行阐述，见表 1-2。

表 1-2 不同学科对景观的研究一览表

学科	景观的内涵	研究景观的目的	研究景观的重点
美学	美学把景观看作是美丽的景	追求景观价值，满足人们审美需要	景观的艺术语言、观赏价值的获得

续表

学科	景观的内涵	研究景观的目的	研究景观的重点
地理学	地理学上景观与“地形”“地物”同义，将景观视为地域要素的综合体，主要从空间结构和历史演化上研究	认识、研究地球表面的各要素	主要从“文化”或“人类发展”对景观的影响进行研究，例如植被、地形地貌、文化景观
生态学	生态学上把景观作为生态系统的功能结构，从空间结构及其历史演替以及景观的结构、功能和动态等方面进行研究	协调社会需求与自然潜在支付能力之间的矛盾，实现景观利用最优化	景观的功能、格局、过程、等级
城市规划	城市规划将景观看作要素，包括城市自然环境、历史文化、建筑等多方面	创造良好的建筑室外空间、适宜的人居环境、可识别的城市环境	景观的生态性、人文性和文化性
景观设计	景观设计认为景观即自然和人工的地表景色，意同风光、景色、风景	协调与大自然的关系，创造人地关系的和谐	关于景观的规划布局、设计、改造、管理、保护和恢复

1.2 景观规划设计的历史演变

现代景观是在传统园林的基础上发展而来的，景观体系的划分以世界文化体系为标准。世界景观体系因不同的地域、不同的民族文化，经不同的发展历程而形成不同的形式，主要包括东方园林和西方园林两大体系。其中，东方园林体系以中国古典园林为代表，崇尚自然，以自然式园林为基本特征，从而发展出自然山水园和写意山水园；西方园林体系则以意大利台地园和法国园林为代表，从建筑的概念出发，追求规整的几何图案形式，发展出规整园，它们都为现代景观规划设计打下了坚实的基础。

1.2.1 东方园林

东方园林体系以中国为代表，影响到日本、朝鲜、东南亚地区。东方园林尊崇与自然和谐为美的生态原则，以自然式园林为主，属于山水风景式园林范畴，园林建筑与山水环境有机融合，典雅精致，意境深远。现今发展最为成熟、影响最为深远的东方园林是中国园林与日本园林。

1. 中国园林

中国是世界园林起源最早的国家之一，大约从公元前11世纪的奴隶社会末期直到19世纪末封建社会解体，在3000余年漫长的、不间断的发展过程中形成了世界上独树一帜的中国园林体系。这个园林体系并不像同一阶段的西方园林那样，呈现为各个时代迥然不同的形式，而是在漫长的历史进程中自我完善，外来的影响甚微。因此，它的发展表现为极度缓慢、持续不断的演进过程。在此基础上形成了中国古典园林本于自然、高于自然的重要特征，将自然有意识地加以改造、调整、加工、剪裁，从而表现出一个精练概括的自然、典型化的自然，达到“虽由人作，宛自天开”的境界。

1)生成期(商 周 秦 汉)

这个时期的园林以皇家园林为主，园林规模宏大。周代的灵囿、灵沼(养殖、灌溉)、灵台(观天象、祭祀)标志着中国园林史真正开始。秦汉时期处于由囿向苑转变发展阶段。秦始皇完成全国统一后，大肆营建宫苑，以显帝王至高无上的权力。汉武帝在秦代上林苑基础上大兴土木，将其扩建成规模更宏伟、功能更多样的皇家园林。其中最有名的是汉代上林苑中的建章宫，规模宏大，气势宏伟，苑内还有天然湖泊、人工湖泊十多处，其中太液池为一池三岛，模拟东海三座仙山，是中国“一池三山”造园手法的始祖(图 1.1)。还有一座昆明池，是供练习水战、游览和模拟天象的地方。园林早先的狩猎功能依旧，但已转化为以游憩玩赏为主。当时的造园概念比较模糊，总体规划较粗放，设计较原始。

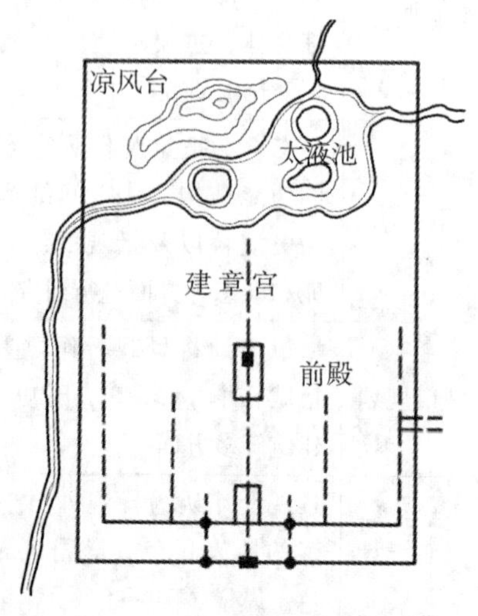

图 1.1　建章宫平面设想图

2)转折期(魏 晋 南北朝)

这个时期私家园林突起，寺庙园林兴盛。多年的政治动乱和社会动荡，使得传统的礼教随帝王权势兴衰，人们为逃避现实而转向自然。受山水诗、山水画的影响，以可观、可居、可游为主题的私家园林作为一个独立类型异军突起。魏晋南北朝时期的皇家园林的狩猎、通神、求仙的功能基本消失或仅保留其象征意义，游赏追求视觉美的享受已成为主导。佛教和道教的流行，使寺庙园林也开始兴盛，对风景名胜区的发展起着主导性作用。

3)全盛期(隋 唐)

这个时期写意山水园兴盛。隋唐时“皇家园林”的皇家气派已基本形成，规模的宏大反映在总体布局和局部设计上。此时，出现了一些像西苑、华清宫等具有代表性的作品。隋唐私家园林的艺术性有了更大的升华，着意于刻画园林景物的典型性格及局部细致处理，以诗入园，因画成诗，诗情画意。写实与写意相结合的创作方法又进一步深化，意境的创作处于朦胧状态，为宋代文人园林的兴盛打下了基础。

4)成熟期(宋 元 明 清初)

这个时期写意山水园、寺观园林和私家园林处于兴盛时期。从唐宋时期至清代，历史又发展了一千多年，到了清代的康、雍、乾时代，园林已臻成熟，成熟的标志是园林的规模渐小，工艺却日趋精致。此时私家园林、寺观园林、皇家园林遍布各地，无论是数量之多还是造园水平之高都超越了历史上的各个朝代。从造园的风格上看，已形成了三大园林派系，分别为以皇家园林为代表的北方派，代表作有北京的颐和园、圆明园以及承德的避暑山庄等；以苏杭地区为代表的江南派，代表作有拙政园(图 1.2，图 1.3)、网师园、留园等；以广东地区为代表的岭南派，代表作有佛山的梁园、顺德的清晖园、东莞的可园等。园林风格的差异主要表现在各自造园要素、造园形象和技法上的不同。明代计成的《园冶》一书，从理论上总结了江南造园的技法。此时的中国传统园林已经发展成为一个完善的体系，达到了巅峰状态，指导着以后的传统园林建设。《园冶》是中国历史上第一部对传统造园进行全面系统性理论总结的专业著作。

图1.2　苏州拙政园

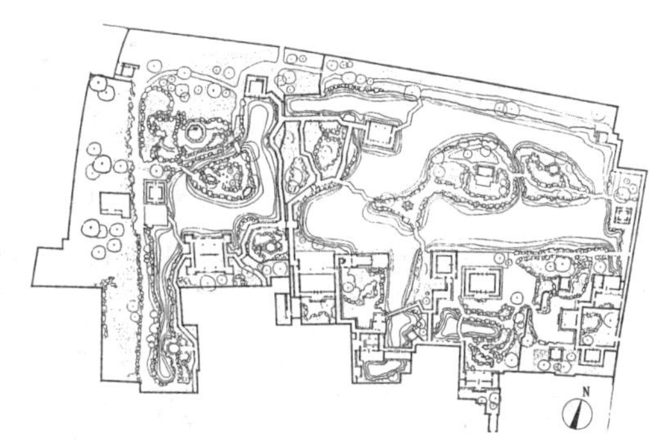

图1.3　拙政园平面图

5)成熟后期(清代中末期)

清代的乾隆时期是中国封建社会的最后一个繁盛时代，但表面的繁盛掩盖着四伏的危机。道光、咸丰以后，随着西方帝国主义势力入侵，封建社会盛极而衰，逐渐趋于解体，封建文化也愈来愈呈现衰颓的迹象。园林的发展，一方面继承前一时期的成熟传统，而更趋于精致，表现了中国古典园林的辉煌成就；另一方面则暴露出某些衰颓的倾向，已多少丧失前一时期的积极、创新精神。清末民初，封建社会完全解体，历史发生急剧变化。西方文化大量涌入，中国园林的发展亦相应地发生了根本性的变化，结束了它的古典时期，开始进入世界园林发展的第三阶段——近现代园林阶段。

2. 日本园林

日本园林历史悠久，源远流长，总体而言受中国影响较大。日本历史上早期虽有掘池筑岛、在岛上建筑宫殿的记载，但主要是为了防火及御敌。公元6世纪，中国园林随佛教传入日本，并对日本园林的影响逐渐扩大。日本园林重视把中国园林的局部内容有选择、有发展地兼收并蓄入自己的文化传统，并通过与中国禅宗的结合，把对园林精神的追求推向极致，产生了具有自己风格的园林形式。最终定型的日本园林以其清纯、自然的风格闻名于世。

作为日本传统文化的一部分，日本园林的形成和发展是与时代和社会制度密不可分的，并且在漫长的发展历史中，形成了具有丰富多样的形态和风格的园林形式。

从现存的日本传统园林的风格和形式特点出发，按照时代的脉络发展，日本园林大致演变发展出宫殿式住宅建筑庭园、净土式庭园、禅宗庭园、书院式庭园、茶庭、池泉回游式庭园以及大名庭七种主要类型。

1)宫殿式住宅建筑庭园(约公元794—1192年)

宫殿式住宅建筑庭园形成于平安时代初期，是伴随着皇家贵族的宫殿式住宅建筑的出现而发展起来的。宫殿式住宅建筑受中国唐朝建筑风格的影响较深，其主要特征是建筑形式左右对称，且大多为坐北朝南布置，因此庭园皆修建在建筑的南侧。宫殿式住宅建筑庭园整体的布局形式大多以水池为中心，即池泉式。这类庭园将水池比作大海，大海上的小岛被认为是蓬莱山，故称为蓬莱仙岛。如果在水池中又同时设置方丈、瀛洲、壶梁三座岛的话，那么就被称为四神岛。池中还设有小桥以联系各个小岛以及池岸，并且备有供宾客游玩之用的小船。引水造池的手法是这种形式庭园的最大特征。这类形式的庭园现在已经不存在了。

2)净土式庭园(约公元1192年前后)

净土式庭园是在平安时代末期出现的，这个时期也是日本社会对于中国文化全面吸收的时代，净土式庭园就是伴随着中国佛教思想的传入而产生的。净土式庭园是佛教的净土思想在庭园当中的具体体现，其融入了净土思想和人们的期盼，充满了佛教色彩。这种庭园形式中的池泉的含义也由原来的表示漂浮着神仙岛的大海变化为表示极乐净土的黄金池，而象征蓬莱仙境的小岛，在有些庭园中也转变为寓意须弥山的一块或者一组山石。所谓须弥山，在佛教的宇宙观中被认为是代表宇宙中心的山，因为在佛教看来，须弥山的四周分布着九山八海，日月环绕在其周围，所以这种形式的庭园的特征主要表现在造园师在池泉或庭园的中央位置摆放一块或者一组山石来寓意须弥山。

3)禅宗庭园(约公元1192—1573年)

伴随着时代的变革和发展，大约在公元1192—1573年，日本进入武家统治的时代(即日本的镰仓时代、南北朝时代和室町时代)，由于统治者对于禅宗的崇尚，禅宗思想在日本社会找到了成长的土壤，也在庭园设计中有所表现，从而产生了禅宗庭园。禅宗庭园最初是在净土式庭园的基础上产生的，初期造园师在净土式庭园中加入些许禅宗元素，后来逐渐在庭园设计中融入禅宗思想，进而逐步形成一种独特的造园风格。禅宗庭园大致可以分为两种形式：池泉回游式庭园和枯山水庭园。

池泉回游式庭园在功能上与净土式庭园有所不同，在这种形式的庭园中宾客的游走方式从原来常见的可以乘着小船进行游玩改为只能围绕池泉踱步漫游，这种改变的目的主要是使人们在漫步的过程中能够进行冥想。冥想这种极富禅宗色彩的行为方式与行为主题成为庭园变化的一个非常重要的依据和关键点。同时，根据中国鲤鱼跳龙门的古老传说，池泉回游式庭园还将龙门瀑布作为庭园设计的主题，并配以石桥来表现自然景观。值得注意的是，在最初的池泉回游式庭园中并没有表现蓬莱仙境以及长生不老等主题的元素，这些元素是后来逐渐纳入庭园中的。

枯山水庭园从表达的主题上来看与池泉回游式庭园有很多相似之处，其所要表达的主题也是龙门瀑布和石桥。但不同的是，枯山水庭园在造园手法上不使用任何水的元素，仅利用山石和白砂等材料来表现庭园的主题，即通过摆放一块山石或不同组合的山石来表示瀑布，用在白砂上画出纹理的手法来表现江河流水。因此，可以说枯山水庭园其最终表现实际上还是一种理想的自然景观。同时表现蓬莱仙境和长生不老以及龙门瀑布等元素的主题也是枯山水庭园非常明显的特征。枯山水庭园的典型代表是龙安寺石庭(图1.4、图1.5)。

图1.4 龙安寺石庭

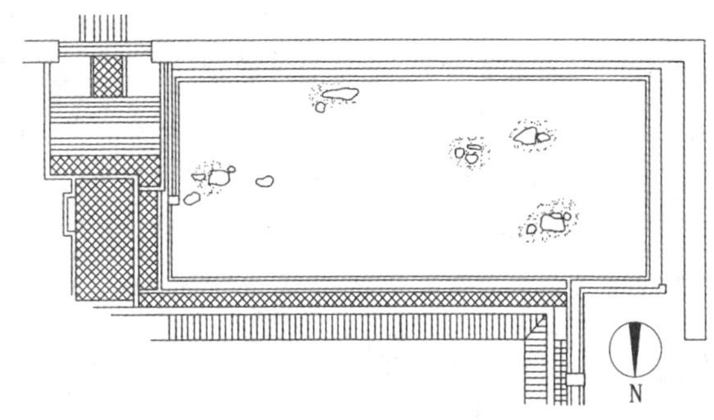

图1.5 龙安寺石庭平面图

4)书院式庭园(约公元1573—1603年)

书院式庭园形成于安土桃山时代。这一时期日本在建筑方面逐渐摆脱了中国的影响，开始了自身的发展，并形成了书院式建筑的风格形式。书院式建筑指的是武家的宅邸建筑，其体量宏伟、造型华丽，与之相对应的庭园形式就是书院式庭园。书院式庭园的表现特征多为池泉式庭园，这种庭园在一般情况下都在池泉中修筑象征蓬莱山的小岛，并且在岛上建有供休息和观赏景色的亭台。池泉中的山石大多采用巨大的山石，同时采用色彩丰富的彩色山石来表现繁荣和吉祥。

5)茶庭(约公元1603年以后)

茶庭产生于室町时代末期，到了桃山时代，伴随着多位茶道巨匠的出现才得到真正的发展。茶庭也叫露地，是把茶道融入园林中，为进行茶道的礼仪而创作的一种园林形式。茶庭指的是在庭园中所布置的茶室和茶室周边的各种添景物，比如踏石、蹲踞、石灯笼等的总称。其主要特征是庭园与茶室的不可分离性。在整体的意境表达上，茶庭追求静寂和顿悟的境界，表达寸地而有深山幽谷的风情和茶的精神。

6)池泉回游式庭园(约公元1603—1868年)

形成于江户时代的池泉回游式庭园与禅宗庭园不同，是一种书院式庭园和茶庭相结合的庭园形式。从某种意义上讲是一种复合式的庭园。在这种形式的庭园中，茶庭分布在滨州、半岛以及土山所形成的庭园中，造园师通过布置园路和小桥等要素将各个茶庭连接起来。其典型特征是综合性，即在一座庭园中会有不同的分区，强调和突出不同区域自然风景的不同性格和特点。

7)大名庭(约公元1603—1868年)

大名庭也形成于江户时代。大名指的是日本封建时代的诸侯，大名庭是各个诸侯在江户城或各个地方城市所建造的庭园的一种形式。大名庭的主要特点是在平坦宽敞的土地上将各地风景名胜进行再现和再造，应该说是各地名胜的一个缩影。所以大名庭没有固定的庭园风格和形式，它是根据各位大名的个人喜好而修建的以往各种庭园形式的混合体。这种庭园的主要布局特点是提供给游人能够顺畅通过的园路，让他们可以边散步边进行观赏。

1.2.2 西方园林

西方园林在古埃及、古巴比伦的影响下，经历古希腊、古罗马的发展，到文艺复兴时期走向成熟，随后又演变出各种各样的风格，包括意大利园林、法国园林、英国园林等，最终形成丰富多变、对立统一的西方园林体系。

1. 古埃及园林

公元前3000多年，古埃及的文明发展，造就了以雄伟壮观而著称的金字塔，这个巨大的构筑体由于其特殊的几何造型，形成了尼罗河畔超越自然的景观(图1.6)。埃及冬季气候条件温和，夏季酷热，日照强度大，这一特点对园林的形成和特色影响显著。因为埃及气候干燥，人们视树木为尊崇的对象，重视林荫，建造了有实用意义的树木园、蔬菜园、果园，是最早西方造园的雏形。古埃及园林具有强烈的人工气息，布局工整对称(图1.7)，树木按行列栽植，水池亦为几何形。其中圣苑园林是指为埃及法老参拜天地神灵而建的园林化的神庙，周围种植着茂密的树林以烘托神圣与神秘的色彩。

图1.6 埃及吉萨金字塔群

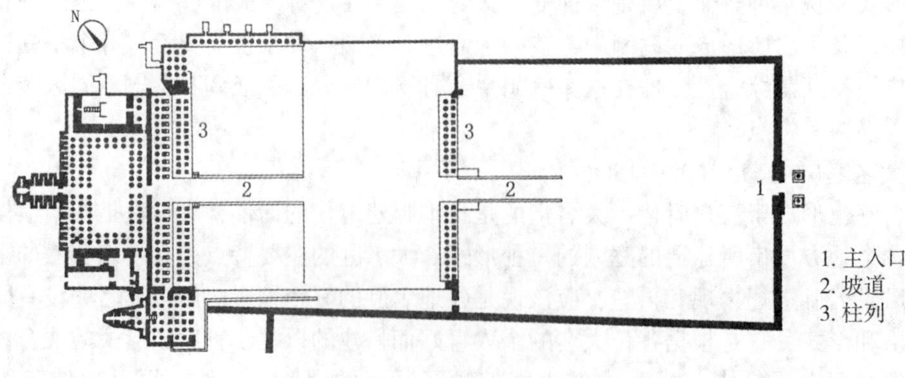

图1.7 巴哈利神庙平面图

2. 古希腊园林

公元前500年的古希腊，由于其文化的构成以及特有的半岛多山、山间多平地和谷地的地形，使古希腊园林的布局多采用规则式，方便与建筑物协调。古希腊的民主思想盛行，促使很多公共空间产生，圣林就是其中之一。所谓圣林就是指由神庙和周边的树林以及雕塑等艺术品形成的景观(图1.8)。树木最早运用到神庙周边可能是起到围墙的作用，同时古希腊数学、几何、美学的发展也影响到园林的形式，强调均衡稳定的规则式园林，并奠定了西方规则式园林的基础。

图1.8　古希腊圣苑园林

3. 古罗马园林

公元前5世纪的古罗马，包括北起亚平宁山脉、南至意大利半岛南端的地区。意大利多为丘陵地带，山间有少量谷地，气候条件温和，夏季闷热，但山坡上比较凉爽。这种地理气候条件对其园林的选址与布局有一定影响，因而园林多建造在山坡台地上，前期为实用性果园、菜园，后来逐步加强装饰性、娱乐性，运用绿色雕塑、花台、花池、迷园等。罗马人把庭园视为宫殿、住宅的延伸，规划上类似建筑设计方式，水体、园路、花坛采用几何外形，井然有序，极具人工魅力。古罗马时期城市建设一个重要的内容是广场建设(图1.9、图1.10)。刘易斯·芒福梨在《城市发展史：起源·演变和前景》中写道："庙宇无疑是罗马广场最早的起源和最重要的组成部分，因为自由贸易所不可缺少的市场规则，是靠该地区本身的圣地性质来维持的。"罗马城市中的广场群就是这样一个空间，它充分利用柱廊、纪念柱、凯旋门等元素塑造威严的气氛，成为帝王个人崇拜的场所。

图 1.9　古罗马城市广场远景

图 1.10　古罗马城市广场近景

4. 欧洲中世纪园林

欧洲中世纪园林包括以实用性为主的寺院园林与简朴的城堡园林。这一阶段的波斯伊斯兰园林，由于其多处贫瘠高原，气候严酷，水成为庭园中的重要因素，水的设施支配了庭园构成。受《创世纪》中“伊甸园”的影响，其布局以十字形水系为主，如同“伊甸园”分出的四条河，规则地栽种植物，在周围种植遮荫树林，栽培大量香花，筑高围墙，四角有瞭望守卫塔。阿尔罕布拉宫最著名的狮子院就是典型的伊斯兰园林布局(图 1.11，图 1.12)。

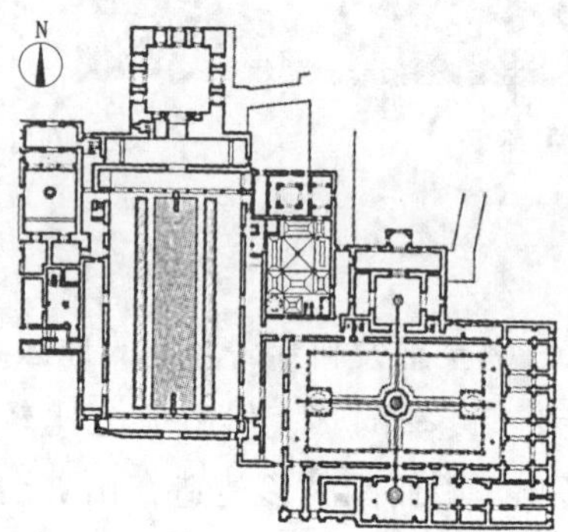

图 1.11　阿尔罕布拉宫平面图

图 1.12　阿尔罕布拉宫狮子院

5. 意大利园林

公元 15 至 17 世纪，欧洲文艺复兴时期的园林以意大利佛罗伦萨的园林为代表，这个时期由于新思潮的产生，促使各个领域都充满了欣欣向荣的景象。在城市建设方面，建筑师阿尔贝蒂在他的著作《论建筑》一书中对园林进行了大量的论述，主张别墅建筑和园林相互整合，大自然要从属于人的设计理念。文艺复兴初期意大利庄园(园林)特征常为：选址时注意周围环境，可以远眺前景，多建在佛罗伦萨郊外风景秀丽的丘陵坡地上(台地式)(图 1.13)。多个台层相对独立，没有贯穿各台层的中轴线；建筑风格保留一些中世纪痕迹，建筑与庭园布置较简朴、大方，有很好的比例和尺度；喷泉、水池作为局部中心；绿篱花坛为常见的装饰，图案花纹简单(图 1.14)。到了文艺复兴中期，意大利庭园多建在郊外的山坡上，构成若干台层，形成台地园，有中轴线贯穿全园，景物对称地布置在中轴线两侧；各台层上常以多种理水形式，或理水与雕像相结合作为局部的中心；建筑有时作为全园主景位于最高处。此时，理水技术已趋于成熟，植物造景等技术也日趋复杂。

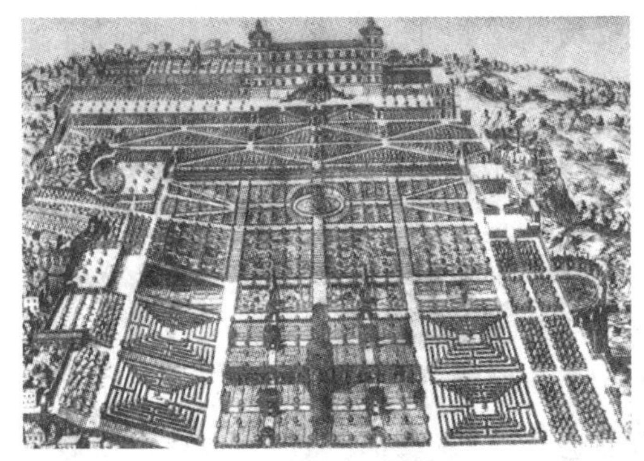

图 1.13 朗特别墅鸟瞰图

图 1.14 朗特别墅刺绣花坛

6. 法国园林

公元 16 至 18 世纪，法国吸取了意大利文艺复兴的成就，发展了法国的文艺与园林。由于法国独特的地理位置，多为平原地区，造就了最具代表性的由勒诺特尔规划设计的凡尔赛宫(图 1.15、图 1.16)。该园位于巴黎西南 18 千米处，共建设 20 余年，其特点是具有超大规模，共占地 110 万平方米，设计突出纵向中轴线，采用超大尺度的十字形大运河，运用均衡对称的布局创造广场空间；以丛林为背景，以水贯穿全园，遍布雕塑建筑并与花园相结合。

图 1.15 凡尔赛宫中轴线鸟瞰图

图 1.16 凡尔赛宫平面图

7. 英国园林

在17世纪以前，英国园林主要模仿意大利封建贵族的别墅、庄园。整个园林被设计成封闭的环境，以直线的小径划分成若干几何形的地块。公元17至18世纪，受绘画与文学艺术的影响，加之中国园林文化的影响和其自然地理条件的作用，英国出现了追求浪漫、崇尚自然的风景园林形式(图1.17、图1.18)。英国风景园林是西方园林由几何式走向自然式的一次重要文化艺术变革。英国潮湿多云的气候条件，促使人们追求开朗、明快的自然风景。英国丘陵起伏的地形和大面积的牧场风光为自然风景园林的形成提供了条件。这种园林因其与园外环境结合为一体，又便于利用原始地形和乡土植物，而被各国广泛用于城市公园，同时对现代城市规划理论的发展有着重要的影响。

图1.17　英国派特渥斯园林

图1.18　英国丘园中的中国塔

1.3　现代景观规划设计的产生与发展

现代景观的产生和发展，有着深刻的社会经济原因，又涉及绘画、雕塑、建筑等艺术领域。纵观西方景观发展史，在不同地域和时间产生了不同的设计流派和设计师，在新的时期又产生了新的发展趋势。

1.3.1　现代景观规划设计的产生

19世纪上半叶，西方城市工业化的迅速发展以及后工业时代的到来，对景观的发展起到了一定的影响。

在美国，城市开敞空间在被逐步侵蚀，郊区的自然风景吸引着城市居民，郊区墓园风景在19世纪中叶成为一种时尚。美国造园先驱唐宁(A. J. Downing)指出：“这些墓园对城市居民的吸引力在于它们固有的美和利用艺术手法和谐组织起来的场地……这种景色有一种自然和艺术相统一的魅力。”在浪漫郊区设想中，他表达了对工业城市的逃避和突破美国方格网道路格局的意愿。他在新泽西公园规划中设计了自然型的道路，住宅处于植被当中，住宅区中建有公园。这种所谓的城市-乡村连续体对20世纪现代景观设计产生了很大的影响。

在19世纪的自然主义运动中，出现了美国现代景观设计的创始人奥姆斯特德。他的景观设计实践使景观设计从一个试验性初步设想发展成为具有确定意义的新学科。100多年来，奥姆斯特德和英国建筑师沃克斯合作设计的纽约中央公园，已成为纽约城中的一块绿洲，极具先见之明地给城市提供了大片的绿地和休憩场所(图1.19、图1.20)。在此之后，中央公园得到了公众的赞赏，美国把公园建设当作促进城市经济和提供自然景色的一项公益活动，兴起了城市公园运动，奥姆斯特德成为这场运动的领导人。

图1.19　纽约中央公园水景

图1.20　纽约中央公园草坪

总的说来，美国的城市公园运动是现代景观规划设计的一个序幕，公园不再只是为少数人服务，而是面向大众的，成为对于城市意义重大的新型景观。这要求景观设计必须考虑更多的因素，包括功能与使用、行为与心理、环境艺术与技术等。对于景观规划设计的研究也不仅仅是停留在风格、流派以及细部的装饰上，而是更强调其在城市规划和生态系统中的作用。

1.3.2　现代景观规划设计的发展

长期以来，国外的景观规划设计作为一门独立的学科在不断发展完善，而我国的景观学科主要依附于传统园林园艺，置于农学、林学、建筑学、城市规划和文学等学科之中，发展缓慢。景观规划设计含义和研究范围模糊不清，经常被人们误解。毋庸置疑，现代景观规划设计是在传统的园林园艺基础上发展而来的，但它与传统园林园艺又有很大不同。

现代景观规划设计是大工业、城市化和社会化的产物，是在现代科学技术基础上成长发展起来的。它所关注的对象，已扩展到人居环境甚至是人类的生存问题，其广度和深度远远超出了传统风景园林的范畴。20世纪末，景观生态学、可持续发展的理念被引入景观设计行业，突出说明了人与自然环境之间的矛盾日益紧张，曾经一度人类只想一味征服自然，但是，在取得了辉煌成就的同时，也给自身带来了很多困扰。经济水平提高了，却破坏了自然环境，使生活质量下降，人们开始意识到自然环境的重要性。

这也从另一个方面阐明了景观规划设计行业在全世界范围内迅速发展的原因。在美国，景观规划设计被评为21世纪发展最快、人才最紧缺的行业之一。在中国，景观规划设计行业也有着强大的生命力和发展市场。近年来，中国经济迅猛发展，其建设规模和速度都是前所未有的，但城市化严重、人口密度高、环境被污染，产生了很明显的负面问题，这些都为景观规划设计行业提供了新的机遇。

21世纪的景观规划设计涉及内容广泛，包括国土资源、城市风貌保护和历史文化区、生态旅游区、休闲度假区、大学校园、高科技产业园区、公共园林、城市道路系统、居住区环境、街头绿地等各种环境的规划与设计，社会需求广泛，专业前景非常乐观。但是，我国景观规划设计行业的规范程度与西方发达国家相比仍存在较大的差距，需要持续努力，以促进景观规划设计长期良性发展。

1.4 景观规划设计的发展趋势

1.4.1 多学科的融合与互补

景观规划设计涉及建筑学、城市规划学、地理学、历史学、美学、心理学、宗教学等众多学科。景观规划设计也从最初为少数人服务的单一形式的园林规划设计发展到为大众提供休闲、娱乐服务的户外活动空间规划设计，起着改善城市环境、促进经济发展、维护生态平衡等多方面的作用。如具有三大生态系统之一、被称为人类"肾脏"的湿地景观设计，就包含有植物、动物、地理、环境、遗传等众多学科知识。

1.4.2 新技术和新材料的运用

现代景观规划设计已大量运用了新技术和新材料。如应用数据库处理技术和网络技术与多媒体技术进行资料收集、数据共享与信息交流；运用地理信息系统(GIS)、遥感(RS)、全球定位系统(GPS)进行基地各种景观空间分析与信息提取等。与此同时，新型太阳能节能灯、能增加湿度并具有观赏性能的喷雾系统等，以及新的石材、金属材料、仿生学的运用，涌现出一大批时代的新景。

1.4.3 生态设计的发展

随着城市化进程的不断加速，城市生态问题已越来越受到重视。生态学的提出，要求我们尊重自然、顺应自然，减少盲目的人工改造环境。对城市建设来说通常的程序是：城市规划—建筑设计—建筑、道路、市政设施施工—景观规划设计施工。其结果是，原有的生态景观——植被、水体、地形被夷为平地，人与自然的关系在被破坏了以后，用人工的方法——景观规划设计(通常被理解为绿化和美化)来重新建造一些新的所谓的景观，场地原有的自然特征已经被破坏殆尽，场地整体空间格局已定，市政管线纵横交错，景观规划设计能做的好像也只有绿化和美化了，除了重复花费大量的人力物力，对自然生态环境的破坏也是难以恢复的。在美国景观设计师约翰·西蒙兹看来，遵从自然的生态思想是要贯穿于开发建设始终的。场地选址、场地规划、场地设计、建筑设计等都要有生态思想的体现，要保护和利用好自然资源，才能发挥景观规划设计的最大作用，取得最佳生态效益。

1.4.4　低碳理念的体现

所谓"低碳"，是指生活中所耗用的能量要尽可能少，从而降低二氧化碳的排放量。随着世界工业经济的发展、人口的剧增、人类欲望的无限上升和生产生活方式的无节制，世界气候面临越来越严重的问题，二氧化碳排放量越来越大，地球臭氧层正遭受前所未有的破坏，全球灾难性气候变化屡屡出现，已经严重危害到人类的生存环境和健康安全。景观本身具有改善环境的作用，因此在景观规划设计时更应注重"低碳"景观、绿色景观。如大型景观绿地中提倡交通换乘点，景区中以无二氧化碳尾气排放的环保车和自行车为交通工具；以屋顶覆土种植植物，防止夏季太阳直射室内所导致的温度过度，从而减少空调的使用；设计沟渠将雨水收集、过滤，用于花草的浇灌，以节约水资源等，通过低碳景观模式的建立，促进可持续园林景观的发展。

1.5　西方景观设计大师及其代表作品简述

1.5.1　弗雷德里克·劳·奥姆斯特德(Frederick Law Olmsted，1822—1903)

奥姆斯特德是美国19世纪下半叶最著名的规划师和风景园林师，对美国的城市规划和风景园林具有不可磨灭的影响。

奥姆斯特德没有经过风景园林、园艺和工程技术方面的系统训练，但他非常关注整个社会的发展。1850年，他走访了英格兰乡村，并于1852年出版了《一个美国农民在英格兰的访谈》，书的扉页有一幅英格兰自然风景画(图1.21)，反映了他的自然审美观，也影响了他以后崇尚英国自然风景园林的设计风格。他曾在加州中部的约塞米蒂山谷考察，那里自然地景对比的强烈特征在他的很多设计中都能够找到痕迹。他相信大自然是上帝的创造，而园林艺术只有在遵循自然时才是最有表现力的，这便是他浪漫主义和自然主义风格的思想来源。

图1.21　《一个美国农民在英格兰的访谈》的扉页

英国风景式花园的两大要素——田园牧歌风格和优美如画风格都为他所用，前者成为他公园设计的基本模式，后者被他用来增强大自然的神秘与丰裕，这些对他的风景园林设计有重大影响。

他不被教条或模式束缚，而是根据地形和环境条件调整自己的设计思路，这一点在旧金山公园(1866 年)、芝加哥南部公园(1870 年)、斯坦福大学校园(1886 年)、芝加哥世界博览会(1893 年)的设计中都有所体现，在这些设计中不仅充满了对当地地形与自然条件的敏感与留意，而且还着重凸显了当地地域的自然风貌。这些设计还体现了他的人本思想，公园让城市充满了森林般的美景，芒福德称赞他"使城市自然化"(naturalized the city)了。

奥姆斯特德的代表作品主要有纽约中央公园、波士顿公园绿道系统等。

1. 纽约中央公园

1857 年，纽约当局希望设立中央公园，旨在使城市之中有一片可供市民休憩的绿洲。奥姆斯特德与建筑师同伴卡尔弗特·沃克斯(Calvert Vaux，1824—1895)所做的"草地规划"(Green Sward Plan)在中央公园设计竞赛中拔得头筹，开始了他的公园与风景园林设计之路。中央公园也成为风景园林史上里程碑式的设计(图 1.22，图 1.23)。

图 1.22　纽约中央公园市民活动

图 1.23　纽约中央公园鸟瞰图

纽约中央公园占地约 340 公顷，设计精细巧妙，通过把荒漠、平坦的地势进行人工改造，模拟自然，体现出一种线条流畅、和谐、随意的自然景观。公园不收门票，供城市居民免费使用，全年可以自由进出，各种文化娱乐活动丰富多彩，不同年龄、不同阶层的市民都可以在这里找到自己喜欢的活动场所。100 多年来，中央公园在寸土寸金的纽约曼哈顿始终保持了完整性，用地未曾受到任何侵占，至今仍以它优美的自然面貌、清新的空气保护着纽约市的生态环境。

奥姆斯特德在规划构思纽约中央公园中所提出的设计要点，后来被美国景观规划界归纳和总结，成为"奥姆斯特德原则"，其内容为：①保护自然景观，在某些情况下，自然景观需要加以恢复或进一步加以强调(因地制宜，尊重现状)；②除了在非常有限的范围内，尽可能避免规则式(自然式规则)；③保持公园中心区的草坪或草地；④选用当地的乔灌木；⑤大路和小路应规划成流畅的弯曲线，所有的道路成循环系统；⑥全园靠主要道路划分成不同区域(图 1.24)。

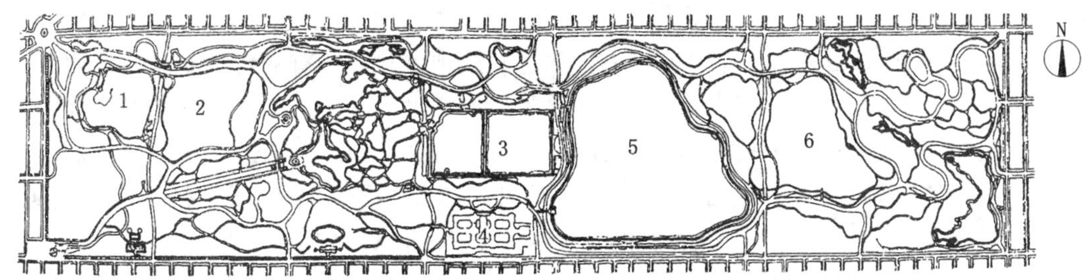

1. 球场　2. 草地　3. 储水池　4. 博物馆　5. 新储水池　6. 北部草地

图 1.24　纽约中央公园平面图

2. 波士顿公园绿道系统——翡翠项链

1881 年，奥姆斯特德开始进行波士顿公园系统设计。波士顿公园是一个公共园地，算得上是美国最早的公园。波士顿公园在波士顿初建时期已经划定，供居民放养奶牛、士兵操练以及人们进行游戏、散步等户外活动。1910—1913 年，奥姆斯特德全面改造了波士顿公园，采取自然式布局栽种大树，大草坪任人自由漫步，一派田园风光。

公园位于波士顿市中心，面积达 50 英亩。从富兰克林公园到公共绿地形成了 2000 公顷的一连串绿色空间，由相互连接的 9 个部分组成，这个系统将河滩地、沼泽、河流和具有天然美的土地都包括进去，形成一个由天然地区构成的网，城市建筑和街道在这个网中间发展。林荫道宽 60 米，中间有 30 米宽的街心绿带，两侧的住宅都面向大道，使街心绿带构成社区的活动中心。奥姆斯特德认为，城市公园不仅应是一个娱乐场所，而且应是一个自然的天堂。所以他主张在城市心脏部分引进乡村式风景，使市民能很快进入不受城市喧嚣干扰的自然环境之中。他的设计方法是尊重一切生命形式所具有的基本特性，对场地和环境的现状十分重视，不去轻易改变它们，而是尽可能发挥场地的优势和特征，消除其不利因素，将人工因素糅合到自然因素之中(图 1.25)。

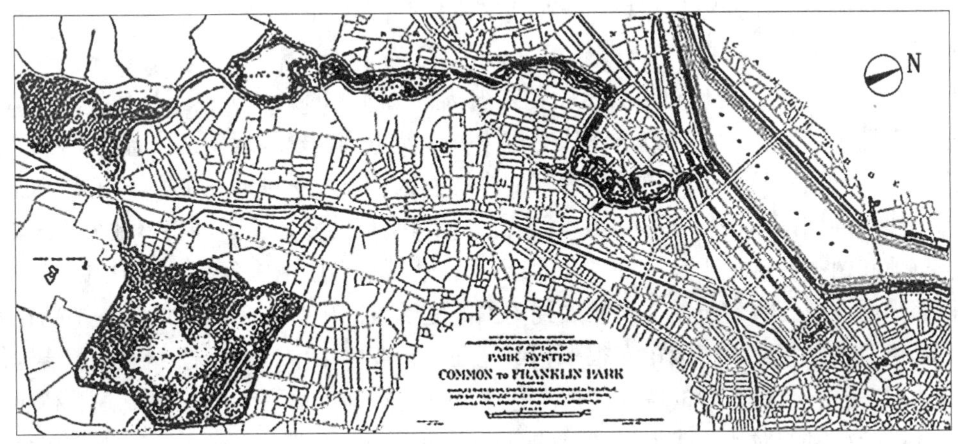

图 1.25　波士顿公园绿道规划平面图

奥姆斯特德相信打动人的感情是其工作的目标，这在他的公园设计上体现得尤为明显。他创造了景观通道，使游人能融入其中。奥姆斯特德称这一过程是“无意识的”，为了完成这个目标，他在景观设计中追求更为深邃的景观体验，所有的设计要素都要服务于此。奥姆斯特德总是追求超越现实的品位和风尚，他的设计基于人类心理学的基本原则之上。尤其值得一提的是，他提炼升华了英国早期自然主义景观理论家的分析以及他们对风景的“田园式”“如画般”品质的强调。他发现这种风格是缓解城市生活不良影响的良策。他在陡峭、破碎的地形中采用“图画般的”风格，大量培植各种各样的地表植被、灌木和攀缘植物，从而获得了一种丰富、广博而神秘的效果。

1.5.2 丹·凯利(Dan Kiley, 1912—2003)

丹·凯利是美国现代景观设计的奠基人之一。凯利童年时生活在祖母的农场，这不知不觉培养了他对大自然的热爱，他后来选择的回归田园的生活方式和在设计中强调自然体验的思想都体现了这一点。

凯利曾给沃伦·马宁做学徒，马宁是当时全美最优秀的园艺专家之一，在马宁这里凯利学到了大量关于植物的知识。马宁在景观设计中更多地关注大尺度的土地利用，并不太注重设计的微妙和精细，他告诉凯利要从个人的直觉出发，从个人的体验和经验中去寻找解决基地问题的方法，而不是去模仿某种形式。

第二次世界大战期间凯利有机会周游西欧，实地考察欧洲的古典园林。这次欧洲之行对他的影响极为深刻，他参观了17世纪法国勒·诺特设计的古典园林凡尔赛宫，园林中以几何方式组合的林荫道、树丛、草地、水池、喷泉等要素产生了清晰完整的空间和无限深远的感觉。也许是因为这次的收获，在后来的几十年里，凯利广泛地出国旅行，不断地从各种文化遗产中吸收养分，古罗马的建筑遗迹、西班牙的摩尔式花园、意大利的庄园都成为他汲取灵感的源泉。回国后，凯利开始尝试运用古典要素，加上与自然朝夕相处获得的对自然的认识，在各种尺度的工程中进行新的试验。从20世纪50年代中期到70年代晚期，凯利的作品显示出他运用古典主义语言营造现代空间的强烈追求。凯利的代表作品主要有米勒花园、达拉斯喷泉广场、芝加哥艺术协会南花园等。

1. 米勒花园

1955年印第安纳州哥伦布市的米勒花园被认为是凯利的第一个真正现代主义的设计。小沙里宁设计了这个住宅，并将这座住宅作为整个城市现代建筑运动的一部分。小沙里宁的方案是一个平面呈长方形的建筑，内部四个功能区呈风车状排列在中心下沉式起居空间的四周。建筑周围是一块长方形的约10英亩的相对平坦的基地，凯利将基地分为三部分：庭院、草地和树林，这似乎是一种古典的结构传统。然而凯利在经营住宅的周围时，以建筑的秩序为出发点，将建筑的空间扩展到周围的庭院空间中。许多人都认为，米勒花园与密斯·凡德罗的巴塞罗那德国馆有很多相似之处。在德国馆中，由于柱子承担了结构作用而使墙体被解放，自由布置的墙体塑造了连续流动的空间。而在米勒花园中，凯利通过结构树干和围合绿篱的对比，接近了建筑的自由平面思想，塑造了一系列室外的功能空间：成人花园、密园、餐台、游戏草地、游泳池、晒衣场，等等(图1.26~图1.28)。

图1.26　米勒花园小品

图1.27　米勒花园一角

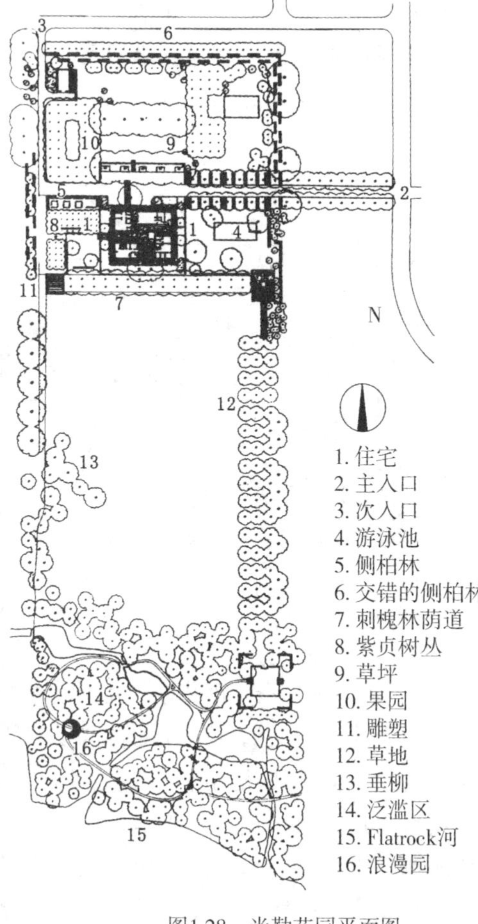

图1.28　米勒花园平面图

1955 年设计的米勒花园标志着凯利独特风格的初步形成，是凯利设计生涯的一个转折点。在这以后，他放弃了自由式和非正交直线构图，而在几何结构中探索景观与建筑之间的联系。他的设计通常从基地和功能出发，确定空间的类型，然后用轴线、绿篱、整齐的树列和树阵、方形的水池、树池和平台等古典语言来塑造空间，注重结构的清晰性和空间的连续性，材料的运用简洁而直接，没有装饰性的细节。空间的微妙变化主要体现在材料的质感颜色、植物的季相变化、河水的灵活运用。

2. 达拉斯喷泉广场

达拉斯联合银行大厦是由贝聿铭事务所设计的 60 层高的玻璃塔楼。达拉斯喷泉广场是丹·凯利在 1985—1987 年构思并设计完成的。主要是由于达拉斯炎热的气候，另一方面也可能受到建筑方案的玻璃幕墙的启发，凯利第一次看见现场时，就产生了将整个广场环境做成一片水面的构思。业主和建筑师同意了他这个想法，于是凯利在基地上建立了两个重叠的 5m×5m 的网格，在一个网格的交叉点上布置了圆形的落羽杉的树池，在另一个网格的交叉点上设置了加气喷泉。除了特定区域如通行路和中心广场之外，基地的 70%

被水覆盖，在有高差的地方，形成一系列跌落的水池。广场中心硬质铺装下设有喷头，由电脑控制喷出不同形状的水造型，在广场中行走，如同穿行于森林沼泽地。尤其是夜晚，在广场所有的加气喷泉和跌水被灯光照亮时，具有一种梦幻般的效果。在极端商业化的市中心，这是一个令人意想不到的地方，可以躲避交通的嘈杂和夏季的炎热(图 1.29，图 1.30)。

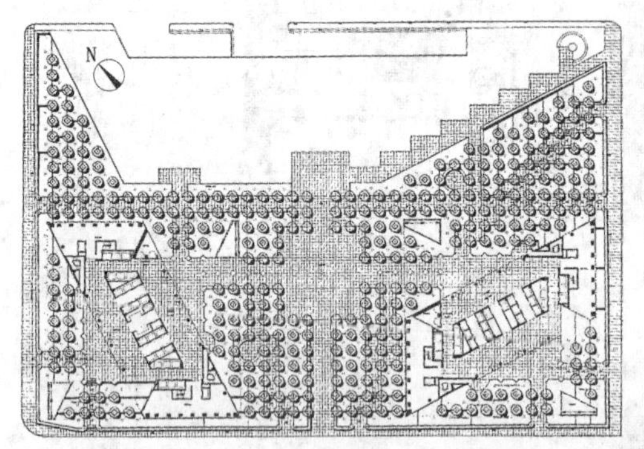

图 1.29　达拉斯喷泉广场平面图

图 1.30　达拉斯联合银行大厦喷泉广场

半个多世纪以来，凯利的作品不计其数。虽然他的设计语言可以归结为古典的，他的风格可视为现代主义的，但他的作品从来没有一种特定的模式。他从基地的情况、客户的要求以及建筑师的建议出发，寻找解决这块基地功能最恰当的图解，将其转化为功能空间，然后用几何的方式将其组织起来，着重处理空间的尺度、空间的区分和联系。他认为对基地和功能直接而简单的反应是最有效的方式之一，一个好的设计师是用生动的想象力来寻找问题的症结所在并使问题简化，这是解决问题最经济的方式，也是所有艺术的基本原则。

凯利经常从建筑出发，将建筑的空间延伸到周边环境中。他的几何形式的空间构图与现代建筑看起来是那么协调，因而，他成为第二次世界大战后美国最重要的一些公共建筑环境的缔造者。

1.5.3　劳伦斯·哈普林(Lawrence Halprin，1916—2009)

劳伦斯·哈普林是“二战”后新一代优秀的景观规划设计师的代表之一。作为“二战”后的景观设计师，哈普林是与美国现代景观一起成长的。

哈普林曾追随唐纳德学习景观设计。唐纳德倡导现代景观设计的三个方面：功能的、移情的和美学的，他认为景观设计是一个大的综合性的原则，而不是仅仅作为建筑周围的点缀，景观设计师不仅要注重美学方面，同时还要注重社会和城市方面。唐纳德的这些观点为哈普林奠定了现代主义的思想基础。

哈普林早期设计了一些典型的“加州花园”，采用了超现实主义、立体主义和结构主义的形式手段，如大面积的铺装、明确的功能分区、简单而精心的栽植等。

他在自己的家庭花园中设计了一个便于他的舞蹈家妻子排练、教学和表演的木质平台，这个设计后来也给他自己很多启发，他发现室外空间就是一个舞台，在以后的许多设计中他都表达了这一观点。哈普林早期作品中有许多曲线的形式，但是很快他便转向运用直线、折线、矩形等形式语言。这在1958年他设计的麦克英特瑞花园中可以看出：直线的水池、地面、墙体与背景笔直的桉树形成对比，喷泉和水声更加增加了宁静的氛围，这个庭园被许多人称为是“摩尔式”的(图1.31~图1.33)。在这个作品中，哈普林已显示了运用水和混凝土来构筑景观的能力。至此，这两个要素逐渐成为他的许多作品的一个特征。

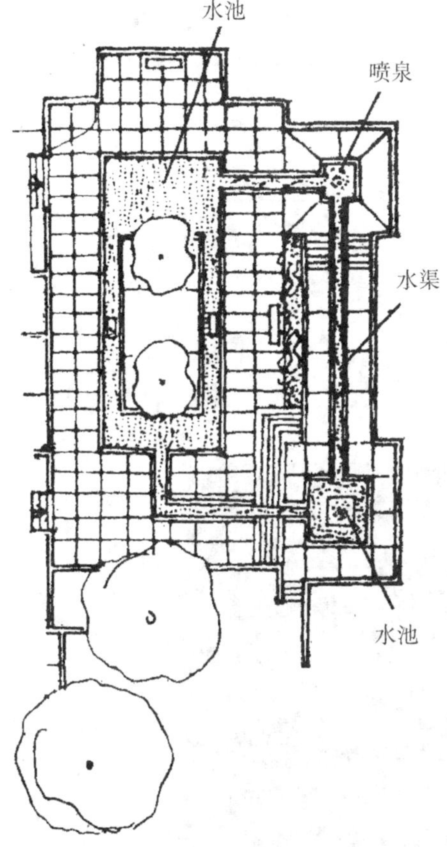

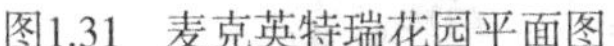
图1.31　麦克英特瑞花园平面图

图1.32　麦克英特瑞花园树池

图1.33　麦克英特瑞花园水池

从20世纪50年代起，美国的景观规划设计行业发生了许多变化。由于城市更新、州际高速公路和市郊居住区的建设，设计的机会迅速增加，景观设计的领域发生了很大变化，对景观的认识也更为广阔。哈普林在20世纪六七十年代的实践和理论正是基于这样一种社会背景之上，提出了自己的解决途径，获得了巨大的成功。

哈普林的代表作品主要有波特兰市系列广场、罗斯福总统纪念园、西雅图高速公路公园等。

1. 波特兰市系列广场

哈普林最重要的作品是20世纪60年代为波特兰市设计的一组广场和绿地(图1.34),三个广场由一系列已经建成的人行林荫道来连接。"爱悦广场"是这个系列的第一站,就如同广场名称的含义,是为公众参与而设计的一个令人振奋的中心(图1.35)。广场的喷泉吸引人们将自己淋湿,并进入其中而发掘出对瀑布的感觉,喷泉周围是不规则的折线的台地。系列广场的第二个节点是柏蒂格罗夫公园,这是一个供人们休息的安静而青葱的多树荫地区,曲线的道路分割了一个个隆起的小丘,路边的座椅透出安详休闲的气氛。

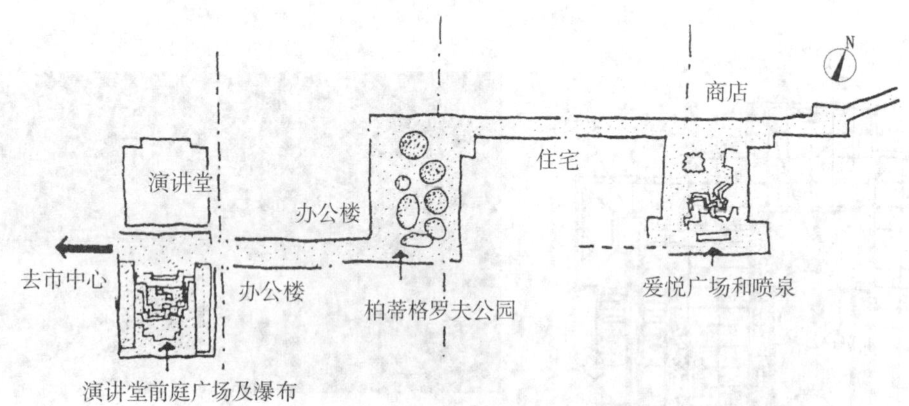

图1.34　波特兰市系列广场和绿地平面位置图

图1.35　爱悦广场

波特兰市系列广场的最后一站——演讲堂前庭广场是整个系列的高潮(图1.36,图1.37)。在混凝土块组成的方形广场的上方,一连串的清澈水流自上层开始激流涌出,从80英尺宽、18英尺高的峭壁上笔直泻下,汇集到下方的水池中。爱悦广场的生气勃勃,柏蒂格罗夫公园的松弛宁静,演讲堂前庭广场的雄伟有力,三者之间形成了对比并互为衬托。对哈普林来说，波特兰市系列广场所展现的是他对自然的独特的理解：爱悦广场的不规则台地，是自然等高线的简化；广场上休息廊的不规则屋顶，来自对落基山山脊线的印象；喷泉的水流轨迹，是他反复研究加州席尔拉升山间溪流的结果；而演讲堂前庭广场的大瀑布，更是对美国西部悬崖与台地的大胆联想。

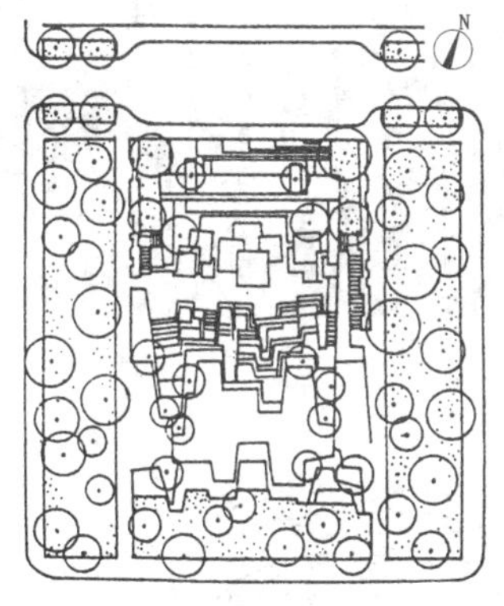

图1.36 演讲堂前庭广场平面图

图1.37 演讲堂前庭广场水景

哈普林认为，如果将自然界的岩石放在都市环境中，可能会变得不自然，在都市尺度及都市人造环境中，应该存在都市本身的塑造形式。他依据对自然的体验来进行设计，将人工化了的自然要素插入环境。把这些事物引入都市，是基于某种自然的体验，而不是对自然简单的抄袭，这也是历史上任何优秀园林的本质。哈普林还认为，他设计的岩石和喷泉不仅是供人们观赏的景观，更重要的是提供给人们的游憩设施。正如哈普林所预想的，这些设施有相当高的利用频率，人们喜爱这里，这里可以发生任何事情，有很多趣味。在瀑布背景前的水池上，有一些平台，这些平台不仅仅是供人们观赏的场所，而且也创造了其他的活动。现代舞蹈、音乐、戏剧等都选择在这儿进行表演，显示了同一地点的不同的使用方式。波特兰市系列广场设计的成功，使哈普林声名远扬。

2. 罗斯福总统纪念园

罗斯福总统纪念园及1980年建成的旧金山莱维广场(Levi Plaza)在设计手法上仍然是哈氏“山水”的延续，只是软质的材料如植物已大量增加，墙面和地面的材料也更为丰富，不再仅是裸露的混凝土，还包括各种石材和面砖(图1.38，图1.39)。

罗斯福总统纪念园的设计与先前的方案不同，哈普林没有设计一个高大统领性的物体，而是设计由石墙、瀑布、密树和花灌木组成的低矮景观，景观结构是水平而非垂直的，是开放而非封闭的，是诉说故事并鼓励参与的纪念园而不是默默欣赏的纪念碑(图1.40)。这个设计以一系列花岗岩墙体、喷泉跌水和植物创造出四个室外空间，代表了罗斯福总统的四个时期和他宣扬的四种自由。以雕塑表现每个时期的重要事件，用岩石与水的变化来烘托各个时期的社会气氛。

图 1.38　罗斯福总统纪念园水景

图 1.39　罗斯福总统纪念园图腾柱

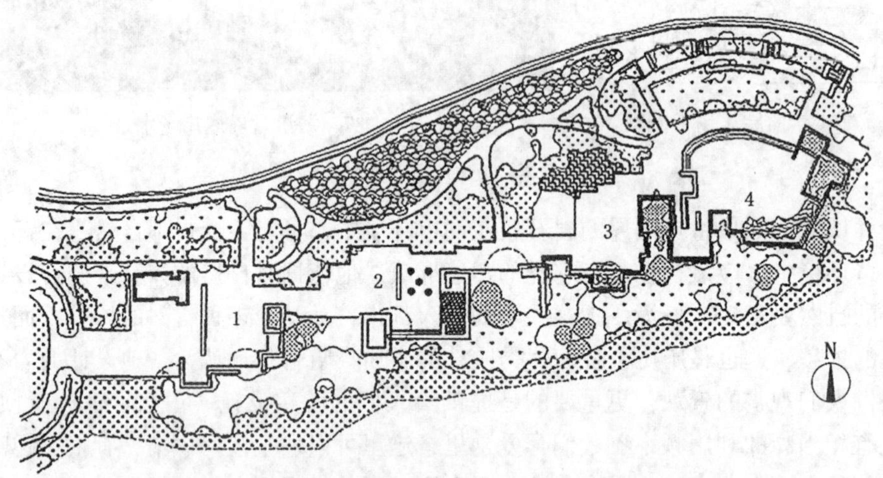

1. 空间Ⅰ(任期 1933—1936 年)　2. 空间Ⅱ(任期 1937—1940 年)
3. 空间Ⅲ(任期 1941—1944 年)　4. 空间Ⅳ(任期 1945 年)

图 1.40　罗斯福总统纪念园平面图

多年来的传统纪念碑，多从图腾、神像、庙宇和陵墓演变而来，摆脱不了高高在上以及以巨大的体量让人产生敬畏的模式。随着时代的发展和民主思想的深入人心，这种风格的纪念碑越来越不受欢迎。而哈普林的设计与周围环境融为一体，在表达纪念性的同时，为参观者提供了一个亲切而轻松的游赏和休息环境，体现了一种民主的思想，也与罗斯福总统平易近人的为人相吻合。哈普林的思想在当时确实是开创性的，他提出了纪念碑设计的一种新思路。

哈普林是一个有思想的设计师，他是“二战”后美国景观规划设计师中最重要的理论家之一。哈普林分析和关注人们在环境中的运动和空间感受，认为设计不仅是视觉意象的建立，而且还可以让人们在其中移动时有其他感官的感受，例如嗅觉、触觉等，即“视觉与生理”的设计。他认为设计通过使用者的参与，能使城市变得更有生活味。

1.5.4　彼得·拉茨(Peter Latz，1939—　)

彼得·拉茨是德国当代著名的景观设计师，他的作品为世界许多旧工业区的改造树立了典范，在当今风景园林规划设计领域影响广泛。

拉茨在作为建筑师的父亲的影响下，对建筑产生了浓厚的兴趣，也获得了许多重要的专业知识和技能。他曾在卡塞尔大学任教，在那里有机会同很多工程师、艺术家和建筑师合作，接触不同的行业，学习不同的技术。他们探讨的问题包括屋顶花园、水处理、太阳能利用等，并且把研究的理论付诸实践。这些研究与合作使他受益匪浅，对他以后的事业发展以及在景观设计中始终贯彻技术和生态的思想产生了深远影响。

1983年拉茨在卡塞尔市建造了自己的住宅，这是一处以利用太阳能为主的生态住宅，在当时并不多见。拉茨从建造住宅的过程中学到许多相关的知识，这种体验对于他的景观设计实践也非常重要。

拉茨的代表作品主要有杜伊斯堡风景公园、萨尔布吕肯市港口岛公园等。

1. 杜伊斯堡风景公园

面积约200公顷的杜伊斯堡风景公园坐落于杜伊斯堡市北部，这里曾经是有百年历史的A. G. Tyssen钢铁厂，却无法抗拒产业的衰落而于1985年关闭了，导致无数的老工业厂房和构筑物很快湮没于野草之中。1989年，政府决定将工厂改造为公园。从1990年起，经过数年努力，1994年公园部分建成并开放(图1.41)。

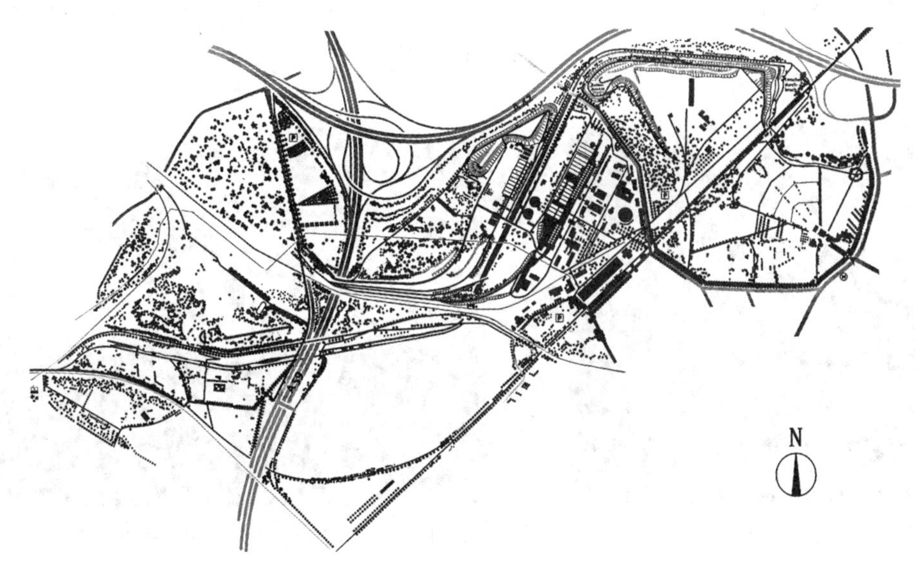

图1.41　杜伊斯堡风景公园平面图

当时，规划设计面临的最关键的问题是这些工厂遗留下来的东西，像庞大的建筑和货棚、矿渣堆、烟囱、鼓风炉、铁路、桥梁、沉淀池、水渠、起重机等，这些能否真正成为公园建造的基础呢？如果答案是肯定的，又怎样使这些已经无用的构筑物融入今天的生活和公园的景观之中呢？拉茨的设计思想理性而清晰，他要用生态的手段来处理这片破碎的地段。

首先，将上述工厂中的构筑物大部分予以保留，部分构筑物被赋予了新的使用功能。高炉等工业设施可以让游人安全地攀登、眺望；废弃的高架和铁路可以改造成为公园中的游步道，并被处理为大地艺术的作品；工厂中的一些铁架可成为让植物攀缘的支架；高高的混凝土墙体可成为攀岩训练场……对公园的处理方法不是努力掩饰这些破碎的景观，而是寻求对这些原有的景观结构和要素进行重新解释。设计也从未掩饰历史，任何地方都可以让人们去看、去感受，建筑及工程构筑物都作为工业时代的纪念物保留下来，他们不再是丑陋难看的废墟，而是如同风景园林中的点景物供人们欣赏。

其次，工厂中的植被均得以保留，荒草也任其自由生长，工厂中原有的废弃材料也得到尽可能地利用。红砖磨碎后可以用作红色混凝土的部分材料，厂区堆积的焦炭、矿渣可成为一些植物生长的介质或地面面层的材料，工厂一流的大型铁板可成为广场的铺装材料(图 1.42)。

最后，水可以循环利用，污水被处理、雨水被收集引至工厂中原有的冷却槽和沉淀池，经澄清过滤后流入埃姆舍河。拉茨最大限度地保留了工厂的历史信息，利用原有的废料塑造公园的景观，从而最大限度地减少了对新材料的需求，减少了对生产材料所需能源的索取。在一个理性的框架体系中，拉茨将上述要素分为四个景观层：以水渠和出水池构成的水园、散步道系统、使用区以及铁路公园结合高架步道(图 1.43)。这些景观层自成系统，各自独立而连续地存在，只在某些特定点上用一些要素如坡道、台阶、平台或花园将它们连接起来，获得视觉、功能、象征上的联系。

图 1.42　杜伊斯堡风景公园中的“金属广场”

图 1.43　杜伊斯堡风景公园中的步行系统

由于原工厂设施复杂而庞大，为方便游人的使用和游览，公园用不同的色彩为不同的区域做了明确的标识：红色代表土地，灰色和锈色表示禁止进入的区域，蓝色表示开放区。公园用大量不同的方式向人们提供了众多娱乐、体育和文化设施。

独特的设计思想为杜伊斯堡风景公园带来了颇具震撼力的景观，从公园今天的生机与曾经厂区的破败景象对比中，能感受到杜伊斯堡风景公园的魅力。

2. 萨尔布吕肯市港口岛公园

1985年至1989年，在萨尔布吕肯市的萨尔河畔一处以前用作煤炭运输码头的场地上，拉茨用生态的思想对废弃的材料进行再利用，处理这块遭到重创而衰退的地区。拉茨规划建造了对当时德国城市公园普遍采用的风景式的设计手法进行挑战的公园——港口岛公园(图1.44)。

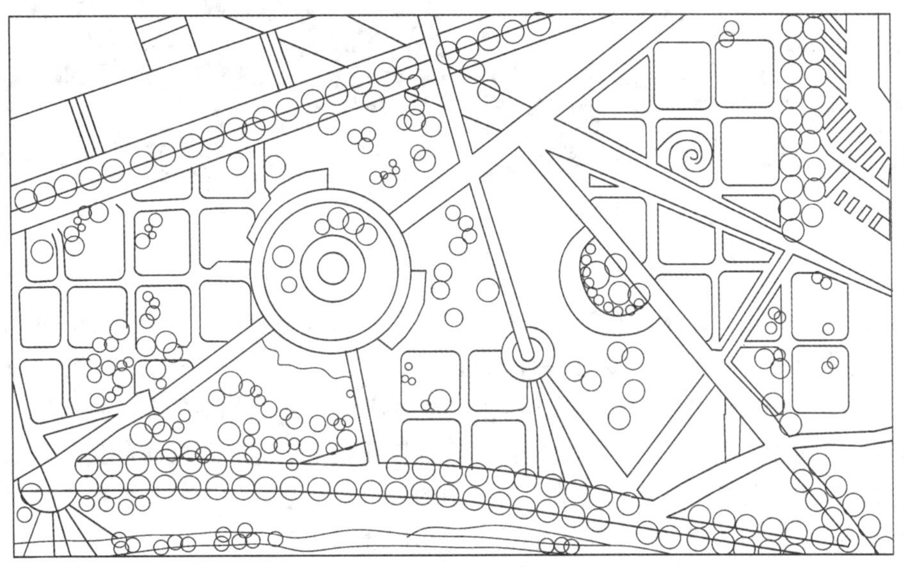

图1.44 萨尔布吕肯市港口岛公园平面图

港口岛公园面积约9公顷，除了一些装载设备保留了下来之外，码头几乎变成了一片废墟瓦砾。拉茨采用了对场地最小干预的设计方法。他考虑了码头废墟、城市结构、基地上的植被等因素，首先对区域进行了“景观结构设计”。在解释自己的规划意图时，拉茨写道：“在城市中心区，将建立一种新的结构，它将重构破碎的城市片段，联系它的各个部分，并力求揭示被瓦砾所掩盖的历史，结果是城市开放空间的结构设计。”

拉茨用废墟中的碎石，在公园中构建了一个方格网，作为公园的骨架。他认为这样可唤起人们对19世纪城市历史面貌片段的回忆。这些方格网又把基址分割成一块块小花园，展现不同的景观构成。

原有码头上的重要遗迹得以保留，工业的废墟，如建筑、仓库、高架和铁路等都经过处理并得到很好的利用。公园同样考虑了生态的因素，相当一部分建筑材料利用了战争中留下的碎石瓦砾，他们与各种植物交融在一起，成为花园不可分割的组成部分。园中的地表水被收集，经过一系列净化处理后得到循环利用。新建的部分多以红砖构筑，与原有瓦砾形成鲜明对比，具有很强的识别性(图1.45)。

在这里，参观者可以看到属于过去和现在的不同地段，纯花园的景色和艺术构筑物巧妙地交织在一起。拉茨认为，景观设计师不应过多地干涉一块地段，而是要着重处理一些重要的地段，让其他广阔地区自由发展(图 1.46)。

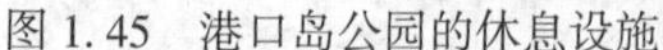
图 1.45　港口岛公园的休息设施

图 1.46　港口岛公园水景

拉茨认为，技术、艺术、建筑、景观是紧密联系的。例如技术能产生很好的结构，这种结构具有出色的表现力，可成为一种艺术品。拉茨在设计中始终尝试运用各种艺术语言，如在杜伊斯堡风景公园中由铁板铺成的“金属广场”明显受到了极简主义艺术家安德拉的影响，从他在法国图尔附近设计的国际园林展花园中也能看到极简主义艺术语言的影子。杜伊斯堡风景公园中地形的塑造，工厂中的构筑物，甚至是废料等堆积物，都如同大地艺术的作品。拉茨的作品从很多方面是难以用传统园林概念来评价的，他的园林是生态的又是与艺术完美融合的，他在寻求场地、空间的塑造中，利用了大量的艺术语言，他的作品与建筑、生态和艺术是密不可分的。

1.5.5　彼得·沃克(Peter Walker，1932—　)

彼得·沃克是世界上最有影响的景观设计师之一，是将极简主义的艺术风格运用到景观设计中的代表人物。

由于受格罗皮乌斯的影响，沃克这一批 20 世纪 50 年代受教育的景观设计师在上学的时候没有接受过完整的建筑历史的教学，受古典主义的影响少，受现代主义思想如功能主义、园林是建筑的延伸等的熏陶较多。因此沃克的早期作品表现为两个倾向，一是建筑形式的扩展，二是与周围环境的融合。

20 世纪 60 年代末，沃克开始对极简主义艺术主要是极简主义雕塑，同时包括极简主义绘画产生了浓厚的兴趣。1977 年，沃克赴法国进行教学实习，这一次旅行对他的职业生涯有着非同寻常的意义。此前沃克一直探索如何将当代极简主义雕塑的观念与现代景观设计结合在一起，但却难以落到实处。在参观了巴黎的苏艾克斯、维康府邸和凡尔赛后，沃克突然感悟到这些在 17 世纪由勒·诺特设计的园林“像一盏明灯照亮了前行的方向”，展示了极简艺术家做的每一件事情。他发现，极简艺术家在控制室内外空间的方法上与勒·诺特用少数几个要素控制巨大尺度空间的方法有相当多的联系。沃克甚至认为，从某种程度上来说，勒·诺特早在17世纪就已经完成了极简主义与景观的结合，他的园林就是现代的和极简的。

沃克这时候意识到了勒·诺特的古典主义、当代的极简主义艺术和早期现代主义在许多方面是相通的，他开始了新的创作，通过将这三种艺术思想的经验结合起来去塑造景观，并寻找解决社会和功能问题的办法。他发现，极简主义艺术中最常见的手法"序列"——某一要素的重复使用，或要素之间的间隔重复，在景观设计中是非常有效的，他力图在景观设计上达到极简主义艺术家在艺术上所达到的高度。沃克的代表作品主要有唐纳喷泉、伯纳特公园、慕尼黑机场凯宾斯基酒店花园等。

1. 唐纳喷泉

沃克作品中最富极简主义特征的无疑是唐纳喷泉。1979年，哈佛大学委托SWA集团设计一个喷泉，沃克负责了这个项目，工程于1984年建成。喷泉位于哈佛大学一个步行道交叉口，沃克在路旁用159块石头排成了一个直径18米的圆形石阵，雾状的喷泉设在石阵的中央，喷出的细水珠形成漂浮在石间的雾霭，透着史前的神秘感。"唐纳喷泉是一个充满极简主义精神的作品，"沃克说，"这种艺术很适合于表达校园中大学生们对于知识的存疑及哈佛大学对智慧的探索。"沃克的意图就是将唐纳喷泉设计成供人们休息和聚会的场所，并同时作为儿童探索的空间及吸引步行者停留和欣赏的景点。这个设计明显受到极简主义艺术家安德拉1977年在哈特福德(Hartford)创作的一个石阵雕塑的影响。喷泉本身形式的简单纯洁，使它在繁杂的环境中表达了对自身的集中强调(图1.47，图1.48)。简单的设计所形成的景观体验却丰富多彩，伴随着天气、季节及一天中不同的时间有着丰富的变化，使喷泉成为体察自然变化和万物轮回的一个媒介。

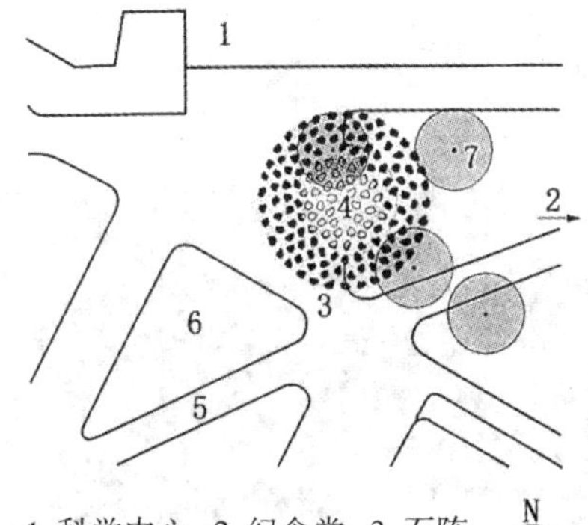

图1.47 唐纳喷泉平面图

图1.48 唐纳喷泉

2. 伯纳特公园

在1983年建成的福特·沃斯市的伯纳特公园中，沃克用网格和多层的要素重叠在一个平面上来塑造一个不同以往的公园(图1.49，图1.50)。他将景观要素分为三个水平层。底层是平整的草坪层。第二层是道路层，由方格网状的道路和对角线方向斜交的道路网来组成。道路略高于草坪，可将阴影投在草坪上。第三层是偏离公园中心的由一系列方形水池并置排列构成的长方形的环状水渠，是公园的视觉中心。草地上面散植的一些乔灌木，在严谨的平面构图之上带来空间的变化。水渠中有一排喷泉柱，为公园带来生动的视觉效果和水声，每到夜晚这些喷泉柱如同无数支蜡烛，闪烁着神秘的光线，引人遐想(图1.51)。作为传统意义上的公园，伯纳特公园拥有草地、树木、水池和供人们坐、躺、玩耍的地方；作为公共城市广场，它有硬质的铺装供人流聚集，有供人们穿越的步行路，有夜晚迷人的灯光，同时它又是城市中心区的一个门户。

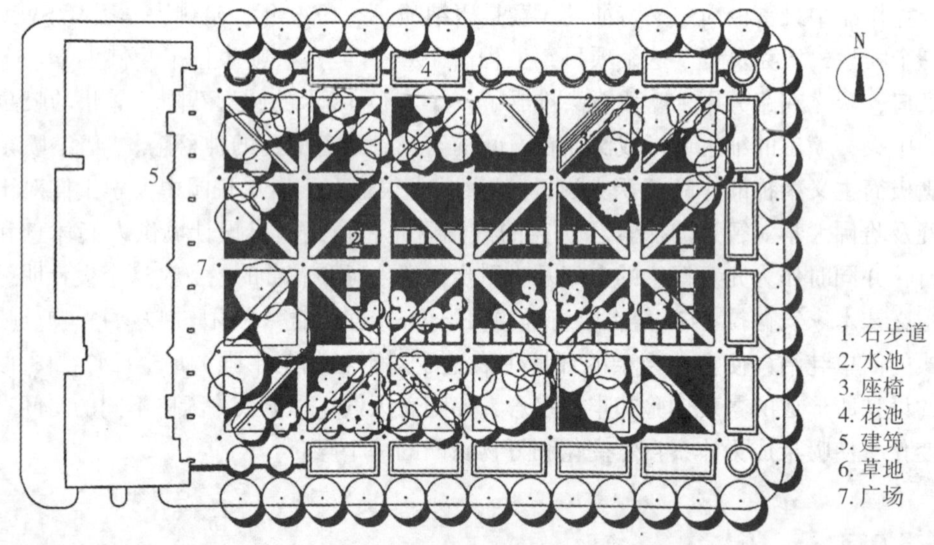

图1.49　伯纳特公园平面图

图1.50　伯纳特公园鸟瞰图

图1.51　伯纳特公园水渠喷泉柱

沃克的极简主义景观在构图上强调结合和秩序，多用简单的几何图形如圆、椭圆、方、三角，或者这些几何图形的重复和不同几何系统之间的交叉与重叠来进行设计。材料上除了用新的工业材料如钢、玻璃之外，还挖掘传统材质的新魅力。通常所有的自然材料都要纳入严谨的几何秩序之中，水池、草地、岩石、卵石、沙砾等都以一种人工的形式表达出来，边缘整齐严格，体现出工业时代的特征。种植也是规则的，树木多按网格种植，整齐划一，灌木修剪成绿篱，花卉追求整体的色彩和质地效果，作为严谨的几何构图的一部分。沃克的极简主义景观并非是简化的，相反他使用的材料极其丰富，他的平面也非常复杂，但是极简主义的本质特征却得到体现。

沃克在追求极简的同时并没有漠视景观的意义，他认为："如果一个雕塑或一幅画对一个景观设计师的工作有所启发，那是艺术概念的转化，而不是完全的抄袭。"景观比雕塑要复杂得多，就好比交响曲和轻音乐的关系。所以，沃克并没有像极简主义艺术家们那样试图创造一种非景观的作品。与勒·诺特一样，沃克试图创造一种具有"可视品质"的场所，使人们能够愉快地在里面活动。

1997 年沃克出版了作品集《极简的园林》(Minimalist Gardens)。沃克的作品注重人与环境的交流，人类与地球、与宇宙神秘事物的联系，强调大自然谜一般的特征，如水声、风声、岩石的沉重和稳定、飘渺神秘的雾以及令人难以琢磨的光，等等。他对艺术的探索达到了当代景观设计的一个新的高度。

在景观规划设计的发展历程中曾涌现出众多杰出的景观大师，以上仅为其中的部分代表，了解其代表作品及设计思想有助于我们提高景观规划与设计的能力，从而推动景观事业的长久发展。

本章小结

(1)景观规划设计包含景观规划和景观设计两个专业方向的内容。景观规划是指在较大尺度范围内，基于对自然和人文过程的认识，为某些使用目的安排最合适的地方或者在特定地方安排最恰当的土地利用；而针对某一个较小尺度的特定地方进行的设计就是景观设计。

(2)现代景观产生于后工业时代，已从仅仅满足少数人精神享受的传统园林转向为大众服务的大众景观，更加注重利用有限的土地来创造优美的宜居环境。

(3)世界园林体系主要包括东方、西方两大体系。东方园林体系以中国古典园林和日本园林为代表；西方园林体系则以意大利台地园、法国几何图案园林和英国自然风景园林为代表。由于历史背景和文化传统不同，几大体系的园林风格迥异、各具特色。

(4)现代景观规划设计的发展趋势主要包括多学科的融合与互补、新技术和新材料的运用、生态设计的发展、低碳理念的体现等几个方面。

(5)简要介绍了西方景观设计大师弗雷德里克·劳·奥姆斯特德、丹·凯利、劳伦斯·哈普林、彼得·拉茨、彼得·沃克的学术经历及其代表作品。

思 考 题

1. 景观规划设计包括哪两个方面的内容？具体定义是什么？
2. 世界景观体系包括哪些内容？有何代表特征？
3. 景观规划设计的发展趋势是什么？
4. 简述两位西方景观设计大师的学术经历及其代表作品。

第2章　景观规划设计要素

地形、水体、植物、景观道路及铺装、景观建筑物、景观小品是构成景观的基本要素。现代景观设计注重综合运用科学、技术和艺术手段来保护、利用与再造自然，创造功能健全、生态友好、景观优美、文化丰富、具有防灾避险功能的、可持续发展的环境，满足人对自然的需要，并协调人与自然、人与社会发展的关系。

2.1　地　　形

“地形”是地貌的近义词，意思是地球表面三维空间的起伏变化。简而言之，地形就是地表的外观。从城市绿地范围来讲，地形包含土丘、台地、斜坡、平地或因台阶和坡道所引起的水平面变化的地形。地形是景观设计各个要素的载体，为其他各要素如水体、植物、构筑物等的存在提供一个依附的平台。景观中的地形设计直接影响着众多的环境因素，既影响空间构成和空间感受，也影响排水、小气候等。

英国著名建筑师 Gordon Grllen 在《城镇景观》一书中说：“地面高差的处理手法是城镇景观艺术的一个重要部分。”计成在《园冶》中提出：“高方欲就亭台，低凹可开池沼。”前者常称为大地形，后者则称为微地形，景观中地形常为后者。

在地形设计中，首先必须考虑的是对原地形的利用，即结合基地调查和分析的结果，合理安排各种坡度要求的内容，使之与基地地形条件相吻合。其次是进行地形改造，使改造后的基地地形条件满足景观的需要，并形成良好的地表自然排水类型，避免过大的地表径流。地形改造与景观总体布局要同时进行。

2.1.1　地形的功能

1. 景观功能

地形设计便于营造多种景观空间，有助于障景、借景、夹景和抑景等多种造景手法的应用；地形高低起伏的自然变化可以提供给人们可游可赏的参与性空间，可以创建适合人们活动的多种娱乐项目，丰富空间的功能构成，并形成建筑所需的各种地形条件；为了不同特性的空间彼此不受干扰，可利用地形有效划分和组织空间，控制和引导人的流线和视线，影响导游路线和速度，组织空间秩序，形成景观空间序列，进而丰富整个游览过程的空间感受。

2. 生态功能

地形造景在强调景观功能的同时还须注重对环境生态的影响，其中包括营造宜人小气候、创造良好的排水条件、改善种植环境等，对场地整体生态景观起基础性作用。具体如下：

1) 营造宜人小气候条件

地形经适宜性改造后，产生地表形态的丰富变化，形成不同方位的坡地，对改善小气候可产生积极作用。地形的合理塑造可形成充分采光聚热的南向地势，从而使景观空间在一年中的大部分时间都保持较温暖和宜人的状态；选择冬季寒风的上风地带堆置较高的山体，可以阻挡或减弱冬季寒风的侵袭；可利用地形来汇集和引导夏季风，改善通风条件，降低炎热程度。可在夏季常年主风向的上风位置营造湖泊水池，季风吹拂水面带来的湿润空气对微气候的影响较为明显(图 2.1)。

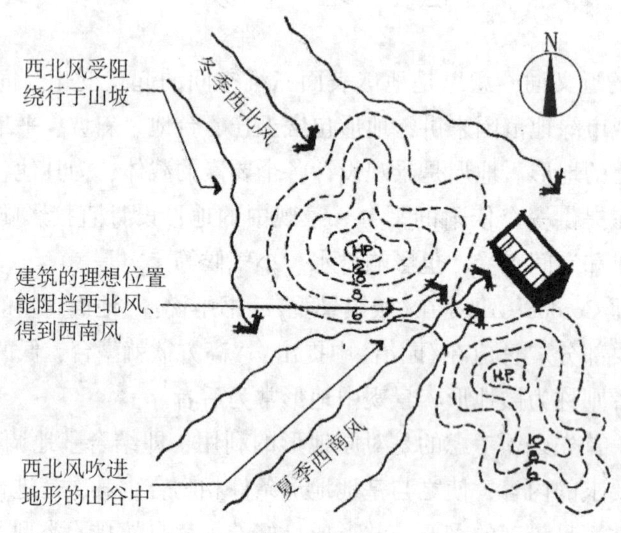

图 2.1　营造地形小气候表现示意图

2) 创造良好的排水条件

在公园绿地等景观环境的排水设计中，依靠自然重力即地表排水是排水组织的重要组成部分，地形可以创造良好的自然排水条件。地形与地表的径流量、径流方向和径流速度都有着密切的关系。地形过于平坦不利于排水，容易积涝；地形起伏过大或坡度不大但同一坡度的坡面延伸过长时，又容易引起地表径流、坡面滑坡。因此，创造一定坡度和坡长的地形起伏，合理安排地形的分水和汇水线，使地形具有较好的自然排水条件，对于充分发挥地形排水的作用非常重要(图 2.2)。

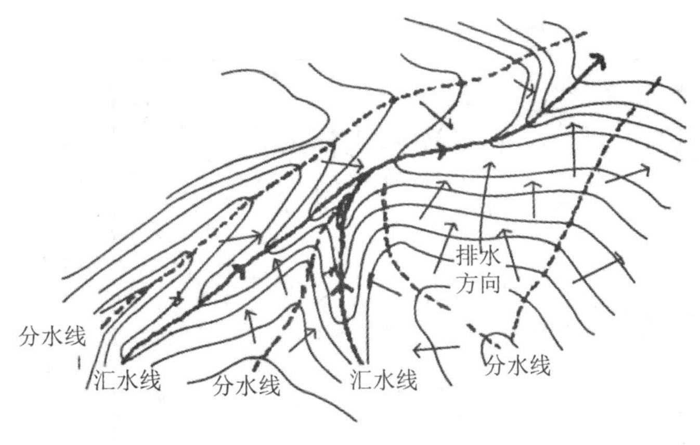

图 2.2　地形与自然排水

3) 改善种植环境

高低起伏、错落有致的地表形态较之平地或斜坡地，地表表面积和容量会有明显的增加。因此，加大地形的处理量能有效增加绿地面积，还能为植物根系提供更为广阔的纵向生长空间，进而提高植物的种植量和成活率。地形处理所产生的不同坡度特征能够形成干、湿以及阴、阳、缓坡等多样性环境基础，为各种不同生活习性的植物提供适宜的生存条件，丰富植物种类。结合地形的种植设计会令景观形式更加多样，层次更为鲜明，从而更好地美化和丰富景观。

2.1.2　地形的表现方法

地形的表现主要分为平面表现、剖面表现及透视表现，不同表现内容有不同的表现方法。

1. 平面表现

平面表现主要有高程标注法(图 2.3)和等高线法(图 2.4)。等高线表现可以用线条与明暗色彩相结合。

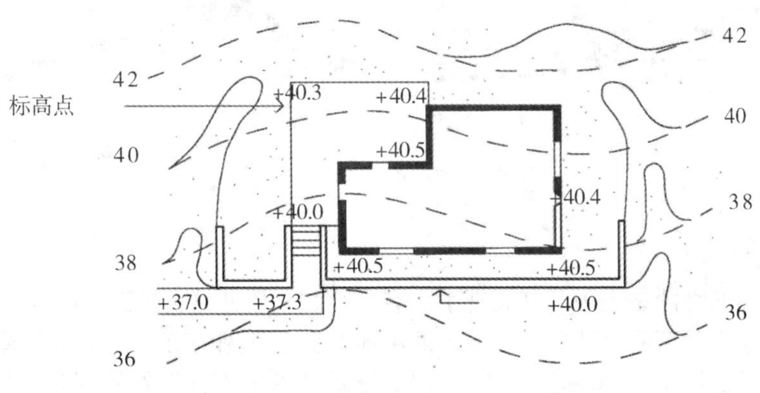

图 2.3　高程标注法示意图

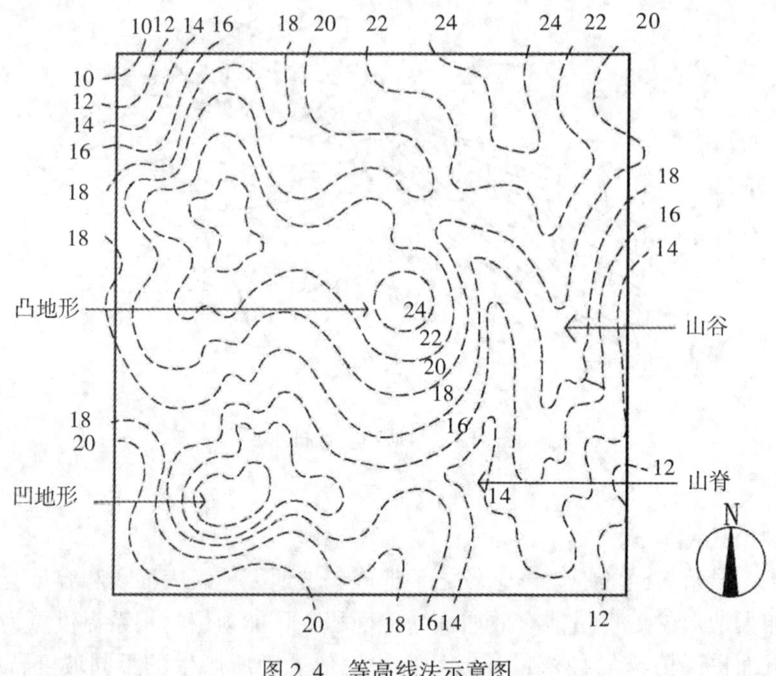

图 2.4　等高线法示意图

2. 剖面表现

地形剖面表现如图 2.5 所示。

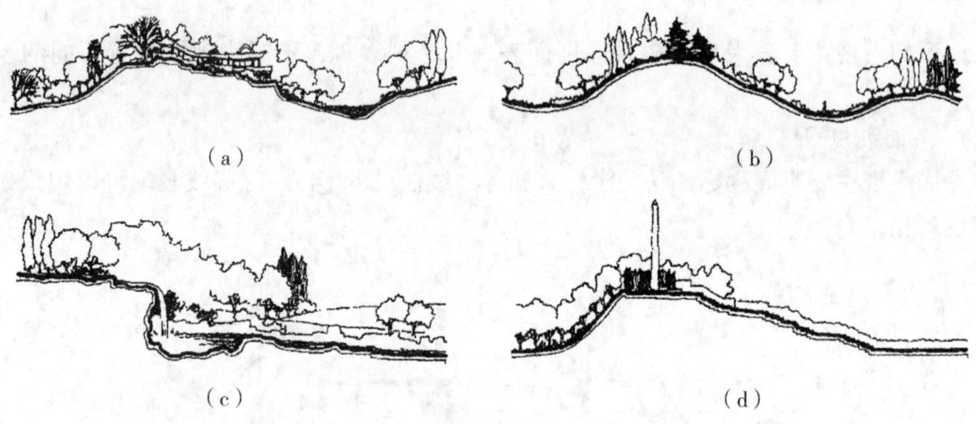

图 2.5　地形剖面表现示意图

3. 透视表现

透视一般用鸟瞰图来表现，其表现手法有手绘和利用计算机辅助绘图等。其中，计算机辅助设计与建模程序能够建立一个三维的场地模型。常见的有三种建模方式，一种是创建一个三维的场地模型；一种是创建一个层级阶梯状的模型，能够看到等高线及其间距；还有一种是建立一个弯曲的表面或者由多边形(通常是三角形)构成的网状底纹(图 2.6)。

此外，透视还可以结合剖面形式表现地形，使表面地形情况呈现更加清晰明了。

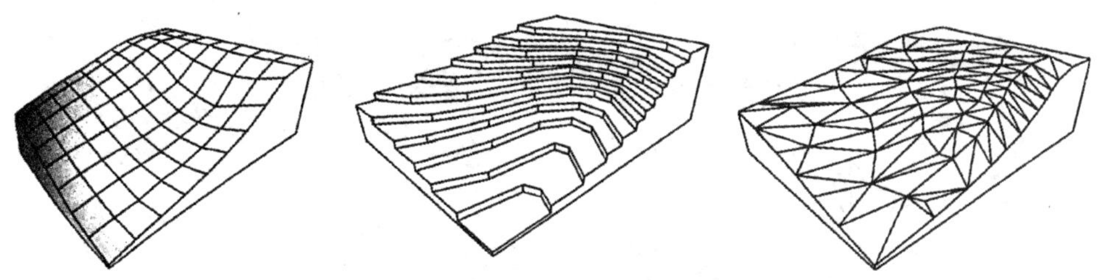

图 2.6　计算机创建的三维场地模型

2.1.3　地形的设计方法

1. 整体地形改造

整体地形改造包括平地造坡及坡地改造两种情况。“横看成岭侧成峰，远近高低各不同”，是对山的形态的真实描述，也是我们对地形设计的要求。

1) 平地造坡

平地造坡有两种方法，一种是从坡顶到坡脚的设计方法；另一种是从坡脚到坡顶的设计方法。前者是先绘制坡脊线，再逐步从制高点到坡脚线绘制(图 2.7)；后者是先绘制坡脚线，再绘制制高点(图 2.8)。

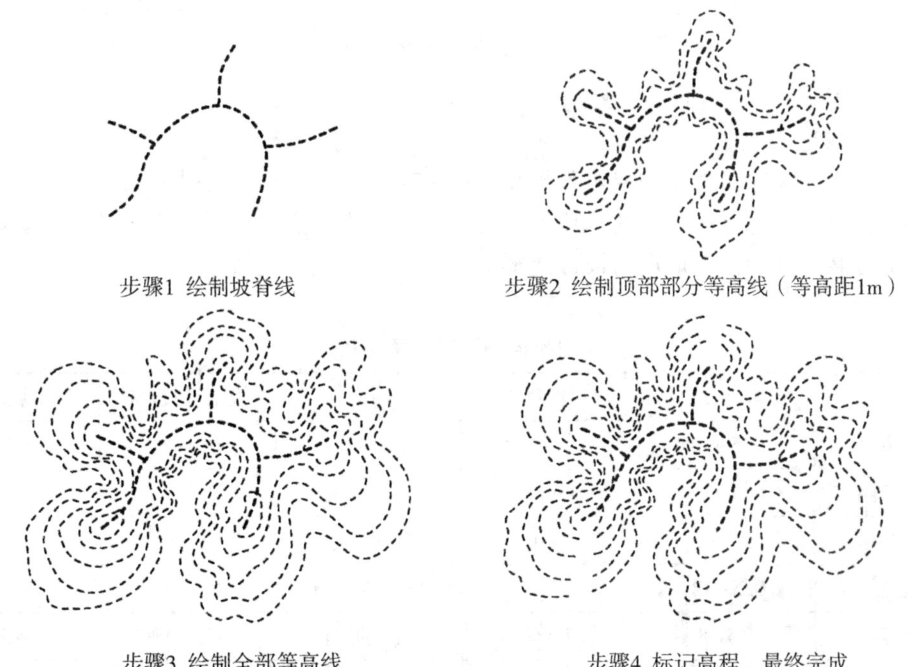

步骤1 绘制坡脊线

步骤2 绘制顶部部分等高线（等高距1m）

步骤3 绘制全部等高线

步骤4 标记高程，最终完成

图 2.7　由坡脊线开始绘制地形

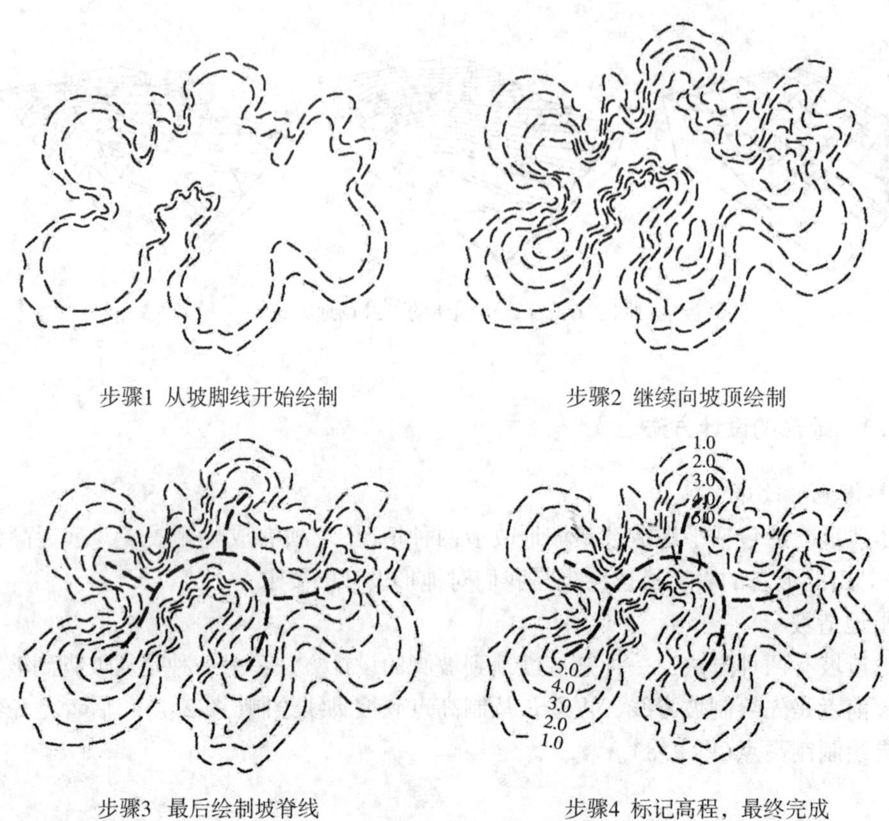

步骤1 从坡脚线开始绘制　　步骤2 继续向坡顶绘制

步骤3 最后绘制坡脊线　　步骤4 标记高程，最终完成

图 2.8 由坡脚线开始绘制地形

2)坡地改造

不同功能的场地对坡度的要求各不相同(表 2-1)。坡地改造是根据已有地形，考虑设计的需求，对原有地形进行改造。比如坡地建房，房脚处需要相对平坦，这就需要改造地形。绘图时需要区别已有地形与设计地形的区别，可分别用实线与虚线表示(图 2.9)。

表 2-1 对不同场地的坡度要求

内容	极限坡度/%	常用坡度/%	内容	极限坡度/%	常用坡度/%
主要道路	0.5~10	1~8	停车场地	0.5~8	1~5
次要道路	0.5~20	1~12	运动场地	0.5~2	0.5~1.5
服务车道	0.5~15	1~10	游戏场地	1~5	2~3
边道	0.5~12	1~8	平台和广场	0.5~3	1~2
入口道路	0.5~8	1~4	铺装明沟	0.25~100	1~50
步行坡道	≤12	≤8	自然排水沟	0.5~15	2~10

续表

内容	极限坡度/%	常用坡度/%	内容	极限坡度/%	常用坡度/%
停车坡道	≤20	≤15	铺草坡面	≤50	≤33
台阶	25~50	33~50	种植坡面	≤100	≤50

注：①铺草与种植坡面的坡度取决于土壤类型；②需要修整的草地，以 25%的坡度为好；③当表面材料滞水能力较小时，坡度的下限可酌情下降；④最大坡度还应考虑当地的气候条件，较寒冷的地区、雨雪较多的地区，坡度上限应相应地降低；⑤在使用中还应考虑当地的实际情况和有关的标准。

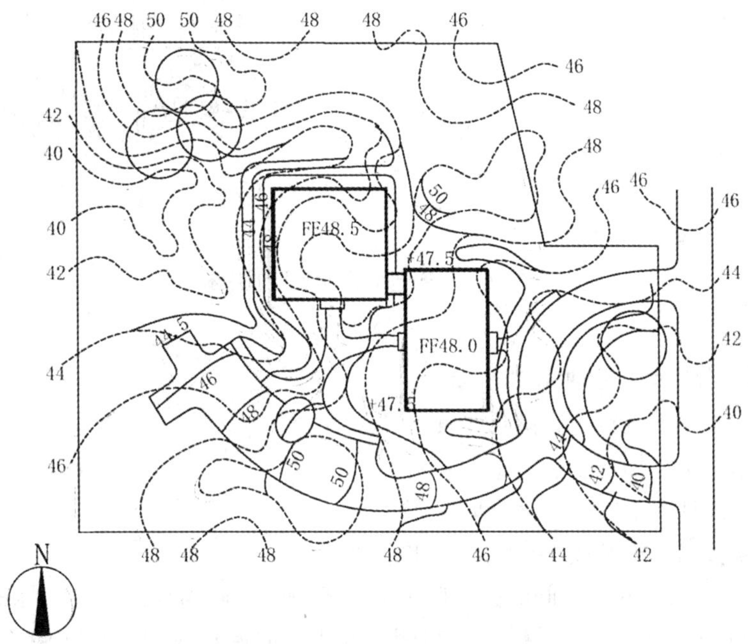

图 2.9　现状等高线与设计等高线分别用实线与虚线表示

2. 局部地形设计

在景观设计中，可以利用地形分隔空间、控制视线、建立空间序列、屏蔽不良景观及影响游览路线和速度等，从而丰富空间层次，塑造多样性的景观空间。

1) 分隔空间

利用地形可以有效地、自然地划分空间，使之形成不同功能或具有景色特点的区域，在此基础上再借助于植物则能增加划分的效果和气势。利用地形划分空间应从功能、现状地形条件和造景几方面考虑，它不仅是分隔空间的手段，而且还能获得空间大小对比的艺术效果。如南京莫愁湖公园运用坡地和景观建筑分隔水面，形成了开阔与深幽对比的艺术效果(图 2.10)。

莫愁湖公园中通过大小水面、坡地很好地分隔空间，形成了开阔与深邃的空间。

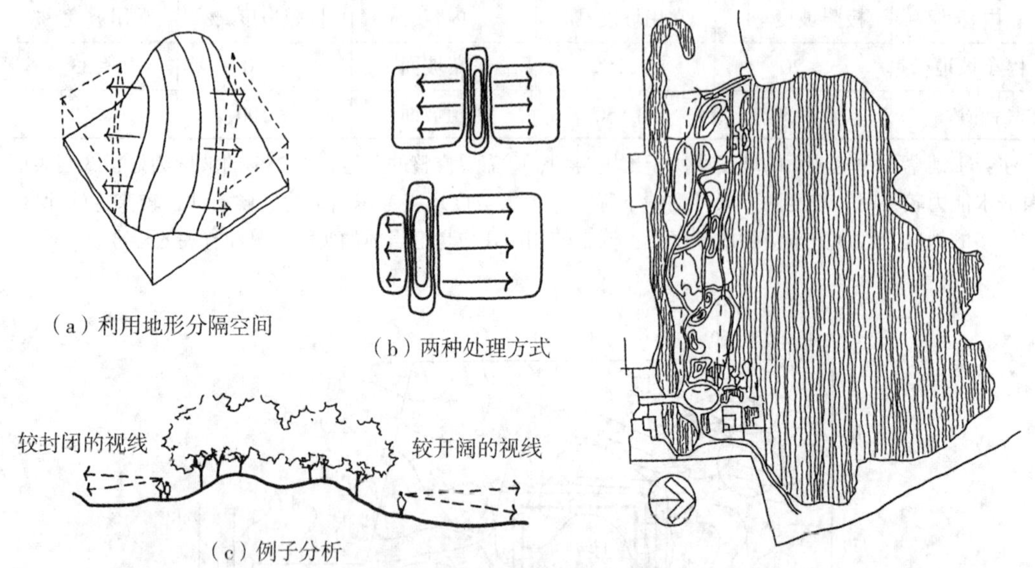

（a）利用地形分隔空间

（b）两种处理方式

（c）例子分析

图 2.10　利用地形分隔空间示意图

利用地形划分空间可以通过如下途径：

(1)对原基础平面进行挖方降低平面；

(2)在原基础上添加泥土进行造型；

(3)增加凸面地形上的高度使空间完善；

(4)改变海拔高度构筑成平台或改变水平面。

当使用地形来限制外部空间时，空间的底面范围、封闭斜坡的坡度、地平轮廓线三个因素在影响空间感塑造上极为关键，在封闭空间中同时起作用(图 2.11)。底面，指的是空间的底部或基础平面，它通常表示“可使用”范围。它可能是明显平坦的地面，或微起伏并呈现为边坡的一个部分。斜坡的坡度制约着空间，斜坡越陡，空间的轮廓越显著。地平轮廓线，它代表地形可视高度与天空之间的边缘。地平轮廓线和观察者的相对位置、高度和距离，都会影响空间的视野以及可观察到的空间界限(图 2.12)。

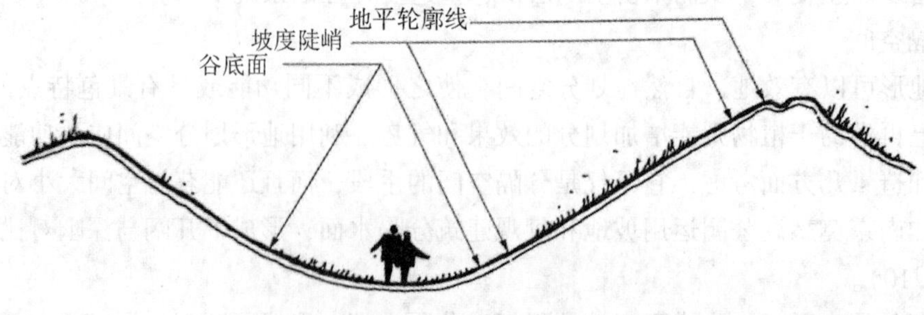

图 2.11　地形的三个可变因素影响着空间感

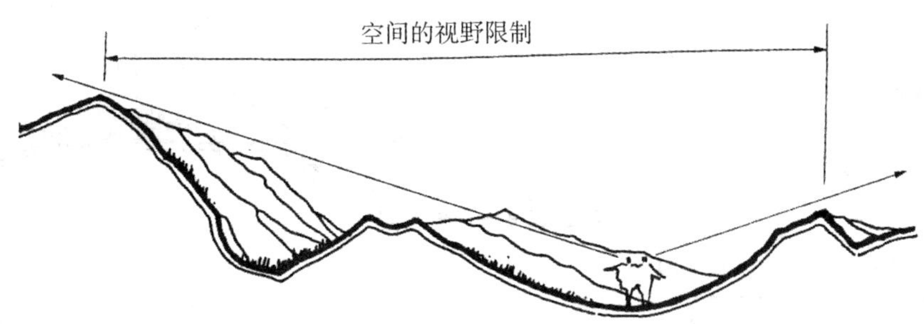

图 2. 12　地平轮廓线对空间的限制

2) 控制视线

为了使视线停留在环境中某一特殊焦点上，可以根据不同的地形类型安排主体景观的位置，巧妙地实现视线引导。倾斜的坡面是很好的展示观赏因素的地方(图 2. 13)。平坦地形环境的主体景观视线开阔而连续、整体而统一，主要依靠垂直方向的构筑物或线型元素来形成视觉焦点，加强与水平走向的空间对比。在坡地地形和山水地形公园环境中，因地形起伏高程变化和朝向变化，游人有着多方位的观景角度和景观视线，能够产生不同景深的视觉效果。其中，凸地形和山脊明显高于周围的环境，视线开阔，易于形成丰富的赏景视点；凹地形和谷底形成的空间范围处于周围环境的低处，视线较为封闭，易于形成视线的聚集区域，因此可精心布置景物，使游人驻足、细致观赏。

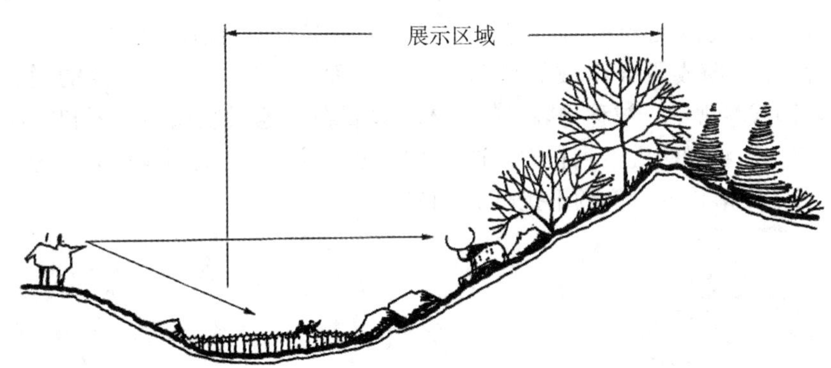

图 2. 13　斜倾的坡面是很好的展示观赏因素的地方

3) 建立空间序列

可利用地形建立空间序列，交替展现或屏蔽景物。当赏景者仅看到了一个景物的一个部分时，对隐藏部分就会产生一种期待感和好奇心，就想尽力看到其全貌。可利用这种心理去创造一个连续变化的景观来引导人们前进。焦点序列的变化见图 2. 14。

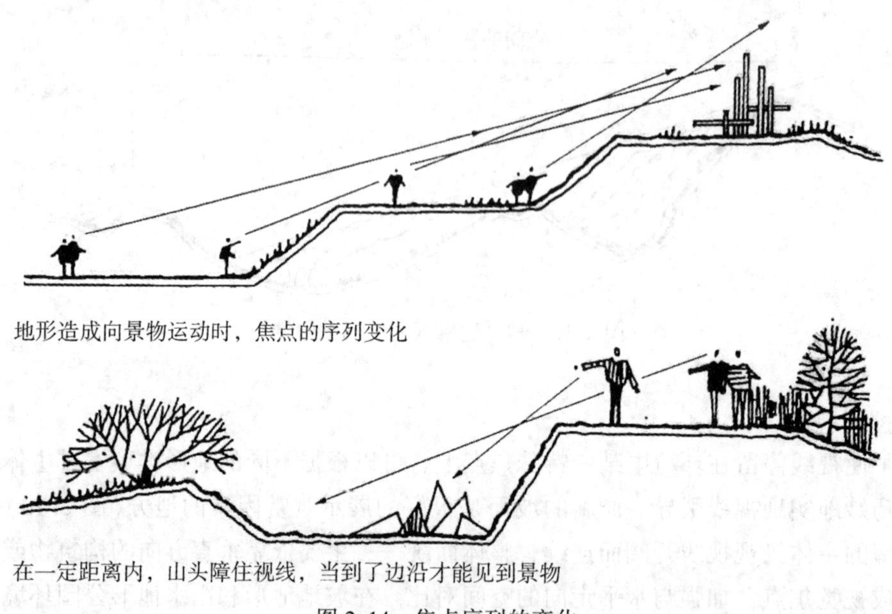

地形造成向景物运动时，焦点的序列变化

在一定距离内，山头障住视线，当到了边沿才能见到景物

图 2.14　焦点序列的变化

4)屏蔽不良景观

在大路两侧、停车场以及商业区，可以将地形改造成土坡的形式来屏蔽不良景观(图 2.15)。这一手法适用于那些容许坡度达到理想斜度的空间。例如，要在一个斜坡上铺种草皮，并利用割草机进行护养，则该斜坡坡度不得超过 4∶1 的比例。坡顶也可以设置屏障物来遮盖位于其坡脚部分的不良景观。在大型庭院景观中，借助这种手法，一方面可达到遮蔽道路、停车场或服务区域的目的，另一方面则可维护较远距离的悦目景色(图 2.16)。在田园式景观中，被称为隐藏的墙体，设置在谷地斜坡顶端之下和凹地处。这样在某一高地势上，将无法观察到它们。这种方式的使用，最终使田园风光成为一个连续流动的景色，并不受墙体或围栏的干扰(图 2.17)。

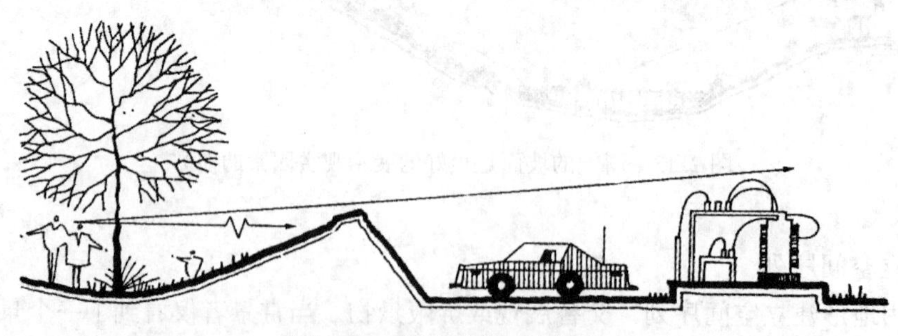

图 2.15　土山遮挡不良景观

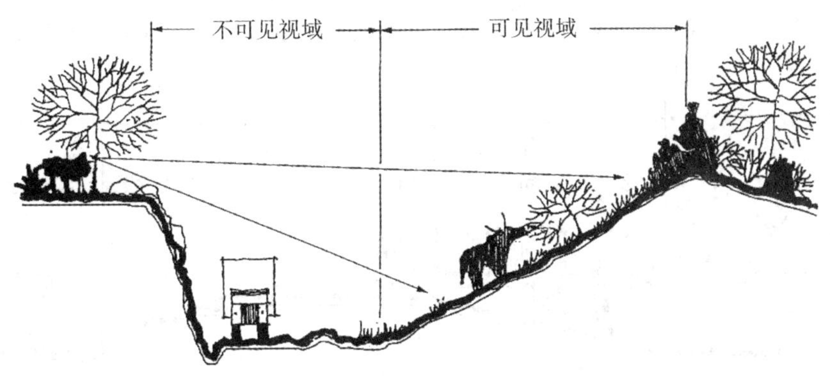

图 2.16　山顶遮蔽了看向谷底的景物

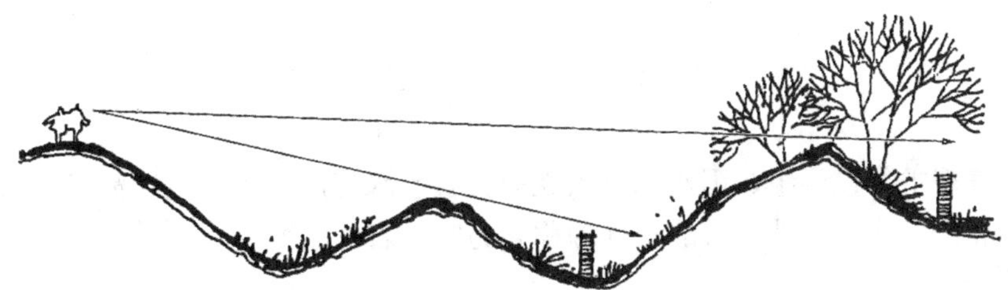

图 2.17　矮墙的做法：墙、栅栏隐藏在谷中而不在视线范围内

5）影响游览路线和速度

地形可被用在外部环境中，影响行人和车辆运行的方向、速度和节奏。从地形的角度考虑，理想的建筑场所是水平地形、谷底或瘠地顶部，其中水平地形最适合进行运动。随着地面坡度的增加，或更多障碍物的出现，人们游览就必须使出更多力气，时间也就延长，中途的停顿休息也就逐渐增多，因此，步行道的坡度不宜超过 10%。如果需要在坡度更大的地面行进时，道路应尽可能平行于等高线，而非垂直于等高线（图 2.18）。如果需要穿行山脊地形，最好应走“山洼”或“山鞍部”（图 2.19）。

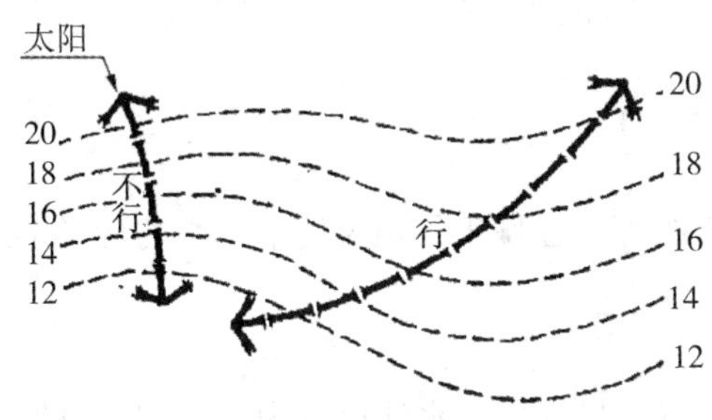

图 2.18　可行进的路线应尽可能平行于等高线

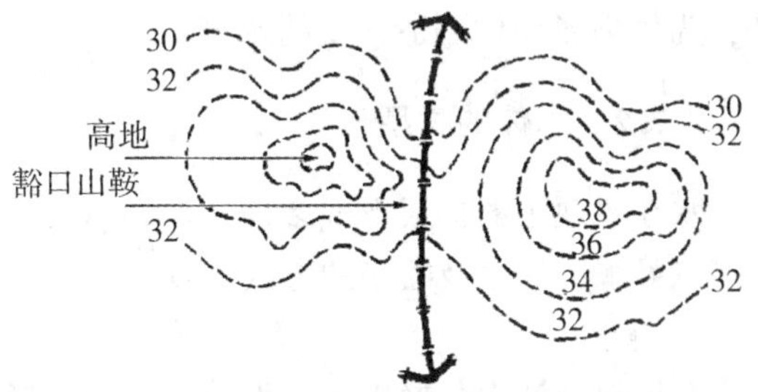

图 2.19　穿越山地最好是从山鞍部通过

地形的设计影响运动的频率，如果设计要求人们快速通过，那么在此就应使用水平地形。而如果设计的目的是要求人们缓慢地走过某一空间，那么应使用斜坡地面或设计一系

列水平高度变化。当需要人们完全留下来时，就会再次使用水平地形(图 2. 20)。

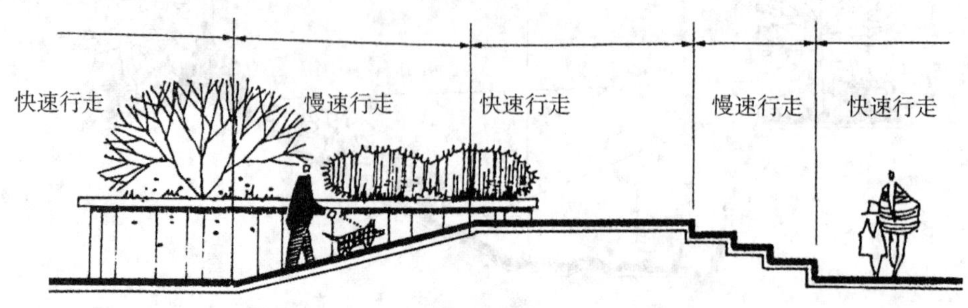

图 2. 20　行走的速度受地面坡度的影响

2.2　水　　体

水体是景观中的重要组成因素，是景观的灵魂。水能产生很多生动活泼的景观，形成开朗的空间和透景线，因此，有的设计师称它为“景观的生命”。

2. 2. 1　水体在景观中的功能

水体在景观规划设计中的用途非常广泛，主要体现在以下几个方面：

(1)增加空气中的湿度，调节小气候。

(2)丰富空间环境，增强游人的舒适感，并且能够营造回归自然的氛围，给游人带来真正意义上的精神享受。

(3)营造优美、自然的环境景观氛围，通过水体的延伸和流动，将场所中几个不同的景点联系起来，创造环境景观迂回曲折的景点线路，起到组景的作用。

(4)大面积的水域可以为人们提供许多娱乐性活动，小面积的水域则可以给人们提供戏水的场地，尤其是对孩子而言，水给他们带来的乐趣是无穷尽的。

(5)水域是生物营养丰富的栖息地，它能为观赏性水生动物和植物提供所需的生长条件，为生物多样性创造必要的环境。

2. 2. 2　水体的类型

水在景观中的构成形式多样，如湖、海、瀑布等。在城市景观尺度下，水的构成形式大多以静水、流水及喷泉的方式呈现。

1. 静水

在景观设计中，静水一般设计成水池的形式置于景观中。水池可分为规则式、自然式和混合式三种类型。

(1)规则式水池，指人造的蓄水容体，其池边缘线条挺括分明，池的外形属几何形。主要用于室外环境中，可增加倒影。

(2)自然式水池或水塘，其本身可以是人造的，也可以是自然形成的。设计时需特别注意的是，自然式水池或水塘的岸线多以自然驳岸为主，在考虑亲水性时可设置部分亲水步道，但切记不要将整个岸线全部设计成亲水道路，可设计成时而亲水时而远离水面，若隐若现，以增加景观的空间层次。自然式水池类型见图 2.21。

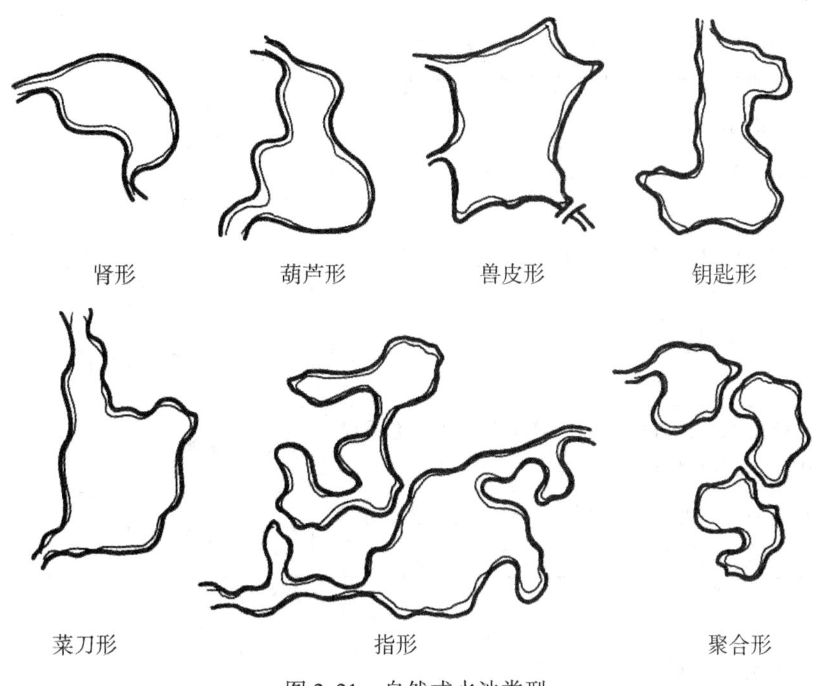

图 2.21　自然式水池类型

(3)混合式水池，指规则式与自然式相结合、依据场地自然特性而设计的水池。

2. 流水

流水应根据规划的关系和设计的目标以及与周围环境的关系，来考虑水所创造的不同效果。公共空间中流水的设置，以能形成空间焦点和动感为主；自然环境中的流水以小溪流和水涧为主，形成一种神秘的空间感。

3. 喷泉

景观中可利用天然泉设景，也可造人工泉。喷泉多为人工泉池，常与雕塑、彩色灯光等相结合，用自来水和水泵供水。喷泉的分类见表 2-2。

表 2-2　**喷泉的分类**

名称	主要特点	适用场所
壁泉	水由墙壁、石壁上喷出，顺流而下形成水帘和多股水流	广场、居住区入口、景观墙、挡土墙、庭院
涌泉	水由下向上涌出，呈水柱状，高度 0.6～0.8m，可独立设置也可组成图案	广场、居住区入口、庭院、假山、水池

续表

名称	主要特点	适用场所
间歇泉	模拟自然界的地质现象	溪流、小径、泳池边、假山
旱地泉	将喷泉管道和喷头下沉到地面以下，喷水时水流落到广场硬质铺地上，沿地面坡度排出	广场、居住区入口
跳泉	射流光滑稳定，在计算机控制下，生成可变化跳跃的水流	庭院、园路边、休闲场所
跳球喷泉	射流呈光滑的水球，水球的大小和间歇时间可控制	庭院、园路边、休闲场所
雾化喷泉	由多组微孔喷管组成，水流通过微孔喷出，似雾状，多呈柱形和球形	庭院、广场、休闲场所
喷水泉	外观呈盆状，下有支柱，可分多级，出水系统简单，多为独立设置	园路边、庭院、休闲场所
小品喷泉	从雕塑的器具(罐、盆等)或动物(鱼、龙等)口中出水，形象有趣	广场、雕塑、庭院
组合喷泉	具有一定规模，喷水形式多样，有层次，有气势，喷射高度高	广场、居住区入口

2.2.3 水景的表现方法

1. 平面表现

在平面上，水面表示可采用线条法、等深线法、平涂法和添景物法。前三种为直接的水面表示法，最后一种为间接的水面表示法。

1)线条法

用工具或徒手排列的平行线条表示水面的方法称为线条法。作图时，既可以将整个水面全部用线条均匀地布满，也可以局部留有空白，或者只局部画些线条。静水面是指宁静或有微波的水面，能反映出倒影，多用水平直线或小波纹线表示(图 2.22)。动水面是指湍急的河流、喷涌的喷泉或瀑布等，能给人以欢快、流动的感觉，多用大波纹线、鱼鳞纹线等活泼动态的线型表现(图 2.23)。

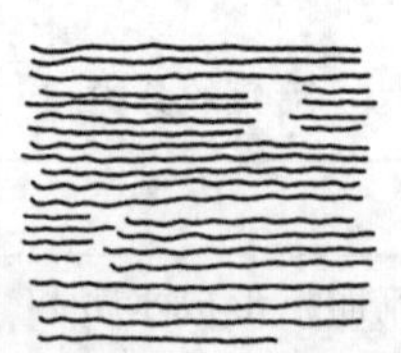
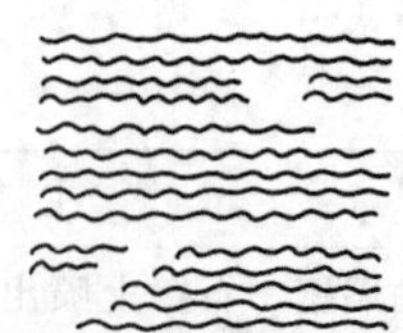

图 2.22　静水面的平面表现

图 2.23　动水面的平面表现

2) 等深线法

在靠近岸线的水面，依岸线的曲折作几条表示深浅的等高线，称为等深线。通常表示形状不规则的水面(图 2.24)。用三根线可分别表示最高水位、常水位及最低水位。

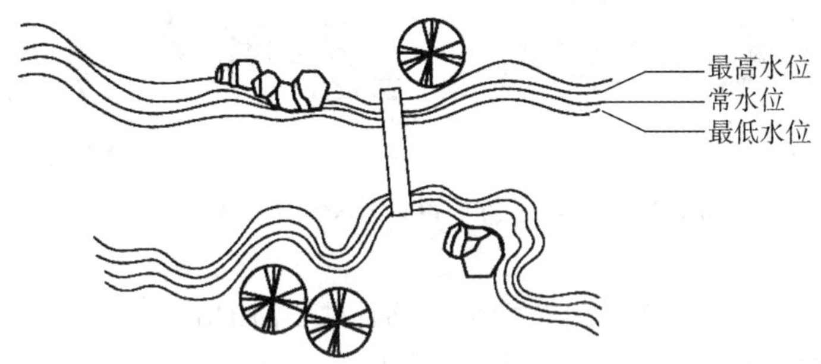

图 2.24　用等深线法表示水面

3) 平涂法

用水彩或墨水平涂表示水面的方法称为平涂法。用水彩平涂时，可将水面渲染成类似等深线的效果；也可以不考虑深浅，均匀涂黑。

4) 添景物法

添景物法是利用与水面有关的一些内容表示水面的一种方法。与水面有关的内容包括一些水生植物、水上活动工具、码头和驳岸、露出水面的石块及其周围的水纹线等(图 2.25)。

图 2.25　用添景物法表示水面

2. 立面、剖面表现

在立面、剖面上，水体可采用线条法、留白法、光影法等表示。

线条法，是用细实线或虚线勾画出水体造型的一种水体立面表现方法。用线条法作图时应注意线条方向与水体流动的方向保持一致；水体造型清晰，但要避免外轮廓线过于呆板生硬。跌水、叠泉、瀑布等水体的表现方法一般采用线条法(图 2. 26)。

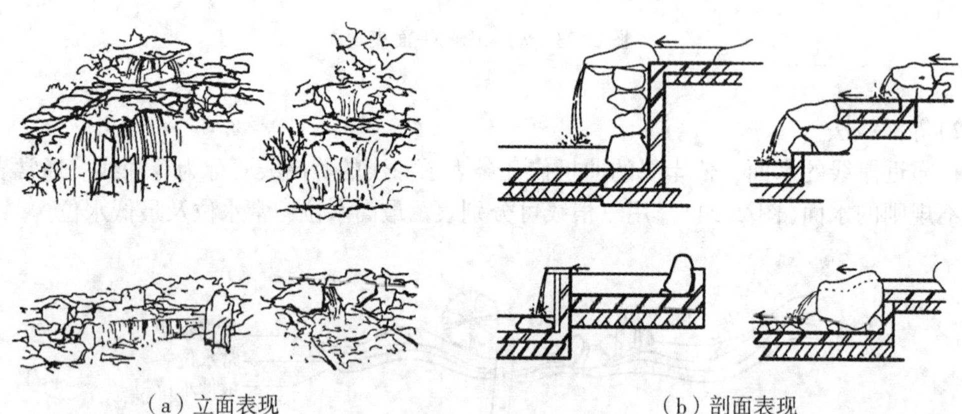

（a）立面表现　　（b）剖面表现

图 2. 26　跌水、叠泉、瀑布等水体的表现方法示意

留白法，是将水体的背景或配景画暗，从而衬托出水体造型的表示手法。留白法常用于表现所处环境复杂的水体，也可用于表现水体的洁白与光亮。

光影法，是用线条和色块(黑色和深蓝色)综合表现出水体的轮廓和阴影的方法。

留白法与光影法主要用于效果图中，见图 2. 27。

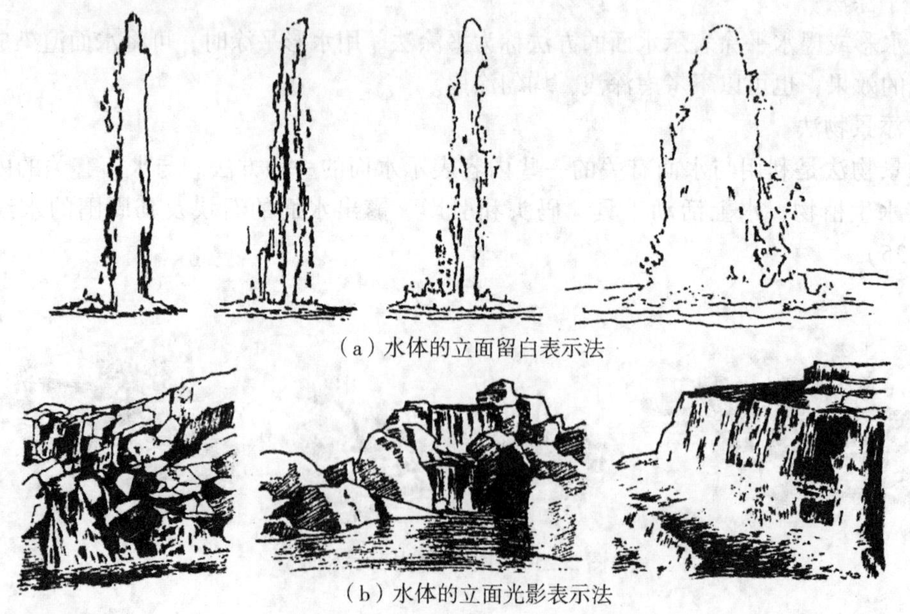

（a）水体的立面留白表示法

（b）水体的立面光影表示法

图 2. 27　留白法与光影法的运用示意

2.2.4　水景的设计方法

作为景观环境中的一部分，水景的设计首先应从整体环境考虑，选择与环境相协调的尺度、位置，之后再通过对理水手法的运用进行水景设计。

1. 水景尺度的确定

水景的大小与周围环境的比例关系是水景设计中需要慎重考虑的内容。小尺度的水面较亲切怡人，适合于宁静、不大的空间，例如庭院、花园、城市小公共空间；尺度较大的水面烟波浩渺，适合于大面积自然风景、城市公园和大的城市空间或广场。

水面的大小也是相对的，同样大小的水面在不同环境中所产生的效果可能完全不同。例如，苏州的怡园和艺圃两处古典宅第园林中的水面大小相差无几，但艺圃比怡园的水面明显显得开阔空远。再将怡园的水面与网师园的水面相比，怡园的水面虽然面积要大出约三分之一，但是，却大而不见其广，长而不见其深。相反，网师园的水面反而显得空旷幽深(图 2.28)。

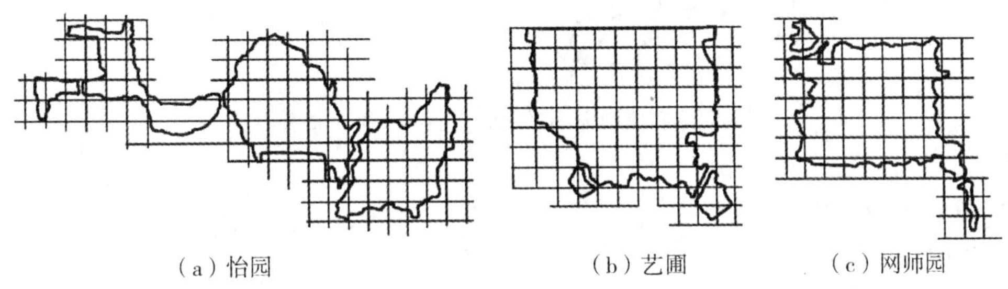

（a）怡园　（b）艺圃　（c）网师园

图 2.28　相同及不同大小水面的尺度与比例

2. 水景位置的选择

在决定了水景的风格和大小比例之后，还应当考虑从什么位置观赏此景。水池可以建在整体环境的中心，成为景观中的焦点；或作为一个铺设区域的主要装饰(图 2.29)；或作为休息区域的一个重要补充。倚围墙而建的高台水池或下沉式的水池，可以通过安设一个镶嵌在墙上的喷泉装饰使之更加夺目。

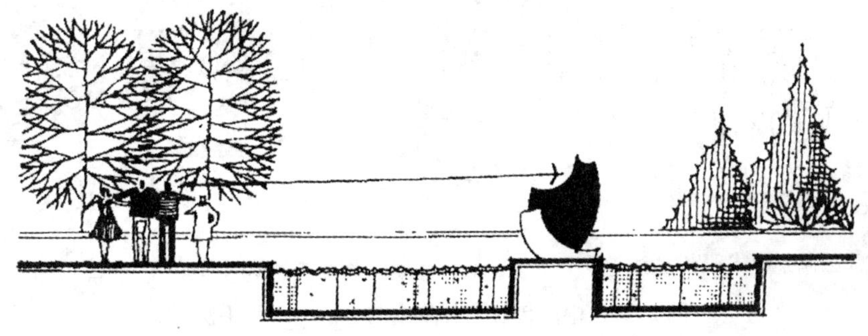

图 2.29　平均深度的水池能作为雕塑和其他焦点物的中性基座

3. 水面的划分

景观中的水体设计，常通过划分水面，形成水面大小的对比，使空间产生变化，增加空间层次感。如颐和园中通过万寿山将水体分成辽阔坦荡的昆明湖和狭窄幽静的后湖，两者风格迥异，对比鲜明(图 2. 30)。

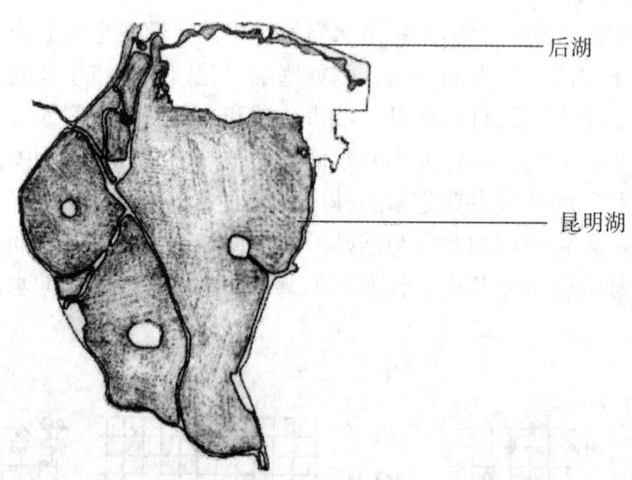

图 2. 30　颐和园中大小对比的水面——昆明湖和后湖

4. 水体的细节处理

1)集中与分散

中国传统园林理水，从布局上可以分为集中和分散两种形式(图 2. 31)。

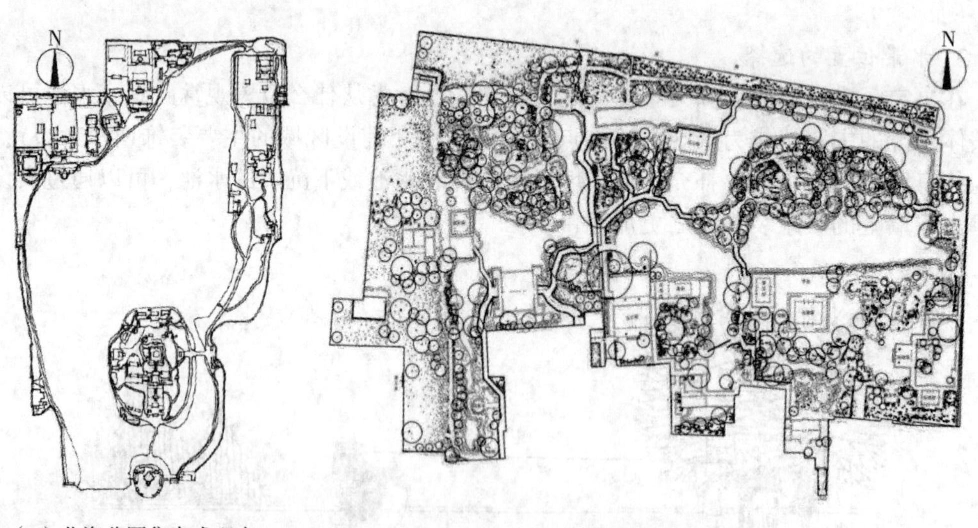

(a)北海公园集中式理水　　(b)拙政园分散式理水

图 2. 31　中国传统园林集中与分散的理水手法

集中而静的水面能使人感到开朗宁静。其特点是整个园以水池为中心，沿水池四周环列建筑，从而形成一种向心内聚的格局。与集中理水相对应的则是分散理水，其特点是用化整为零的方法把水面分割成互相连通的若干小块，水的来去无源给人以隐约迷离和不可穷尽的幻觉。分散理水还可以随水面变化而形成若干大大小小的中心，例如在水面开阔的地方可因势利导形成相对独立的空间，在水面相对狭窄的溪流可形成互通连接的空间，从而构成一种或水陆萦回或小桥凌波的水景。

2)首尾处理

古人认为园中一池清水与天地中的自然之水是相互贯通的。引江河湖海的“活水”入园是最为理想的方式。但一些面积小又无自然水源的景观，则讲究通过对水源与水尾的处理体现水流不尽之意境，运用“隐”“藏”等处理手法，形成幽深曲折的多层次水体空间。

对水源的处理，《园冶》中提出以下步骤：水源处理首先要隐藏在深邃之处，强调“入奥疏源，就低凿水”；然后疏浚一湾长流；再跨水横架桥梁“引蔓通津，缘飞梁而可度”。如苏州留园的水口结合两侧的假山相夹之势，作水涧的处理，并通过架设在不同水平层面的两座桥和水口前的岛屿形成多层次立体化的深远空间，使水源幽深迷远，似通江河(图 2. 32)。

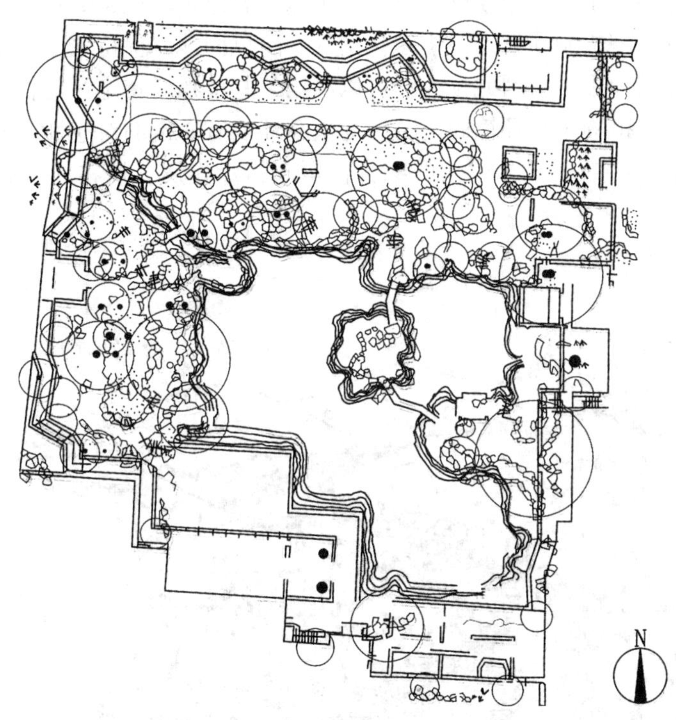

图 2. 32　中国园林以用水曲幽深为胜(以苏州留园为例)

园中理水，其水尾不能露出尽端的水岸线，需要对水尾处的水体分段，并在分段处通过架桥进行遮挡，增加水面空间层次，体现出水流蜿蜒无尽之意。如图 2. 32 中留园水尾的处理，通过在水池池岸的前端架设折桥来增加水面空间，同时在折桥前设置出挑的石矶，又增加了景深。这样由桥和石矶形成的两层空间，拓展了水尾处的空间层次，使人不能一眼看到池边驳岸，水似经由折桥流向园外，令人动“江流天地外”之情。

3)曲折有情

总体上讲，东方园林重视意境，手法自然。例如，中国古典园林就要求具有“虽由人作，宛自天开”的效果，因此，水要以“环湾见长”，越幽越深越有不尽之意。

2.3 植　　物

作为一个有生命的物体，植物是景观中独特的构成要素。植物可以随时间、季节的变化而变化。植物除了能作为设计的构成要素外，还能使环境充满生机和美感，且在城市景观中植物还起到改善环境、净化空气等重要作用，故常要求绿化占到一定的比例。因此，如何对植物景观进行设计，是景观设计的重中之重。

2.3.1 植物在景观中的功能

1. 生态环保功能

植物的生态环保功能主要体现在两个方面：①保护和改善环境；②环境监测和指示作用。植物能通过自身生理机制和形态结构净化空气、防风固沙、保持水土、净化污水。各种植物对污染物抗性差异很大。因此，人们可以利用某些植物对特定污染物的敏感性来监测环境污染状况。由于植物生存环境固定，并与生存环境有一定的对应性，所以某些植物可以对环境中的一个因素或某几个因素的综合作用起指示作用。植物的生态环保功能见图2.33。

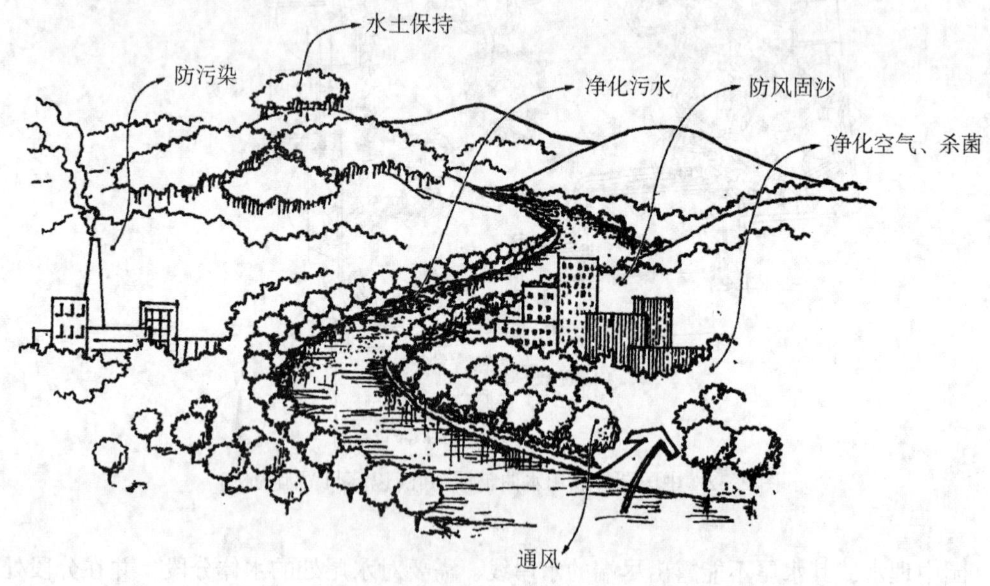

图2.33　植物的生态环保功能示意图

2. 空间构筑功能

空间构筑是指由地平面、垂直面以及顶平面单独或共同组合成的具有实在或暗示性的范围围合。植物可以用于限定空间的任何一个界面，以不同高度和不同植物来暗示空间边界，构成空间。植物的空间构筑功能见图2.34。

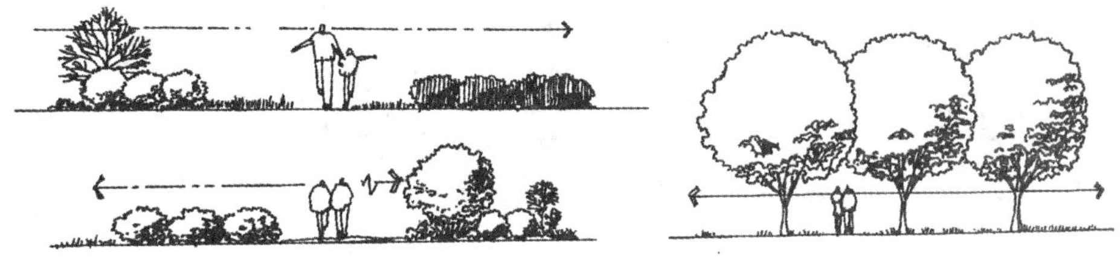

（a）处于地面和树冠下的覆盖空间

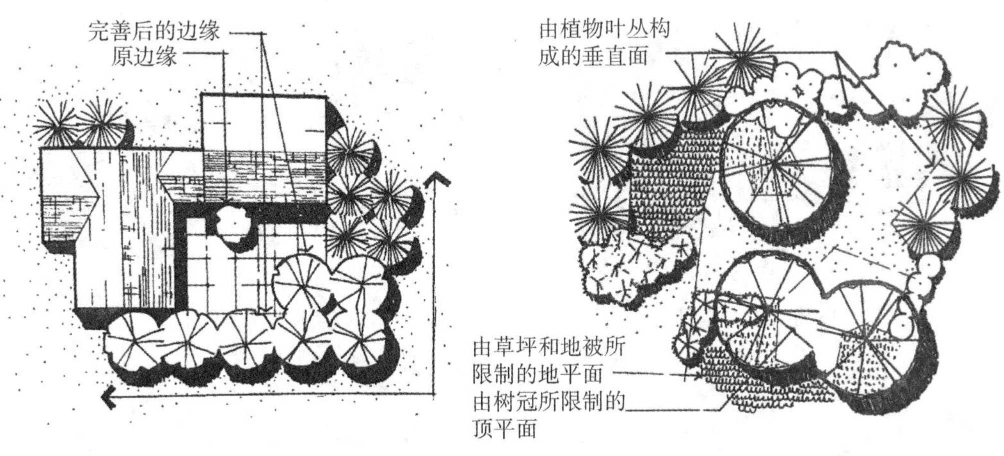

（b）由植物材料限制的室外空间

（c）植物的封闭作用

图2.34 植物的空间构筑功能示意图

3. 美学功能

植物的美学观赏功能就是植物美学特性的具体展示和应用，其主要表现为利用植物美化环境，构成主景，形成障景、引景、框景和透景等，见图2.35。

此外，因植物造型柔和，还可以起到柔化边缘、棱角等硬质景观的作用。如图2.36所示，建筑物墙基处栽植的灌木、常绿植物软化了僵硬的墙基线，使得即使是冬季的枝干也有柔和边界之感。

4. 强调和标识功能

植物的强调和标识功能，指某些植物具有特殊的外形、色彩、质地，能够成为众人瞩目的对象，同时也会使其周围的景物被关注。在一些公共场所的出入口、道路交叉点、庭院大门、建筑入口等需要强调、指示的位置，合理配置植物能够引起人们的注意。植物的强调、标识功能见图2.37。

（a）植物的障景和引景功能

（b）利用植物构成框景效果

（c）植物形成的透景效果

图 2.35　植物美学功能特性示意图

图 2.36　植物的柔化功能

图 2.37　植物的强调、标识功能

5. 经济功能

植物作为建筑、食品、化工等的主要原材料，可产生巨大的直接经济效益；通过保护、美化环境，植物又可创造巨大的间接经济效益。但是，片面地强调经济效益是不可取的，植物景观的创造应该是在掌握植物观赏特性、满足生态学属性等基础上，对植物合理利用，从而最大限度地发挥植物的效益。

2.3.2　植物的类型

景观植物的分类方法繁多，大多是从规划设计的角度，依大小、形态等，将景观植物分为乔木、灌木、藤本、地被植物、水生植物和花卉等。

1. 乔木

乔木具有体形高大、主干明显、分枝点高、寿命长等特点，是景观设计中的骨干树种(图 2.38)。一般来说，按照乔木的高度来分，可分为大乔木(高 20m 以上)、中乔木(高 8~20m)和小乔木(高 8m 以下)。按照乔木的生长习性、落叶情况分为常绿乔木和落叶乔木两类。常绿乔木中按照叶形的不同又分为阔叶常绿乔木和针叶常绿乔木；落叶乔木按照叶形又分为阔叶落叶乔木和针叶落叶乔木。

图 2.38　乔木

2. 灌木

灌木没有明显的主干，多呈丛生状态，或自基部分枝。一般体高 2m 以上者称大灌木，高 1~2m 者为中灌木，高不足 1m 者为小灌木(图 2.39)。灌木有常绿和落叶之分，常与乔木、草坪配合形成柔和过渡，丰富景观轮廓。灌木的品种繁多，尤其是开花灌木观赏价值最高，用途最广，在景观中可以起到点缀与美化环境的功能和作用，也可用于遮挡不良景观和视线。

图 2.39　灌木

3. 藤本

凡不能自立、须依靠其吸盘或卷须依附于其他物体上的植物称为藤本。藤本也分为常绿和落叶植物，可以美化墙面，形成季节性色叶、花、果和光影效果，是景观设计中垂直绿化的首选植物。同时，藤本植物还可用于廊架、拱门、棚架的美化与绿化。

4. 地被植物

地被植物多为低矮的草本植物，用以覆盖地面、稳定土壤、美化环境等(图 2.40)。

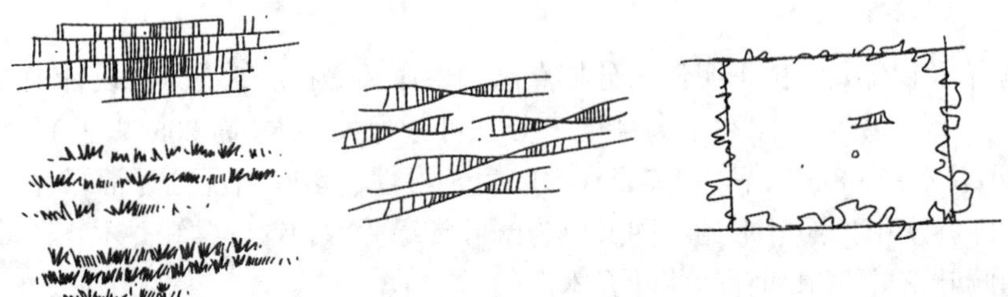

图 2.40　地被植物

5. 水生植物

水生植物是景观设计中常见的植物类型，这类植物通常能在水中生活。按照其特性的不同，通常把水生植物分为四类，见表 2-3。

表 2-3　**水生植物分类**

水生植物名称	特　性	举例
挺水植物	其下部或基部沉于水中，根或地茎扎入泥土中生长发育，其上部植株挺出水面。挺水植物直立挺拔，花色艳丽。	荷花、菖蒲、慈姑等
浮水植物	由于拥有发达的根状茎，体内贮藏大量气体，使其叶或者植株能漂浮于水面。	芡实、睡莲等
沉水植物	沉于水中，由于拥有发达的通气组织，因此能够在水里生长繁殖。但对水质的要求较高，以保证其在弱光的光合作用下能正常发育。	苦草、金鱼藻、狐尾藻、黑藻等
漂浮植物	其生长速度较快，根部生长于泥土中且漂浮于水面，能够提供水面的装饰效果。但如果生长速度过快，则会覆盖整个水面，影响水面整体效果，且不易打捞。	凤眼莲、浮萍等

6. 花卉

花卉通常具有很高的观赏价值和经济价值。根据生活习性，可以将花卉分为一二年生花卉、多年生花卉、水生花卉和岩生花卉。景观设计时应根据不同的需要选择不同的花卉品种。花卉在景观设计中主要用于布置花坛、花境、道路边缘等。

2.3.3　植物的形态

在设计中，植物的总体形态——树形，是构成景观的基本要素之一。不同树形的树木经过妥善的配置和安排，可以产生韵律感、层次感等多种艺术组景的效果，可以表达和深化空间的意蕴(图 2. 41)。

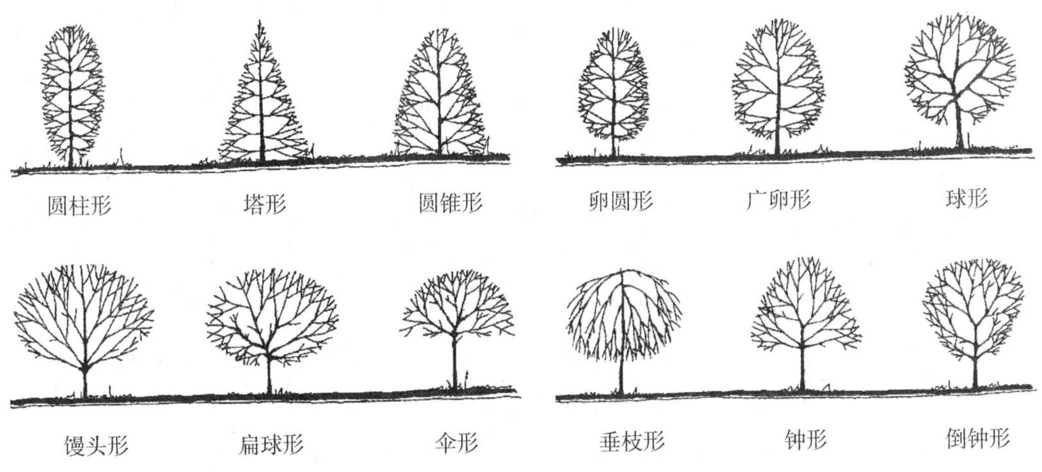

图 2. 41　各种植物形态表现图

2. 3. 4　植物的色彩

植物的色彩以绿色为基调，叶色、树皮、花、果及种子颜色都参与了色彩的构成。在设计中，叶子的颜色是人们考虑最多的因素。

1. 叶色

植物的基本叶色为绿色，这是植物长期自然进化选择的结果。由于受物种及受光度的影响，叶子的绿色又有墨绿、深绿、油绿、黄绿等复杂差异，且会随季节而变化。从大类上看，各类树木树叶绿色由深至浅的顺序，大致为常绿针叶树、常绿阔叶树、落叶树。常绿针叶树叶色多呈暗绿色，呈现朴实、端庄、厚重之感，但若在一个场所过多地使用，则容易使人产生悲哀、阴森之感；常绿阔叶树叶色以深绿色为主；落叶树种叶色多呈绿色或浅绿色，不少种类在落叶前还变为黄褐色或黄色、金黄色，从而表现出明快、活泼的视觉特征。

凡是叶色随着季节的变化而变化，或是终年具备似花非花的彩叶的植物被统称为色叶植物或彩叶植物，常见色叶植物分类见表 2-4。

表 2-4　**常见色叶植物分类汇总表**

分类	子目		代表植物
季相色叶植物	秋色叶	红色/紫红色	黄栌、乌柏、漆树、卫予、连香木、黄连木、地锦、五叶地锦、小檗、樱花、盐肤木、野漆、南天竹、花楸、百华花锹、红槲、山楂以及槭树类植物等

续表

分类	子目			代表植物
季相色叶植物	秋色叶	金黄色/黄褐色		银杏、白蜡、鹅掌楸、加杨、柳、梧桐、榆、槐、白桦、复叶槭、紫荆、栾树、麻栎、栓皮栎、悬铃木、胡桃、水杉、落叶松、楸树、紫薇、榔榆、酸枣、猕猴桃、七叶树、水榆花楸、蜡梅、石榴、黄槐、金缕梅、无患子、金合欢等
	春色叶	春叶	红色/紫红色	臭椿、五角枫、红叶石楠、黄花柳、卫矛、黄连木、枫香、漆树、鸡爪槭、茶条槭、南蛇藤、红栎、乌柏、火炬树、盐肤木、花楸、南天竺、山楂、枫杨、小檗、爬山虎等
		新叶特殊色彩		云杉、铁力木、红叶石楠等
常色叶植物	彩缘	银边		银边八仙花、镶边锦江球兰、高加索常春藤、银边常春藤等
		红边		红边朱蕉、紫鹅绒等
	彩脉	白色/银色		银脉虾蟆草、银脉凤尾蕨、银脉爵床、白网纹草、喜荫花等
		黄色		金脉爵床、黑叶美叶芋等
		多种色彩		彩纹秋海棠等
		白色或红色叶片、绿色叶脉		花叶芋、枪刀药等
	斑叶	点状		洒金一叶兰、细叶变叶木、黄道星点木、洒金常春藤、白点常春藤等
		线状		斑马小凤梨、斑马鸭趾草、条斑一条兰、虎皮兰、虎纹小凤梨、金心吊兰等
		块状		黄金八角金盘、金心常春藤、锦叶白粉藤、虎耳秋海棠、变叶木、冷水花等
		彩斑		三色虎耳草、彩叶草、七彩朱蕉等
	彩色	红色/紫红色		美国红栌、红叶小檗、红叶景天等
		紫色		紫叶小檗、紫叶李、紫叶桃、紫叶欧洲槲、紫叶矮樱、紫叶黄栌、紫叶榛、紫叶梓树等
		银色		金叶女贞、金叶雪松、金叶鸡爪槭、金叶圆柏、金叶连翘、金山绣线菊、金焰绣线菊、金叶接骨木、金叶皂荚、金叶刺槐、金叶六道木、金钱松、金叶风箱果等
		黄色或金黄色		银叶菊、银边翠(高山积雪)、银叶百里香等
		叶两面颜色不同		银白杨、胡颓子、栓皮栎、青紫木等
		多种叶色品种		叶子花有紫色、红色、白色或红白两色等多个品种

2. 干皮颜色

当秋叶落尽，深冬季节，枝干的形态、颜色更加醒目，成为冬季主要的观赏景观。多数植物的干皮颜色为灰褐色，常见干皮彩色植物分类见表 2-5。

表 2-5　　常见干皮彩色植物分类汇总表

颜色	代表植物
紫红色或红褐色	红瑞木、青藏悬钩子、紫竹、马尾松、杉木、山桃、华中樱、樱花、西洋山梅花、稠李、金钱松、柳杉、日本柳杉等
黄色	金竹、黄桦、金镶玉竹、连翘等
绿色	棣棠、竹、梧桐、国槐、迎春、幼龄青杨、河北杨、新疆杨等
白色或灰色	白桦、胡桃、毛白杨、银白杨、朴、山茶、柠檬桉、白桉、粉枝柳、考氏悬钩子、老龄新疆杨、漆树等
斑驳	黄金镶碧玉竹、木瓜、白皮松、榔榆、悬铃木等

3. 花色

花色是植物观赏特性中最为重要的一方面，设计师应掌握开花植物的花色，明确植物的花期。在景观设计中，应以色彩理论作为基础，合理搭配花色和花期，常见开花植物分类见表 2-6。

表 2-6　　常见开花植物分类汇总表

季节	白色系	红色系	黄色系	紫色系
春	白玉兰、广玉兰、白鹃梅、笑靥花、珍珠绣线菊、梨、山桃、山杏、白花碧桃、白丁香、山茶(白色品种，如水晶白、玉牡丹、白芙蓉等)、含笑、白花杜鹃、珍珠梅、流苏树、络石、石楠、文冠果、火棘、厚朴、油桐、鸡麻、欧李、麦李、接骨木、山樱桃、毛樱桃、稠李等	榆叶梅、山桃、山杏、碧桃、海棠、垂丝海棠、贴梗海棠、樱花、山茶、杜鹃、刺桐、木棉、红千层、牡丹、芍药、瑞香、锦带花、郁李等	迎春、连翘、东北连翘、蜡梅、金钟花、黄刺玫、棣棠、相思树、黄素馨、黄兰、天人菊、芒果、结香、南洋楹等	紫荆、紫丁香、紫玉兰、九重葛、羊蹄甲、巨紫荆、黄山紫荆、映山红、山茶(紫红莲)、紫藤、泡桐、瑞香、楝树、珙桐(苞片白色)等
夏	广玉兰、山楂、玫瑰、茉莉、七叶树、花楸、水榆花楸、木绣球、天目琼花、木槿、太平花、白兰花、银薇、栀子花、刺槐、槐、白花紫藤、木香、糯米条、日本厚朴等	楸树、合欢、蔷薇、玫瑰、石榴、紫薇(红色种)、凌霄、崖豆藤、凤凰木、耧斗菜、枸杞、美人蕉、一串红、扶桑、千日红、红王子锦带、香花槐、金山绣线菊、金焰绣线菊等	锦鸡儿、云实、鹅掌楸、檫、黄槐、鸡蛋花、黄花夹竹桃、银桦、耧斗菜、蔷薇、万寿菊、天人菊、栾树、卫矛等	木槿、紫薇、油麻藤、千日红、紫花藿香蓟、牵牛花等

续表

季节	白色系	红色系	黄色系	紫色系
秋	油茶、银薇、木槿、糯米条、八角金盘、胡颓子、九里香等	紫薇(红色种)、木芙蓉、大丽花、扶桑、千日红、红王子锦带、香花槐、金山绣线菊、金焰绣线菊、羊蹄甲等	桂花、栾树、菊花、金合欢、黄花夹竹桃等	木槿、紫薇、紫羊蹄甲、九重葛、千日红、紫花藿香蓟、翠菊等
冬	梅、鹅掌柴	一品红、山茶(吉祥红、秋牡丹、大红牡丹、早春大红球)、梅等	蜡梅	—

需要注意的是，自然界中某些植物的花色并不是一成不变的，有些植物的花色会随着时间的变化而改变。比如杏花，在含苞待放时是红色，开放后却渐渐变淡，最后几乎变成了白色。另外，还有些植物的花色会随着环境的变化而改变，比如八仙花的花色会随着土壤的 pH 值不同而有所变化，生长在酸性土壤中花为粉红色，生长在碱性土壤中花为蓝色。

4. 果色

“一年好景君须记，正是橙黄橘绿时。”自古以来，观果植物在园林中就被广泛使用。很多植物的果实色彩鲜艳，甚至经冬不落，在百物凋零的冬季也是一道难得的风景。常见观果植物分类见表 2-7。

表 2-7　**常见观果植物分类汇总表**

颜色	代表植物
紫蓝色/黑色	紫珠、葡萄、女贞、白檀、十大功劳、八角金盘、海州常山、刺楸、水腊、西洋常春藤、接骨木、无患子、灯台树、稠李、东京樱花、小叶朴、珊瑚树、香茶藨子、金银花、君迁子等
红色/橘红色	天目琼花、平枝栒子、冬青、红果冬青、小果冬青、南大竺、忍冬、卫矛、山楂、海棠、构骨、枸杞、石楠、火棘、铁冬青、九里香、石榴、木香、欧洲荚蒾、花椒、欧洲花楸、樱桃、东北茶藨、欧李、麦李、郁李、沙棘、风箱果、瑞香、山茱萸、小檗、五味子、朱砂根、蛇莓等
白色	珠兰、红瑞木、玉果南天竺、雪里果等
黄色/橙色	银杏、木瓜、柿、柑橘、乳茄、金橘、金枣、楝树等

2.3.5　植物的表现方法

1. 乔木

1) 平面表现

树木的平面表现可先以位置为圆心、树冠平均值为半径作出圆，再加以表现。主要采取轮廓型、分枝型、枝叶型、枝干型四种方法来表示(图 2. 42)。

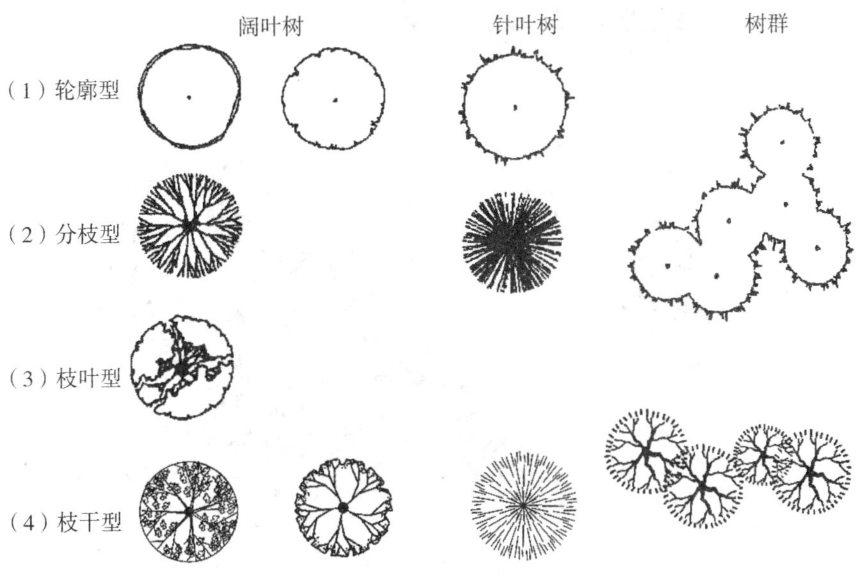

图 2. 42　树木平面的四种表示类型

尽管树木的种类可用名录详细说明，但常常仍用不同的表现形式表示不同类别的树木。例如，用分枝型表示落叶阔叶树，用加上斜线的轮廓型表示常绿树等。当表示几株相连的相同树木的平面时，应互相避让，使图面形成整体(图 2. 43)；当表示成林树木的平面时可只勾勒林缘线(图 2. 44)。

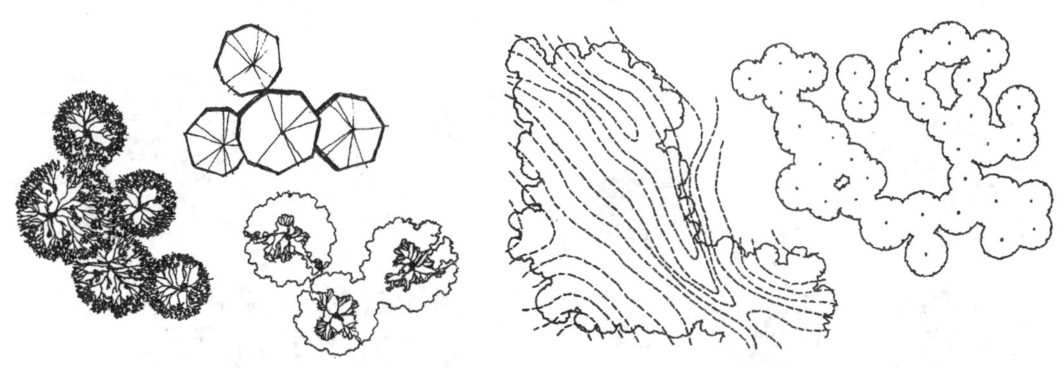

图 2. 43　几株相连树木的组合画法

图 2. 44　大片树木的平面表示法——林缘线画法

在设计图中，当树冠下有花台、花坛、花境或水面、石块和竹丛等较低矮的设计内容时，树木平面也不应过于复杂，要注意退让，不要挡住下面的内容。但是，若只是为了表示整个树木群体的平面布置，则可以不考虑树冠的避让，而是应以强调树冠平面为主(图 2. 45)。

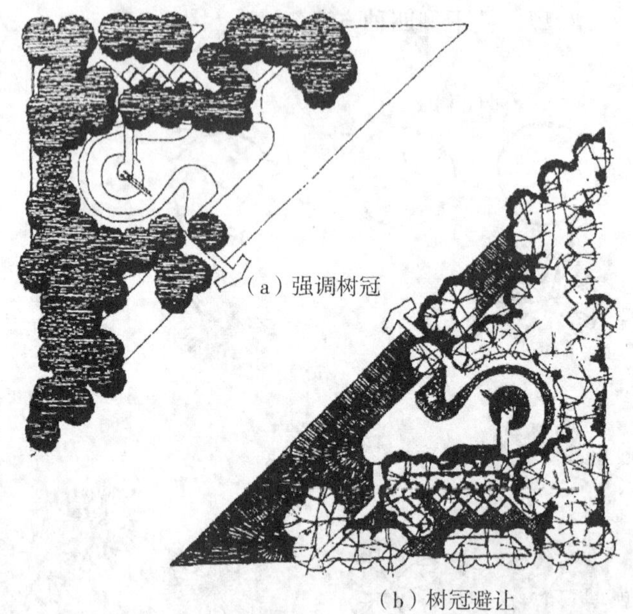

图 2.45　树木平面和树冠避让

树木的落影是平面树木重要的表现方法，它可以增加图面的对比效果，使画面明快、有生气。树木的地面落影与树冠的形状、光线的角度和地面条件有关，在园林图中常用落影图表示，有时也可根据树形稍做变化(图 2.46)。

作树木落影的具体方法可参考图 2.47。先选定平面光线的方向，定出落影量，以等圆作树冠圆和落影圆，然后擦去树冠下的落影，将其余的落影涂黑，并加以表现。

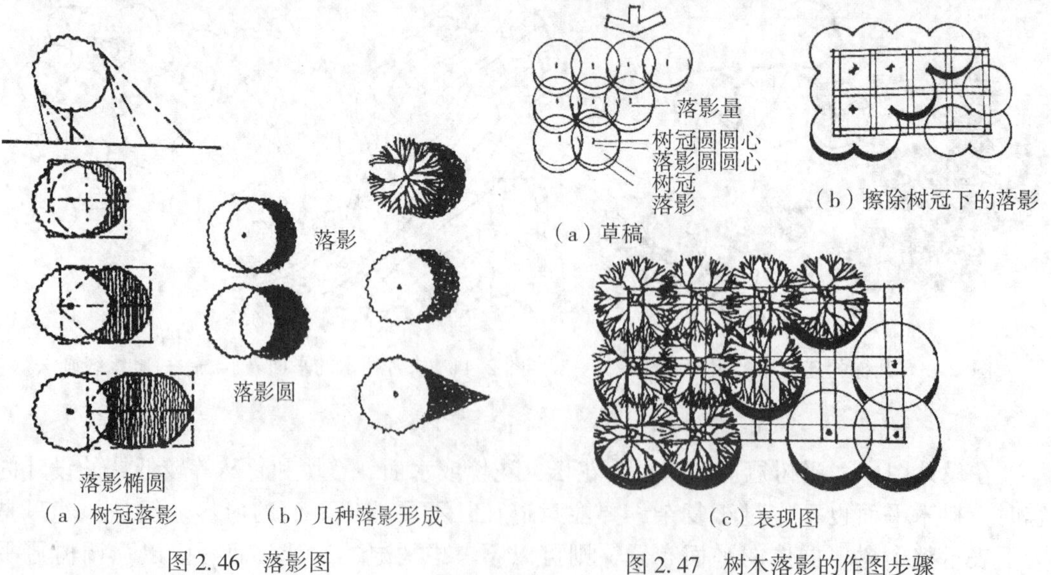

图 2.46　落影图

图 2.47　树木落影的作图步骤

2) 立面表现

树木的立面表示方法也可分成轮廓型、枝干型和枝叶型等几大类型，但有时并不十分严格(图 2.48)。

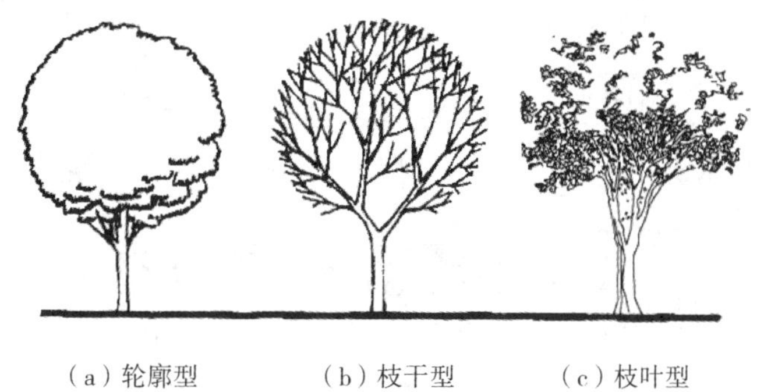

(a) 轮廓型　　(b) 枝干型　　(c) 枝叶型

图 2.48　树木立面图例表现形式

树木在平面、立(剖)面图中的表示方法应相同，表现手法和风格应一致，并保证树木的平面冠径与立面冠幅相等、平面与立面对应、树干的位置处于树冠圆的圆心(图 2.49)。

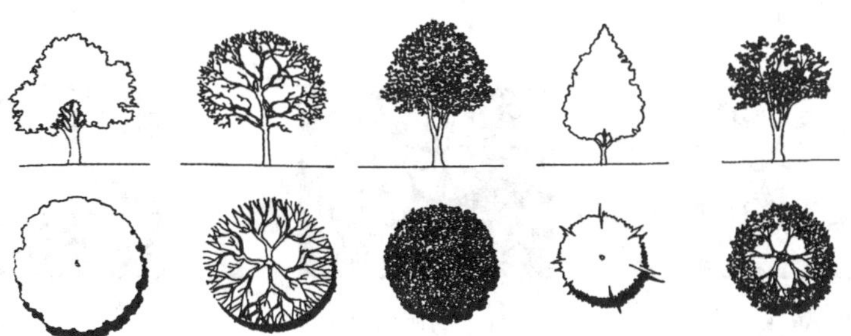

图 2.49　树木平面、立面的对应图示

2. 灌木和地被

在平面图中，单株灌木的表示方法与树木相同，如果是成丛栽植，则可以描绘植物组团的轮廓线(图 2.50)。地被一般利用细线勾勒出栽植范围，然后填充图案(图 2.51)。

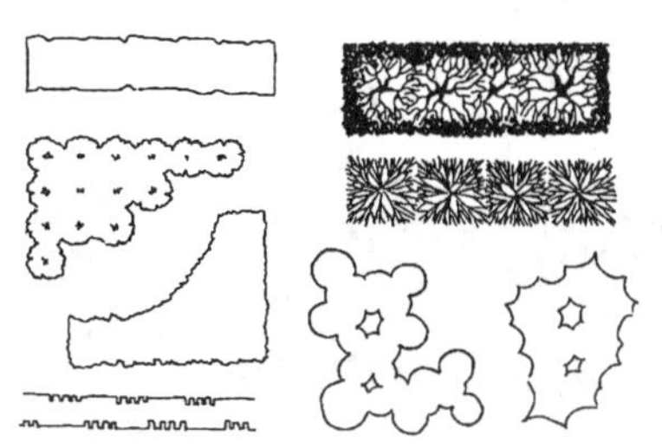

图 2.50　灌丛的平面表现示例

图 2.51　地被的表现技法

灌木的立面或立体效果的表现方法也与乔木相同，只不过灌木一般无主干，分枝点较低，体量较小，绘制的时候应抓住每一品种的特点加以描绘(图 2.52)。

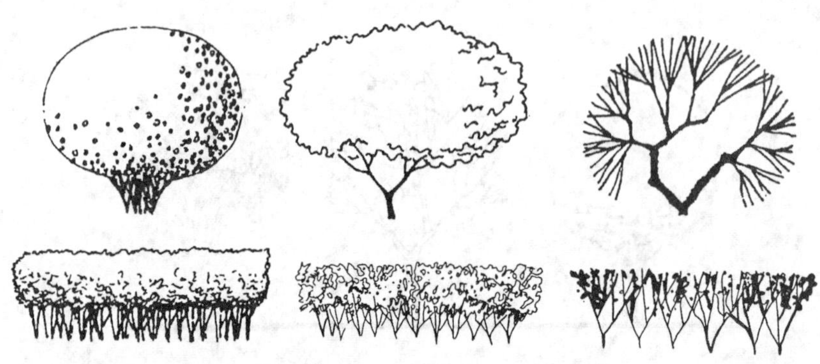

图 2.52　灌木的立面表现

3. 草坪

在景观中草坪作为基底占有很大的面积，在绘制时同样也要注意其表现的方法，有打点法和线段排列法两种，其中最常用的是打点法。此外，还可以利用这两种方法表现地形等高线(图 2.53)。

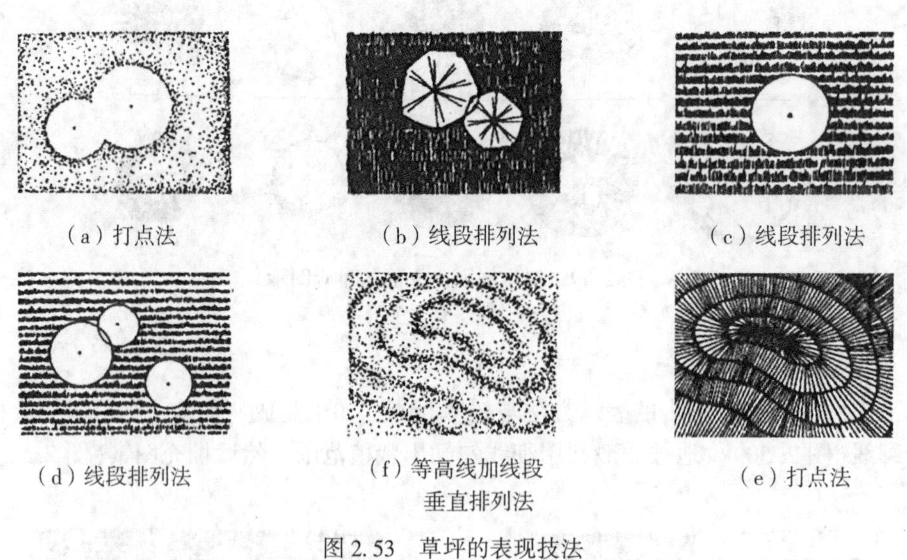

(a) 打点法　(b) 线段排列法　(c) 线段排列法

(d) 线段排列法　(f) 等高线加线段垂直排列法　(e) 打点法

图 2.53　草坪的表现技法

2.3.6　植物的种植方式

植物的种植方式有多种，常见的有孤植、对植、列植、丛植和群植等。

1. 孤植

孤植，主要指乔灌木的孤立种植类型，也可指同一树种的树木 2 株或 3 株紧密地种在一起，形成一个单元，远看和单株栽植的效果相同。其主要表现植物的个体美，功能是蔽荫和作为局部空旷地段的主景。孤植树可选择姿态优美、体形高大雄伟或冠大荫浓的树种，或具有特殊观赏价值的树种。

2. 对植

对植，指在构图轴线两侧起配景或夹景作用的乔灌木种植类型。常用在公园入口、建筑入口、道路两旁、桥头和蹬道石阶两旁，以衬托或严谨、或肃穆、或整齐的气氛。对植树可选用圆球形、尖塔形、圆锥形的树木，如海桐、圆柏、黑松、雪松、大叶黄杨和含笑等。建筑入口植物对植示意见图2.54。

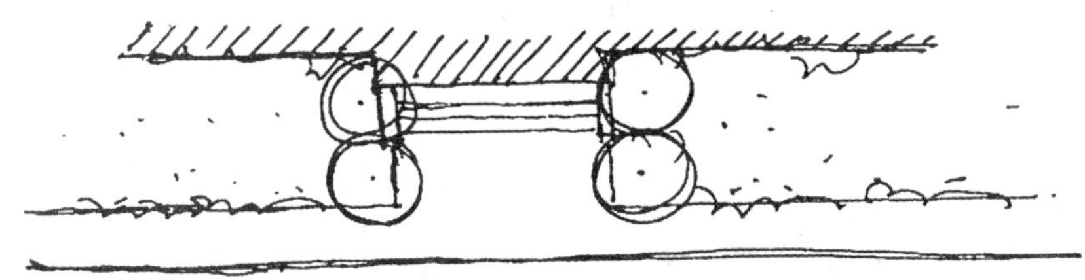

图2.54　建筑入口植物对植示意图

3. 列植

列植，指乔灌木按一定的株行距成排种植，或在行内株距有变化。这种种植形式多用于行道树和纪念性景观中。行道树在北方多为落叶树，以免影响冬季的日照；热带多用常绿树，以遮挡夏季的阳光。在一些纪念性景观中常选用高大挺拔的乔木，如雪松、水杉、圆柏等。列植形成的景观比较整齐、单纯，气势大。行道树列植、纪念性景观列植示意见图2.55。

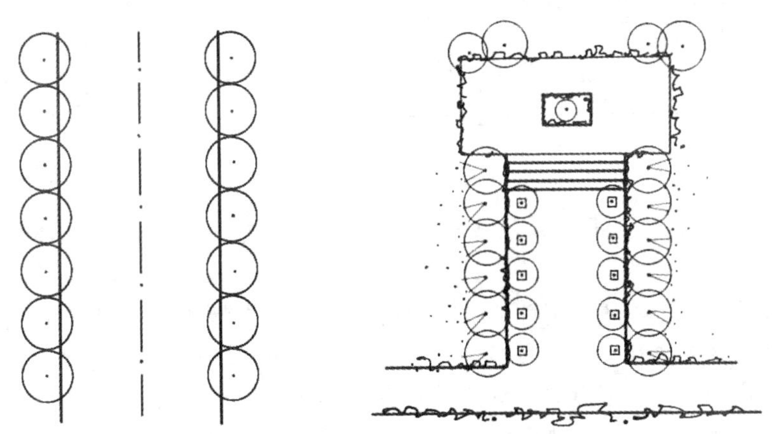

图2.55　行道树列植(左)纪念性景观列植(右)示意图

4. 丛植

丛植，常指由数株到十数株乔木或灌木组合种植的植物种植类型。丛植植物在高度、体型、姿态和色彩上互相衬托形成一定的景观。树丛的组合主要考虑群体美，常选蔽荫或在树姿、色彩、开花、芳香等方面有特殊价值的植物，可用两种以上的乔木或乔灌木混合配置，丛植配置情况汇总见表 2-8。

表 2-8　　**丛植配置情况汇总表**

配置方式	树种选择	特点	图示
两株树丛	树种不能差别太大，最好采用同一树种形成统一，然后在树的姿态上、大小上有显著的对比，以形成对立统一的景观效果	种植的距离一般不能与两棵植株树冠直径的 1/2 相等，必须靠近，其距离要比小树的冠幅小得多	——
三株树丛	三株为同一个树种或两株外观类似的树种，其中两株树最好都是常绿或落叶树种，同为乔木或同为灌木，忌三株树种都不相同	三株树木在大小、姿态上都要有对比和差异，一大一小者近，中者稍远较为自然，以保持整体统一	
四株树丛	有两种方式，一种是同为一种树种，另一种是采用两种不同的树种形式，同时保证同为乔木或灌木	四株一丛，三株相邻，一株稍离，即分为 3：1 两组	
五株树丛	可以是同一树种，也可以是由两个树种组合	有 3：2 和 4：1 两种形式	

5. *群植*

20~30 株以上乔木或灌木混合栽植的称为群植，主要用来表现群体美，属于多层结构。

群植树种的构成，一般采用针、阔叶树搭配，常绿与落叶树搭配，乔、灌、草搭配，形成具有丰富的林冠线和春花、夏绿、秋色(实)、冬姿季相变化，也可以配置山石或台地，属自然布置的人工栽培模拟群落，形成多层次植物景观(图 2.56)。

群落上层：喜光的大乔木，如针叶树、常绿阔叶树等，使整个树群的天际线富于变化。

群落中层：耐半荫的小乔木，选用的树种最好开花繁茂，或有美丽的叶色。

群落下层：多为花灌木，耐荫的种类置于树林下，喜光的种植在群落的边缘。灌木应以花木为主。

地被层：选耐荫的草本。以多年生野生性花卉为主。

乔木层应该分布在中央，亚乔木在四周，大灌木、小灌木在外缘。

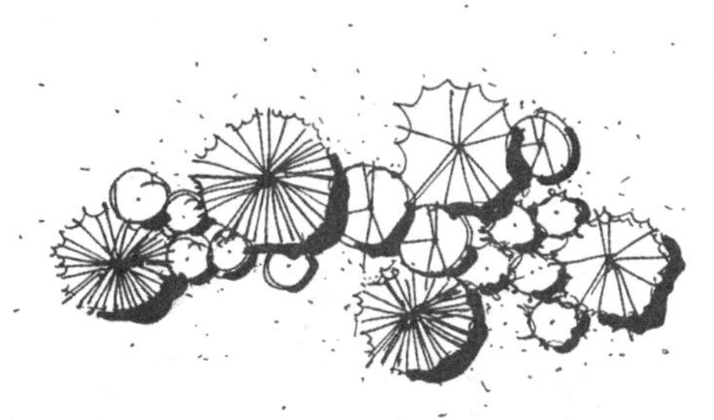

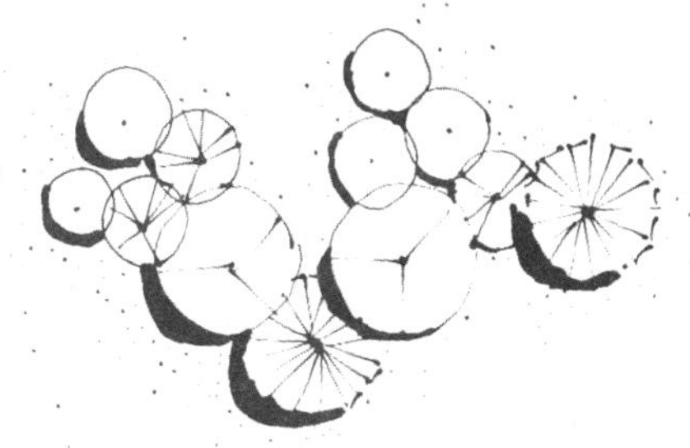

图 2.56　植物群植示意图

2.3.7　植物的设计方法

在景观设计中，对于植物的设计首先要从功能分析开始。其次，在此基础上进行种植规划，布局植物群体或孤植树，形成区域结构。最后，就区域分析布置单体植物并选择适宜的植物，完善种植设计，丰富景观整体空间。

1. 功能分析

在功能分析中，要注重大面积种植的分析，即植物种植区的位置和相对面积等，一般不考虑使用何种植物和单独种植植物的具体位置(图 2.57)。

2. 种植规划

种植规划，主要考虑区域内部的初步布局，应将种植区域分划成更小的、象征各种植物类型、大小、形态的区域(图 2.58)。在分析一个种植区域的高度关系时，应用立面草图，以概括的方法分析各不同植物区域的相对高度。在考虑不同方向和视点时，应尽可能画出更多的立面组合图，以便从各个角度全面地观察立面布置(图 2.59)。

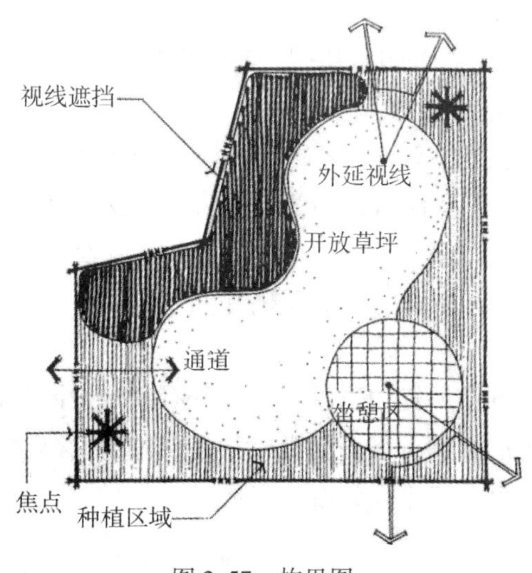

图 2.57　构思图

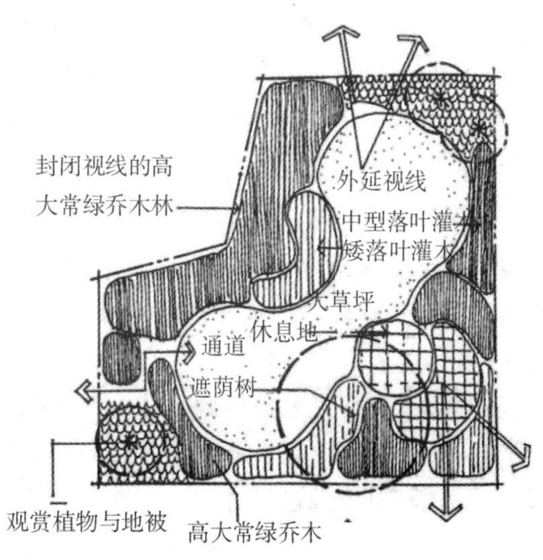

图 2.58　种植规划图

在进行种植规划时，要注意群体性而不是单独地去处理植物素材，唯一需要考虑单体植物的是孤植树的设计(图 2.60)，但不宜太多。

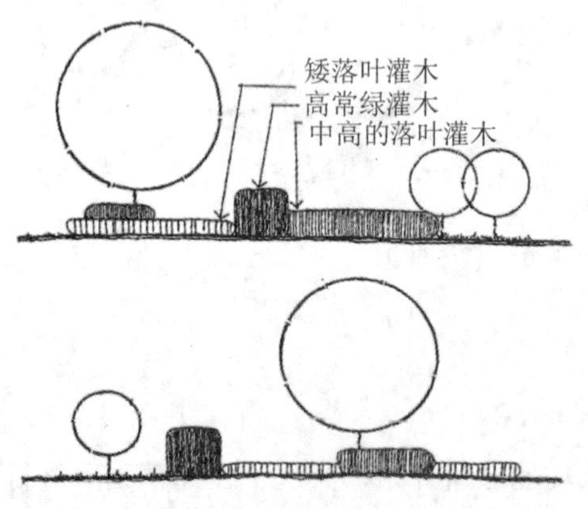

图 2.59　不同角度的立体图

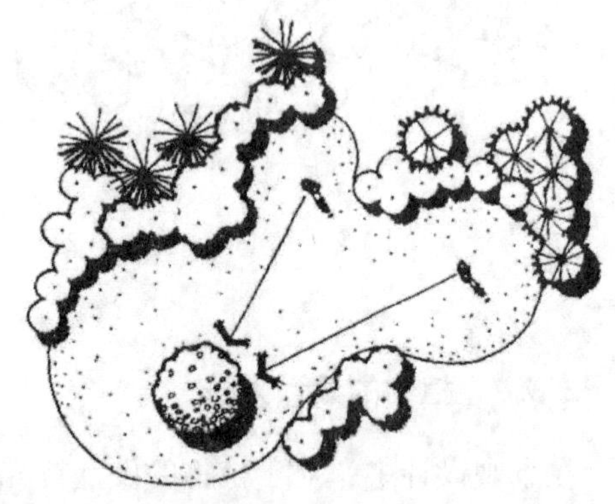

图 2.60　在开敞草坪上单株树木可作为标本树

3. 布置单体植物

完成了植物群体的初步组合后，在这一阶段可以着手开始各基本规划部分，并在其间排列单株植物。当然，此时的植物仍以群体为主，并将其排列来填满种植规划的各个区域。在布置单体植物时，应注意以下几点：

(1)在进行群体的单株植物设计时，植物的成熟程度应在 75%~100%。为避免建园初期景观不佳的麻烦，应将幼树相互分开，以使它们具有成熟后的间隔。随着时间的推移，各单体植物间的空隙将会缩小，最后消失。

(2)在群体中布置单体植物时，应使它们之间有轻微的重叠。为了视觉统一的缘故，单体植物的相互重叠面基本上为各植物直径的 1/4~1/3。

(3)排列植物的原则是将它们按奇数，如 3、5、7 等组合排列，每组数目不宜过多。

4. 选择植物种类

在布局以群植或孤植形式配置植物的程序上，也应着手分析在何处使用何种植物种类。选取植物种类应遵循一些原则：①必须与初步设计阶段所选择的植物大小、体形、色彩以及质地等相近似；②设计时应考虑阳光、风及各区域的土壤条件等因素；③布局中，应有一种普通种类的植物，并让其数量占支配地位，从而确保布局的统一性(图 2.61)。

种植设计程序是从总体到具体，最后确定设计中所需植物种类，这样有助于设计师在注意某一具体局部之前，研究整个布局及其之间的各种关系。相反，如果首先选取植物种类，并试图将其安插进设计中，则通常会造成植物与整个设计脱节。

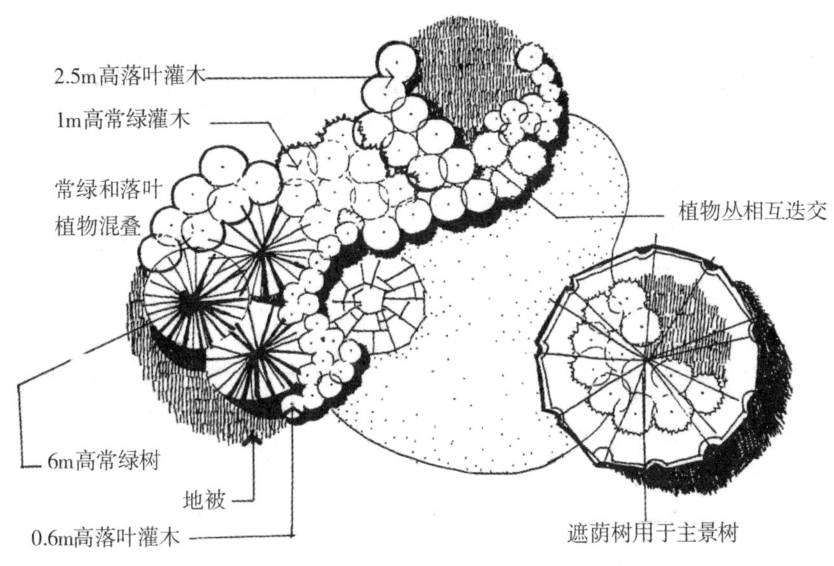

图 2.61　植物种类布局的统一性

2.4　园路及铺装

景观中的道路即为园路，而铺装则包括园路、广场、游憩场地等一切硬质铺装，它们共同构成了景观设计的硬质要素，也是景观的基本设计要素。

2.4.1　园路的功能

园路是景观的组成部分，与建筑、水体、山石、植物等造园要素一起组成丰富多彩的园林景观。园路亦是景观的脉络，把景观中各个景区景点联成整体，因此它的规划布局及走向必须满足该区域使用功能的要求，同时也要与周围环境相协调。

园路和多数城市道路不同之处在于，除了组织交通、运输以外，它还有许多特有的功能，如起到组织空间、引导游览、交通联系并提供散步休息场所的作用。主要表现在以下三个方面：

(1)引导游览。组织园林景观的展开和游人的观赏线路，游人沿着游览的方向，观赏到沿路展开的园林景观序列，获得步移景异、观景连续多变的感受。

(2) 组织空间、构成景色。园路能起到组织空间和分景的作用，通过对园路表面线形、铺装材料、图案色彩的精细设计，园路本身就是优美的园林景观。它与其他景观要素有机结合，可形成自然和谐、浑然一体的园林景观。

(3) 园路是市政管网的基础。园路系统的设计是水电等工程的基础，直接影响到水、电等管网的布置。

2.4.2 园路的类型

根据性质和功能，可以把园路划分为主要道路、次要道路、小路、园务路等类型。不同类型的园路设计要点和宽度不同，见表2-9。

表2-9 园路类型汇总表

园路名称	功能	设计要点	宽度
主要道路	联系景观中各个景点、主要风景区和园区活动设施	考虑消防、救护、生产、游览车辆通行的要求	5~7m
次要道路	在各个景区内的路，联系各个景点，主要起到辅助主要道路的作用	考虑小型车辆、小型生产车辆等交通工具通行需要	3~4m
小路	在景观中的游步道，供游人漫步欣赏风景	主要设计在花丛、树丛、山间等	单人路0.6~1.1m 双人路1.2~1.5m
园务路	便于园内运输生产工具、养护管理等	考虑大型车辆通行的要求	视实际情况而定

2.4.3 园路的主要技术指标

景观内道路设计应以绿地总体设计为依据，按游览、观景、交通、集散等需求，与山水、树木、建筑、构筑物及相关设施相结合，设置主路、支路、小路和广场，形成完整的道路系统。

景观内主路应构成环道，并可通行机动车。主路宽度不应小于3m。通行消防车的主路宽度不应小于3.50m。小路宽度不应小于0.80m。景观内道路应随地形曲直、起伏，主路纵坡小于8%，山地主路纵坡小于12%，支路、小路纵坡小于18%。当纵坡超过18%时应设台阶，台阶级数不应少于2级。依山或傍水且对游人存在安全隐患的道路，应设置安全防护栏杆，栏杆高度必须大于1.05m。园路主要技术指标详见表2-10。

表2-10 园路主要技术指标表

主路宽度	不小于3m
通行消防车的主路宽度	不小于3.5m
小路宽度	不小于0.8m
主路纵坡	小于8%
山路纵坡	小于12%
支路、小路纵坡	小于18%(当纵坡超过18%时应设台阶，台阶级数不应少于2级)

2.4.4 铺装的功能

1. 满足高频率的使用

道路铺装材料的选择要根据铺装所在区域的功能以及空间形式来确定，设计在满足功能要求的前提下进行美学方面的考虑。承载较为远距离运动的景观空间，其道路必须具备适当的弹性和摩擦力来保证使用者的安全。而大型广场等空间要避免使用过于光滑的材料来避免特殊天气时的打滑现象和烈日下过强的耀光。

2. 引导游览

首先，通过铺装构图能够对使用者做出一定的引导，尤其是在道路铺装的设计上，具有倾向性的铺装图案会驱使使用者做出特定的路径选择，可以通过对主要游线上整体道路铺装风格的协调来引导使用者。其次，道路铺装韵律的改变可以影响人的行进速度，一个常见的现象是很多行人会根据单位时间或单位脚步跨度的铺装基本单元的数量来感受自己的速度，从而做出调整。

3. 组织空间

道路、广场可以利用铺装来组织景观空间，主要从边界的界定、空间的比例及构成空间的风格、个性等方面进行考虑。

(1)强调地面的分界。道路的边缘或者铺装图案的边线尽管不构成物理阻隔，却能形成人们的心理边界，通过这种方式可以界定特定功能空间的范围。另外，一些需要吸引人注意的空间可以通过鲜明的铺装来达到目的，比如在指示牌的地方设置区别于周边的硬质铺装，可在视觉上形成不同功能的暗示，使得使用者更加迅捷地发现并使用。

(2)影响空间比例。铺装可以将一个完整的空间在视觉上分成许多较小的区块，也可以将分散的空间形成视觉上的联系，以此来达到调节人对于空间尺度印象的目的。例如，过大的空间可以通过铺装图案的设计来使其变得亲切。

(3)构成空间风格、个性。风格化的道路铺装可以衬托整个公园的主题，另外也可通过地上镶嵌带有特定图案或者文字的标牌来表达空间所具有的历史内涵。

4. 创造视觉趣味

道路铺装也可以成为整个景观空间的亮点，例如在地面利用特定的线条和字幕等来使得空间变得活泼时尚，还有人利用透视原理来营造视感错觉，等等。

2.4.5 铺装的类型

铺装材料需要根据视觉效果、耐久性和经济性进行综合考虑。依据铺装材料的类型及铺设方法，可将其分为整体铺地、块料铺地、碎料铺地和木料铺地等类型。

1. 整体铺地

整体铺地是将地面进行连续、统一铺装的一种铺地形式。其主要包括水泥混凝土路面和沥青混凝土路面两种。水泥混凝土路面具有强度高、刚度大、耐久性好、稳定性强等特点；沥青混凝土路面具有弹性好、水稳定性高、无接缝、行车舒适和使用寿命长等特点。在景观设计中，由于这两种路面色彩单一，水泥混凝土路面为灰白色，沥青混凝土路面为灰黑色，因此仅在车行道或主干道上使用。

2. 块料铺地

块料铺地所用材料的厚度可以分为片材和板材两大类。片材主要包括石片、陶瓷广场砖、釉面地砖、马赛克砖等，形状有规则的正方形、不规则的自然形状，铺贴的手法主要为方格形、大小方格相间、“工”字形等。板材常见的主要有青石板、花岗岩、预制混凝土板、黏土砖、水泥彩砖、透水砖和砌块嵌草砖，其中黏土砖和水泥彩砖常用于步行道铺装，砌块嵌草砖用于停车场地面铺装。

3. 碎料铺地

碎料铺地主要分为碎石铺地和混合类铺地。碎石铺地主要采用卵石和砾石材料。卵石铺地可以分为竖铺和平铺两种。平铺利于人们行走，竖铺可以具有脚底按摩的作用。混合类铺地多以青砖、瓦片为骨架，以卵石、砾石为填充，组合成美丽的铺地图案，这种形式的铺地也可以称为花街铺地。

4. 木料铺地

木料铺地的材料主要有木板、木砖、木桩、原木条和木屑等，特别适合用于林荫木栈道景观设计。其中，木板的主要铺装形式可以有实铺和空铺两种。

2.4.6 铺装的表现方法

铺装在表现中属于配景，在手绘中对铺装的表现一般比较概略，以能够反映铺装的特征效果为主。在景观设计中，石板、卵石、砖和木材是常用的铺装形式。铺装平面示例见图 2.62。

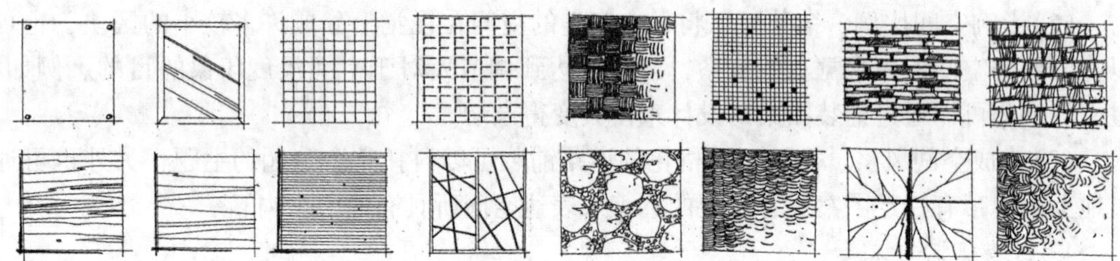

图 2.62　铺装平面示例

对于铺装的表现需要注意以下几点：

(1)要注意铺装的透视效果，遵从近大远小、近疏远密的透视规律。

(2)铺装在效果图中要注意概括性表达，尤其是近景部分，对一个区域内单一样式的铺装尽量不要画满，要适当留白，以增强图纸的视觉表现力。

(3)铺装表现的重点是材料的质感，通过强化手段突出材质的主要特征。不同的铺装材料要根据材料的特点使用不同的用线方式，灵活改变。

(4)任何的铺装表现都要注意进行收边处理，因为不同空间的交界部位往往容易在视觉效果上引起人的注意。同时，明确的、生动的边缘也是界定空间特征的重要因素，因此要通过收边处理使得画面显得细致。

2.5　景观建筑物

景观建筑物，是指能够为游人提供游人休憩、活动的围合空间，并有优美造型，能与周围景色相和谐和建筑物。

2.5.1　景观建筑类型

亭、廊、榭、轩等是中国古典园林的主要建筑形式(图 2.63)，至今在景观设计中仍是不可缺少的一部分，是观景的重要节点，也是控制园景、凝聚视线的焦点。西方传统园林建筑也伴随着西方文明的演进以及建筑的发展形成了多种多样的风格和类型。在现代景观设计中，景观建筑不只是依附于古典园林的建筑类型，而是在当下设计思潮和环境的基础上，综合整体景观风格，形成的具有现代艺术气息的建筑风格。

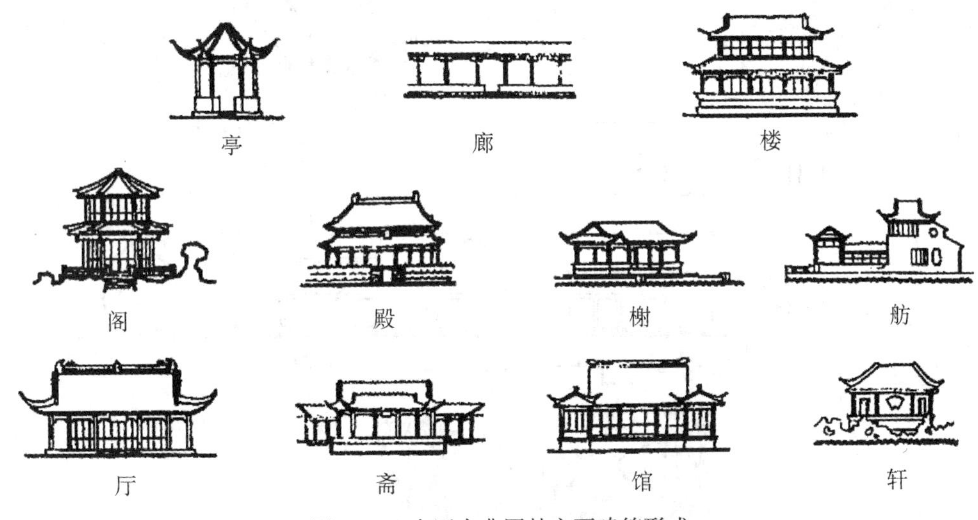

图 2.63　中国古典园林主要建筑形式

2.5.2　景观建筑与其他景观要素之间的关系

在景观设计中，建筑与山、水的关系应该是有机整体中的组成部分，相互之间的配合有主次，但不能因某一要素是主体而特别突出。

由于构图的虚实变化要求，更因人有亲水的特点，所以水边的建筑应尽可能贴近水面。建筑与水面配合的方式可以分为以下几类：凌跨水上，传统建筑中各种水阁就属于这一类；建筑悬挑于水面，与水体的联系紧密；紧临水边，水榭属此类；建筑在面水一侧设置坐栏，游人可以凭栏观水赏鱼，极富情趣；为容纳更多的游人，建筑与水面之间可设置平台过渡，但应注意平台不能太高，因为若平台过高，与水面不能有机结合，就会显得不够自然。其实像前两种建筑形式也有降低地面高度、使之紧贴水面的要求。另外，对于山体与建筑之间的关系应给予充分的考虑，或将建筑置于山顶将其作为主景，或将建筑掩于山间，引导游人步入山涧。

因此，在设计中应充分考虑建筑与景观各要素之间的关系，充分发挥建筑在景观中的作用。

2.5.3 景观建筑的表现方法

常用的景观建筑表现方法包括建筑平面图、屋顶平面图、立面图、剖面图和透视图等(图2.64)。

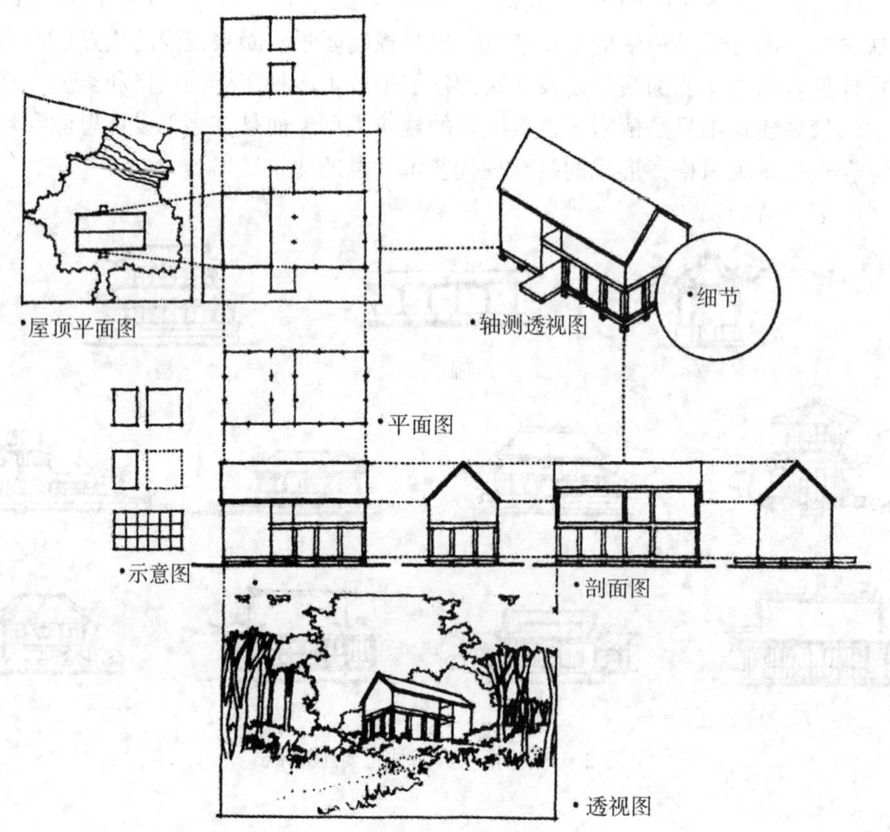

图2.64 景观建筑的各种图示表达

2.6 景观小品

景观小品是景区供休息、装饰、展示和为景观管理及方便游人之用的小型构筑物。景观小品的体量小巧，造型优美，极具特色，常配合主题景观形成和谐统一的景观效果。景观小品不仅能美化环境、烘托景观氛围，同时还为游人提供了休息娱乐的地方，通常设置在广场、公园和绿地等室外空间环境中。

依据功能和作用的不同，可以将景观小品分为休憩性景观小品、装饰性景观小品、展示性景观小品、服务性景观小品和游戏健身类景观小品五大类。

2.6.1　休憩性景观小品

休憩性景观小品主要包括各种造型的园凳、园椅、园桌和遮阳伞等(图 2.65)。

（a）木构园椅　（b）岩石状桌椅　（c）遮阳伞

图 2.65　休憩性景观小品

在现代景观中，园椅、园凳等除了追求稚拙、古朴的情趣外，多以铸铁为架、木板条为座面及靠背的形式进行建造。在古典园林中，则常使用石构的园凳，或用条石做成坐栏，或用石材雕琢成鼓形石凳，具有天然的野趣。

由于园椅、园凳主要用于室外，所以制作的材料需要考虑能承受日晒雨淋等自然力的侵蚀。而钢筋混凝土具有良好的可塑性，坚固耐用、制作方便，能够模仿自然材料的造型，如塑成树桩或岩石状的园桌、园凳；也能塑成简洁的几何形体，使园椅、园凳体现现代风格。

2.6.2　装饰性景观小品

装饰性景观小品种类十分庞杂，大体可包括各种固定或可移动的花盆、花钵、雕塑、假山、景墙等(图 2.66)。

（a）花钵　（b）景观雕塑　（c）假山　（d）景墙

图 2.66　装饰性景观小品

1. 花盆、花钵类小品

景观中常设置大型花盆与花钵，从实用方面来说，这些盆、钵主要充作种花的容器，便于移动，以便与周围的园景相和谐。此外，还常被当作装饰性的雕塑安放于对景位置，如十字形园路的交叉点、丁字路口的顶端或者建筑广场轴线的一端。

2. 雕塑

雕塑在景观中可以点缀风景、变成景观主题、丰富游览内容，分为纪念性雕塑、主题性雕塑及装饰性雕塑三大类。雕塑的布置需要注意与周围环境的关系。第一，要与相邻的建筑、山水和花木和谐相处，过于强烈的对比会造成主次难分之弊；第二，因雕塑在景观中往往作为点睛之笔，是视线的聚焦点，所以需要考虑其观赏距离和视角；第三，景观内的雕塑不能太多，过多雕塑的存在会让观赏者无所适从，同时削弱了雕塑的点缀作用；第四，题材的选择也相当重要，与当地历史、文化有联系的题材能够体现地方特色，能让观赏者产生丰富想象的雕塑可以增添艺术的感染力。

3. 景墙

景墙是景观设计中一个重要小品元素，它能够将中国古典园林中藏与露、分与合的景观手法尽情地展现，并带来独特的景观空间。景观中景墙的分类主要有围墙、隔断和景观墙，起防护、分隔空间和组织空间的作用。同时，景墙还结合中国古典园林中的造园手法创造出富于变化的景观空间，如框景、透景、漏景等，形成了一种“通而不透、隔而不漏”的景观。景墙还具有装饰性的功能和实用功能。在设计中我们可以利用其丰富的造型和多变的色彩，结合水景、植物等元素使其成为景观中的一个焦点。景墙构景形式如下：

独立式景墙：以一面墙独立安放在景区中，成为视觉焦点。

连续式景墙：以一面墙为摹本单位，连续排列组合，使景墙形成一定的序列感。

生态式景墙：将藤蔓植物进行合理种植，利用植物的抗污染、杀菌、滞尘、降温和隔声等功能，形成既有生态功能又有景观效果的绿色墙体。

4. 桥

景观设计中的桥梁一方面能够起到组织景区交通、规划游览路线、联系景点与节点的作用，另一方面，造型优美的桥也能起到点缀风景的作用。因此，桥具有解决交通功能和增加艺术效果的双重价值。桥在水景中有汀步、梁桥、拱桥、浮桥、吊桥、亭桥与廊桥等类型，在设计中要兼顾形式和安全的双重考虑。选址要合理，可根据人流量的大小来设计桥面的面积。同时在材料、形式、高度的选择上要严格按照标准来设计，既体现丰富的形式变化，又有良好的安全性能。

2.6.3 展示性景观小品

景观中起提示、引导和宣传作用的设施属展示性小品，主要有各种指路标牌、导游图板、宣传廊、告示牌以及动物园、植物园和文物古迹中的说明牌等。相对于其他小品设施，此类小品看似十分简单，似乎只要将需要提醒、告知游人的内容书写、张挂于醒目位置就能解决问题，但事实上过于简陋往往不易引起人们的注意，难以达到宣传的目的，所以此类小品的位置、材料和造型也应进行精心的设计(图 2.67)。

（a）标志牌

（b）指示牌

（c）导游图板

图 2.67　展示性景观小品示例

2.6.4　服务性景观小品

常见服务性景观小品有照明设施、小型售货亭、饮水泉、洗手池和废物箱等（图 2.68）。

（a）照明地灯

（b）售卖亭

（c）废物箱

图 2.68　服务性景观小品示例

1. 照明设施

为满足人们夜晚游园赏景的需求，景观中通常都要设置园灯。照明可以利用夜色的朦胧与灯光的变幻，使景观呈现出一种与白昼迥然不同的旨趣，而造型优美的园灯在白天也有特殊的装饰作用。灯光能够照亮周围的事物，但夜晚的景观并不希望将所有一切全都照亮，使之形同白昼。有选择地使用灯光，可以让景观中意欲显现其各自特色的建筑、雕塑、花束、山形等，展示出与白天相异的情趣，在灯光所创造的斑驳光影中，园景可以产生一种幽邃、静谧的气氛。

为能实现意想中的效果，大致可采用重点照明、工作照明、环境照明和安全照明等方式，并在彼此的组合中，创造出无穷的变化。

1）重点照明

重点照明是为强调某些特定目标而进行的定向照明。为让城市景观充满艺术韵味，在夜晚可以用灯光强调某些要素或细部。重点照明须注意灯具的位置，使用带遮光罩的灯具以及小型的便于隐藏的灯具可减少眩光的刺激，同时还能将许多难以照亮的地方显现在灯光之下，从而产生意想不到的效果，使人感到愉悦和惊异。

2）工作照明

工作照明是为特定的活动所设，要求所提供的光线应该无眩光、无阴影，以便使人们活动不受夜色的影响。并且要注意对光源的控制，即在需要时能够很容易地被打开，而在不需要时又能随时关闭，这不仅可以节约能源，更重要的是可以在无人活动时恢复场地的幽邃和静谧。

3）环境照明

环境照明体现着两方面的含义，其一是相对于重点照明的背景光线，另一是作为工作照明的补充光线，主要提供一些必要光亮的附加光线，以便让人们感受到或看清周围的事物。环境照明的光线应该是柔和的，弥漫在整个空间，具有浪漫的情调。因此，照明可以利用匀质墙面或其他物体的反射使光线变得均匀、柔和，也可以采用地灯、光纤和霓虹灯等，以形成一种充满某一特定区域的散射光线。

4）安全照明

为确保人们夜间游园以及观景的安全，需要在广场、园路、水边和台阶等处设置灯光，让人们能够清晰地看清周围的高差障碍；在墙角、屋隅、树丛之下布置适当的照明，可给人以安全感。安全照明的光线一般要求连续、均匀，并有一定的亮度。照明可以是独立的光源，也可以与其他照明结合使用，但需要注意相互之间不产生干扰。

2. 小型售货亭

规模较大的景观中虽然一般都设有餐厅、茶室等服务性建筑，但因园地广大，在不少地方还需设置小型售货亭，以方便游人购买食品。一些小型景观可能不适宜设置具有一定规模的服务性建筑，就更有设置售货亭的必要。售货亭一般较小，内部有能容纳一两位售货员及适量货品的空间即可，其造型要新颖、别致，并能与周围的景物相协调。过去的售货亭有用木构或砖石结构的，随着铝合金、塑钢等型材的普及，人们也逐渐以此来构筑此类服务性景观小品。

3. 饮水泉、洗手池

饮水泉和洗手池因管线的原因通常被设置于室内，但如果在一些游人较集中的地方安排经过精心设计、造型优美的作品，不仅可以方便人们使用，还能够获得雕塑般的装饰效果。

4. 废物箱

为了清洁和卫生，景观中需设置一定数量的废物箱。废物箱一般应放置在游人较多的显眼位置，因此其造型就显得非常重要。当然废物箱的主要功能还是收集垃圾，这就需要考虑收集口的大小、高度应方便人们丢放，在存满后又须便于清理、回收。废物箱的制作材料要容易清洗，以保持美观、清洁。随着人们环保意识的增强，对纸质垃圾、塑料垃圾和玻璃瓶等进行分类收集也具有积极意义。

2.6.5　游戏健身类景观小品

景观中通常设有游戏、健身器材和设施。儿童游戏类设施应根据儿童年龄段的活动特点，结合儿童心理进行设计，其形象应生动活泼，具有一定的象征性，色彩鲜明，易于识别，从而产生更强的吸引力。老年健身器材不仅要考虑满足老年人健身运动的要求，而且要考虑其美观性，丰富其色彩，增强其在园景绿色主调中的点缀作用。

传统的儿童游戏类设施主要是秋千、滑梯、沙坑及跷跷板之类。在有些景观中，人们常利用建设和日常生活中的余料，如水泥排水管、水泥砌块、砖瓦、钢管、铁链、绳索、废旧轮胎等予以组合设计，形成供儿童爬、滑、钻、荡、摇等活动要求的组合式游戏设施(图 2.69)。对于老年人活动，不仅要有健身器材，而且要考虑老年人散步、休息的需要，在较大的绿地景观中还可以开辟出一定面积的场地供他们用于做操、打拳等。

(a) 攀爬网

(b) 滑梯

图 2.69　儿童游戏设施示例

在城市景观设计中，除上述自然要素和人工要素外，人文景观也是景观设计需要挖掘的要素之一，例如建筑景观、文物艺术景观、文化遗址等。在设计时可以充分利用场地中现有的人文景观，尊重场地精神，提高景观文化氛围。再者，对于当地宗教信仰、生活习惯、生活方式、地域环境等多种人文要素，设计时也要考虑其需求，结合现代景观思想，体现地域性和民族特色，做到以人为本、尊重人性、充分肯定人的行为及精神等。

总之，在景观设计中不仅要考虑自然要素、人工要素，还要考虑人文要素等其他城市环境、社会因素；不仅要具备实用功能，而且要体现精神功能。

本章小结

(1)地形、水体、植物、景观道路及铺装、景观建筑物、景观小品是构成景观的基本要素。

(2)地形具有景观功能和生态功能。地形设计可包括整体地形改造和局部地形设计两个类型。通常采用平地造坡和坡地改造的方法对地形进行整体改造，而对局部地形设计则可以利用地形分隔空间、控制视线、建立空间序列、屏蔽不良景观等方法，以丰富空间层次，塑造多样化视觉空间。

(3)景观植物可分为乔木、灌木、藤本、地被植物、水生植物和花卉等类型，具有生态、构筑空间、美学等功能。进行配植时应重点关注植物的种植方式以及所选植物的形态和色彩。在进行植物景观设计时，首先要从功能分析开始，在此基础上进行种植规划，形成区域结构。最后就区域分析布置单体植物并选择适宜的植物，丰富景观整体空间。

(4)景观中的道路即为园路，起到联系各景观节点、组织交通、引导游览等作用。而园林铺装是指用各种材料进行的地面铺砌装饰，包括园路、广场、游憩场地等硬质铺装。

(5)依据景观小品的功能和作用的不同，可以将小品分为休憩性景观小品、装饰性景观小品、展示性景观小品、服务性景观小品和游戏健身类景观小品五大类。

(6)城市景观尺度下水体多以静水、流水和喷泉三种形式出现，在水景设计时应重点考虑以下几个问题：做多大规模的水景、选择在什么位置来设置水景、大水面如何划分和水景的细节如何处理。

思 考 题

1. 景观规划设计有哪些基本要素？
2. 水体在景观中起何种功能？设计要点如何？
3. 景观中常见的植物种植方式有哪些？
4. 根据性质和功能可以把园路划分为哪几类？分别有何种功能？在设计时应注意什么？
5. 景观小品有哪几类？

第 3 章　景观规划设计的工作内容

本章将从景观规划设计的工作程序和各阶段的工作内容、最终需提交的设计成果以及设计需遵循的相关技术规范与政策法规三个方面对景观规划设计的基本内容展开论述。

3.1　景观规划设计程序和工作内容

景观规划设计涵盖了景观规划与景观设计两方面的内容。景观规划设计的工作范围十分广泛，宏观上包括土地环境生态与资源评估规划，中观上包括场地规划、城市设计和旅游度假区、主题园、城市公园规划设计，微观上包括街头小游园、街头绿地、花园、庭园、景观小品设计等。

景观规划的工作内容主要包括：规划区基本情况调查分析；上层次规划、已有规划与相关规划的解读；城市发展战略、定位与目标确定；空间布局规划；确定规划期内建设的重点项目以及规划的实施保障。其具体内容如表 3-1 所示。由于规划的层次不同，规划要求的内容也有所差异，因此，应根据具体的规划要求确定规划的内容。

表 3-1　　　　**景观规划的主要工作内容**

景观规划主要工作	具体内容
规划区基本情况调查分析	包括区位、自然条件、人文、经济、历史、土地利用现状、交通现状、市政设施现状、公共服务设施现状、环境保护现状、风景名胜区现状、自然保护区现状等情况调查、资料收集与分析。
上层次规划、已有规划与相关规划的解读	分析上层次规划的内容与要求，评价已有规划的实施效果和存在的问题，分析与本规划相关的其他专项规划，借鉴其优点，并保持相关内容的一致与协调。
城市发展战略、定位与目标确定	根据上层次规划的要求和规划区社会、经济与自然条件现状分析确定城市或规划区域规划期内及未来发展战略，合理定位，制定总体目标和阶段性建设目标，确定规划期内的发展规模，如人口规模、经济发展指标、建设用地规模、生态用地规模、环境保护指标等。
空间布局规划	包括城市空间结构、空间形态、产业功能布局、交通规划、生态绿地规划、市政设施规划等。

续表

景观规划主要工作	具体内容
确定规划期内建设的重点项目	根据规划目标和功能布局确定产业区、交通、市政、绿地、环保、商业、居住等重点建设的项目内容、计划与目标。
规划的实施保障	建立规划实施的一系列详细可行的保障措施。

景观设计的各种项目都要经过由浅入深、从粗到细、不断完善的过程。设计者首先应进行基地调查，熟悉物质环境、社会文化环境和视觉环境，然后对所有与设计有关的内容进行概括和分析，最后，拿出合理的方案，完成设计。这种先调查再分析、最后综合的设计过程可划分为五个阶段，即任务书阶段、基地调查和分析阶段、方案设计阶段、详细设计阶段和施工图设计阶段。每个阶段都有不同的内容，需解决不同的问题，并且对图纸也有不同的要求。

3.1.1 任务书阶段

景观设计初期委托方会提出设计的要求，也称景观设计任务书。在任务书阶段，设计人员应充分了解设计委托方的具体要求、有哪些愿望、设计所要求的造价和时间期限等内容。这些内容往往是整个设计的根本依据，从中可以确定哪些值得深入细致地调查和分析，哪些只要作一般的了解。在任务书阶段很少用到图纸，常以文字说明为主。

3.1.2 基地现状调查和分析阶段

掌握了任务书阶段的内容之后就应该着手进行基地调查与分析，收集与基地有关的基础资料，补充并完善不完整的内容，对整个基地及环境状况进行综合分析。

1. 基础资料收集

收集来的基础资料分为外部条件和内部条件两个方面。

1)外部条件

外部条件主要是指基地周围与场地的关系。

(1)历史资料：场地的历史沿革，区域内的重要历史人物、发生过的重大历史事件等，区域的总体发展模式。

(2)自然条件资料：基地所处的地理位置、面积及在城市中的地位；基地所处区位的自然环境；自然、气象、地形、土壤、地质、水体、生物、景观等；当地植被状况，比如地区内原有的植物种类、生态、群落组成，还有树木的年资、观赏特点等。

(3)人口资料：基地服务范围内的人口组成、分布、密度、成长、发展及老龄化程度。

(4)道路交通资料：基地的周边土地使用与交通状况。

(5)经济资料：基地所在区位的政治与经济活动状况。

(6)环境资料：该地段的能源情况，排污、排水设施条件，周围是否有污染源。

(7)相关规划资料：基地所在区域的总体规划、分区规划、控制性详细规划及其他专项规划等文字文件。

以上内容视项目大小可有选择性地进行资料收集。

2)内部条件

内部条件主要指基地内部现状条件。

(1)了解甲方对设计项目的理解及其要求的景观设计标准与投资额度。

(2)从总体角度理解项目，必须弄清景观环境与城市绿地总体规划的关系。

(3)与周围市政的交通联系，比如车流、人流集散方向等，这对确定景观空间的出入口有决定性的作用。

(4)文化古迹资料，基地内有无名胜古迹，自然资源及人文资源状况等；与其相关的周围景观，包括建筑形式、体量、色彩等。

(5)数据性技术资料，包括规划用地的水文、地质、地形、气象等方面的资料。

2. 基地探查与现状调研

基地探查与现状调研阶段需要完成的任务有：

(1)对场地内现状的要素进行位置核实与进一步勘察。具体需要核实的内容包括场地地形地貌的特征、危险地形的具体位置和范围以及地形的陡缓程度和分布。

(2)场地的日照状况，了解场地是否有大型的构筑物或地形、地势等影响场地日照的情况，标注长期处在被遮挡位置的地块。

(3)场地的水体分布情况，水面的大小、水系和基地外水系的关系，包括流向与人工水利设施的状况；水岸的情况，形式、稳定性、水岸植被生长情况等。

(4)场地内植物的生长状况，现状、植物的种类与分布情况，对植被的生长质量进行简单的判断，对场地内的景观树或者是树龄较长的古树名木要标明种类、生长状况等信息，最好拍摄现场实物照片。对于场地内的植被现场勘察之后可以单独绘制出现状植被分布图，以备后用。

(5)场地内的市政设施，重点是确定其地下管线(排水、给水、电力、电信、燃气、热力等)的具体位置，需要与市政管理部门沟通；对场地内的道路设施要了解其形式和新旧程度，看在后期设计中是否有继续利用的价值。

(6)各类构筑物和建筑物，需要现场确认是否还有改造和使用的价值。

对场地内部现状的核实是现场勘察的第一步，第二步需要把握场地与周边环境的关系，了解设计场地边界的属性和形态；紧邻地块的用地情况和建筑情况、周边道路的等级与出入口位置。可以用相片记录从场地外往场地内看以及从场地内往场地外看的边界视觉形态。

3. 资料整理

在前期资料收集的基础上进行整理，针对项目的具体情况，对基地进行综合分析和评价，包括基地的优势、劣势、机遇与挑战，并编制总体设计任务书。

4. 项目分析

1) 发展优势

结合资料收集、基地现场踏勘和现状调研，在基地所在区域乃至更大的范围，从自然环境的资源要素到人文环境的历史背景、社会政治、经济与文化要素等方面分析设计项目发展的优势，趋利避害，以引导项目合理开发建设。

2) 自然与社会环境的限制

基地所在区域的自然地理条件、社会经济与文化发展水平以及发展状况等是影响项目设计及建设实施的重要因素。在设计中必须考虑这些限制因素，因地制宜，量入为出，避免盲目和过度开发。

3) 上位规划的要求

严格遵守上位规划中对场地的要求和相关建筑法规的规定，它是进行场地功能定位和总体布局的依据。上位规划会对该设计地块的用地性质和范围做出明确规定，对地块开发的容积率、建筑的覆盖率、绿化覆盖率、建筑高度、出入口的位置等指标提出要求，对场地内总体布局的形态等提出建议。这些要求需要最终落实到设计方案中去，不得有所违背。

4) 工程技术的限制

工程技术限制包括相关专业的专项设计技术规范以及施工机械、施工技术与建材等方面的限制。

5) 资金的限制

资金是设计项目实施的重要保障。开发建设资金会限制项目建设规模、所能采用的施工技术和材料及建设时序等。

5. 相关案例调研与考察

在基地调查和分析阶段的相关案例调研与考察环节是景观设计不可缺少的。通常在完成现状调研、综合分析与评价、明确基地的使用功能、初步确定设计主题后，应考察相关主题设计案例的使用情况和景观效果，同时搜集相关景观设计素材。考察内容包括案例或素材的文字和图形资料，如景观案例设计成果、现场拍摄的影像资料及评价文章等。

3.1.3 方案设计阶段

当基地规模较大、所安排的内容较多时，就应该在方案设计之前先作出整个景观的用地规划和布置，保证功能合理，尽量利用基地条件，使诸项内容各得其所，然后再分区分块进行各局部景区或景点的方案设计。若范围较小，功能不复杂，则可以直接进行方案设计。方案设计阶段本身又根据方案发展的情况分为方案的构思和草图、方案的选择与确定以及方案的完成三部分。

1. 方案的构思和草图阶段

方案的构思和草图阶段是方案设计的开始。它是将与设计有关的现状资料、设计要求等与环境、艺术等专业知识相结合，经合理的归纳、演绎和艺术处理，形成设计理念并以草图表现出来的阶段，是随后方案设计的先决条件。方案构思和草图阶段包括明确设计目标、确定设计主题以及将前期的调查、构思的内容绘制成图纸。

1）明确设计目标

设计目标是基地景观设计在功能和景观定位等方面所要达到的效果，或是基地景观设计的时间期限目标。基地使用功能和景观定位的目标涵盖较广，见仁见智，常无定式；在时间期限方面，目标一般分近期、中期、远期，即分期进行目标确定。通常的景观设计目标多指基地景观效果的终极目标。

确定合理的设计目标是构筑良好景观的前提。确定设计目标时要考虑自然、社会、经济、文化等条件，充分利用区域自然环境，结合区域经济发展与区域文化水平等，并根据实施年限来确立适宜的设计目标，使得基地景观设计在一定时间内能够达到预定目标。

2）确定设计主题

设计主题是在对基地现状综合分析与景观评价的基础上，在协调基地所在区域相关的背景，尤其是能反映地域自然与人文特征的景观要素后，提炼出重要景观要素，发挥创造性思维，归纳概括出设计主题。确定设计主题是明确设计基地突出表现什么，通常是设计师对基地景观设计特征的概括或冠名。

设计主题的确定通常从不同层面去提炼和突出。如从基地的自然生态、历史、功能、社会政治、科技及文化等多层面综合分析，它是基地景观设计构思的主线，即根据要求，围绕突出设计主题进行方案构思。在景观设计全过程始终围绕主题展开，使景观设计主题特征在多种设计要素的烘托下，显得更加突出。

3）确立设计构思与分析图的表达

设计构思是抽象设计理念的具体化，即运用什么样的形式和内容将设计理念在具体环境中表达出来，并通过制定基本的目标，以期在设计实施后达到最佳效果。通常在构思阶段考虑以下几个方面：规划要满足人们的需要，景观要为人们提供所需要的优美环境，满足全社会各阶层人们的娱乐要求；规划要考虑自然美和环境效益，景观规划应尽可能反映自然特性，各种活动和服务设施融合在自然环境中；保护自然景观，有些情况下自然景观需要加以恢复或进一步强调。

绘制分析图是将前期调查、构思的内容绘制成图纸。包括区位分析图、用地现状图、现状分析图、立意构思分析图等。

（1）区位分析图。视项目的大小以确定选用什么样的区位图，如市级公园通常绘制此公园在整个城市绿地系统规划图中所占的位置，以及与城市中心区、居住区的关系。

（2）用地现状图。标明用地边界、周边道路、现状地形、道路、有保留价值的植物、建筑物和构筑物等。

（3）现状分析图。对用地现状做出各种分析图纸，如图 3.1 所示。

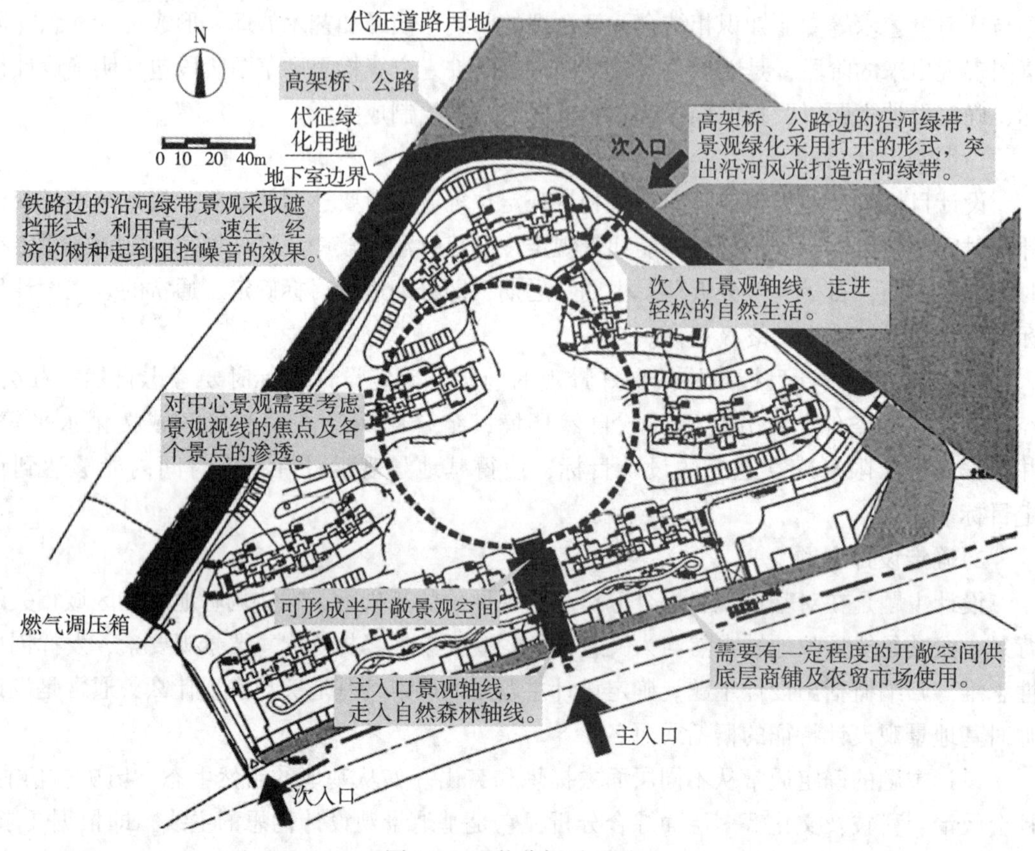

图 3.1　现状分析平面图

(4)立意构思分析图：

a)泡泡图解：即用源泉式的“泡泡”简化分析各设计条件之间关系的草图“演算”方法。在设计过程中，这种画法对设计概念的发展起主要作用，它帮助我们思考，相当于图画的速记工作，记下设计者在脑海中闪过的灵感，以描述思考的过程及理念的形成，并可以描述各种情况的比较、推敲等过程。这些图通常是符号性的，需要加注文字以帮助读者理解(图 3.2)。

b)设计概念图：即在泡泡图解的基础上，将各种设计条件的要求以及分析结果进行综合，从而形成对设计方案的整体而模糊的印象，并将其以草图形式快速表现出来的过程。设计概念图是在设计创造过程中，记录与描述思考演进的图示，是将较抽象的意念在图画上表示出来的一种方法，这种概念图可以是不清晰的、不明确的，但应能体现方案的大致情况。设计概念图是在前述基地资料收集研究的基础上才能形成的，它也是形成较明确构思的起点(图 3.3)。

2. 方案的选择与确定即初步设计阶段

为了对景观设计过程有更全面、更细致的了解，并强调出构思阶段的重要性，应在方案构思与草图阶段后进行方案设计。这一阶段主要指在方案构思基本确定之后，对其细部和技术上的问题深入推敲，使其更加完善，并最终用设计图纸表达出来的过程。

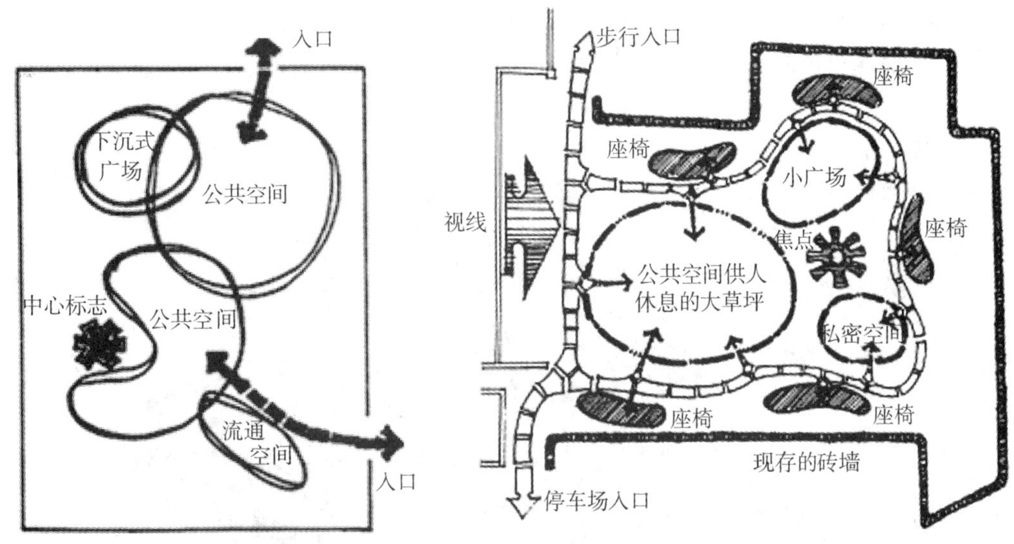

图 3.2　泡泡图解　　　　图 3.3　设计概念图

方案设计阶段的成果主要包括以下几个方面：

(1)进一步强化整体方案与周边环境的关系，并完成较为详细的总平面图以及一系列规划总图的设计：

a)总平面图。标明用地边界、周边道路、出入口位置、设计地形等高线、设计植物、设计园路铺装场地；标明保留的原有道路、停车场位置及范围(图 3.4)。

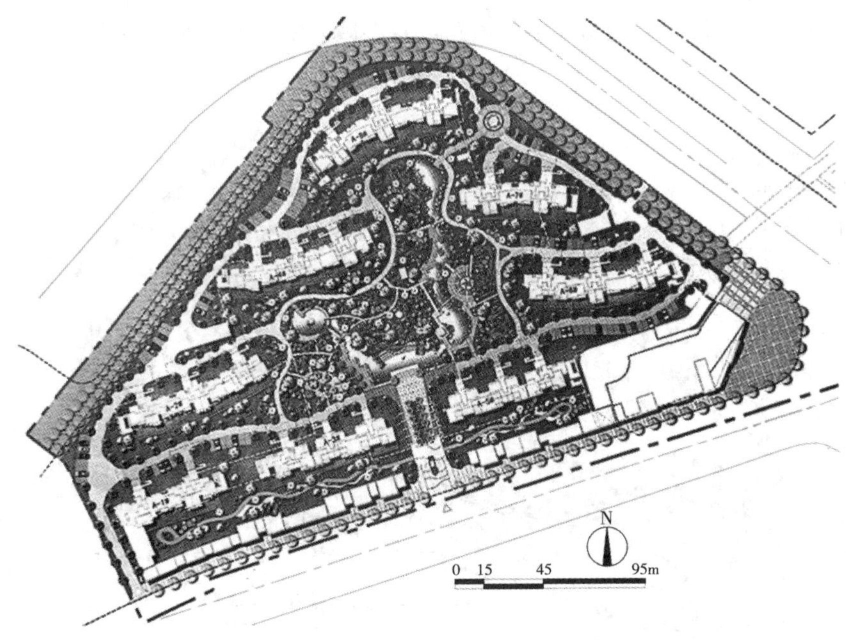

图 3.4　方案总平面图

b)功能分区图或景观分区图。根据基地的定位与设计理念，结合使用功能和用地现状，进行功能区域的划分，如公共开放区和安静私密区等(图3.5)。

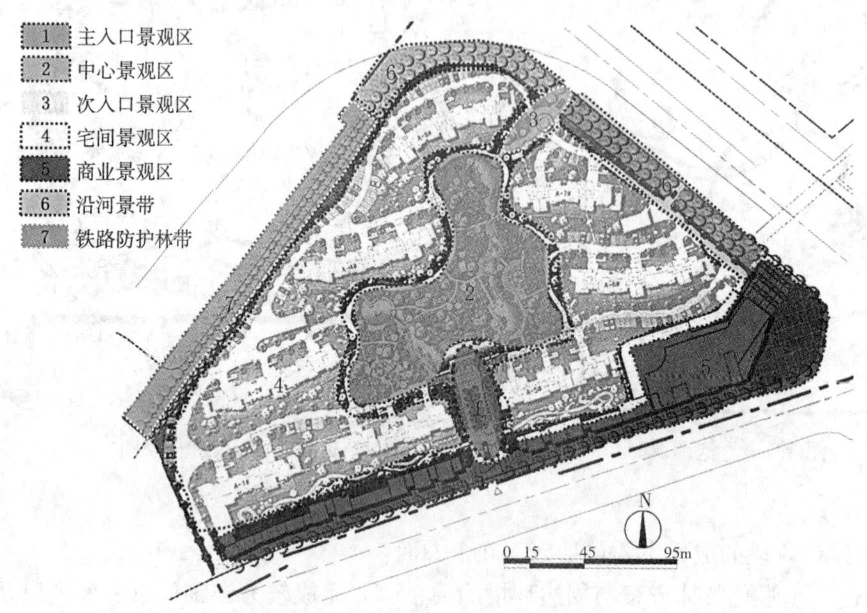

图3.5 景观分区总平面图

c)交通规划分析图。根据基地与城市交通及周边使用人群的分析，确定主次出入口位置以及停车场布置，停车场的位置通常是结合区域的出入口进行布置；并依据各功能结构图，确定联结各区和主要景点的主要道路以及各区内的次要道路、游步道(图3.6)。

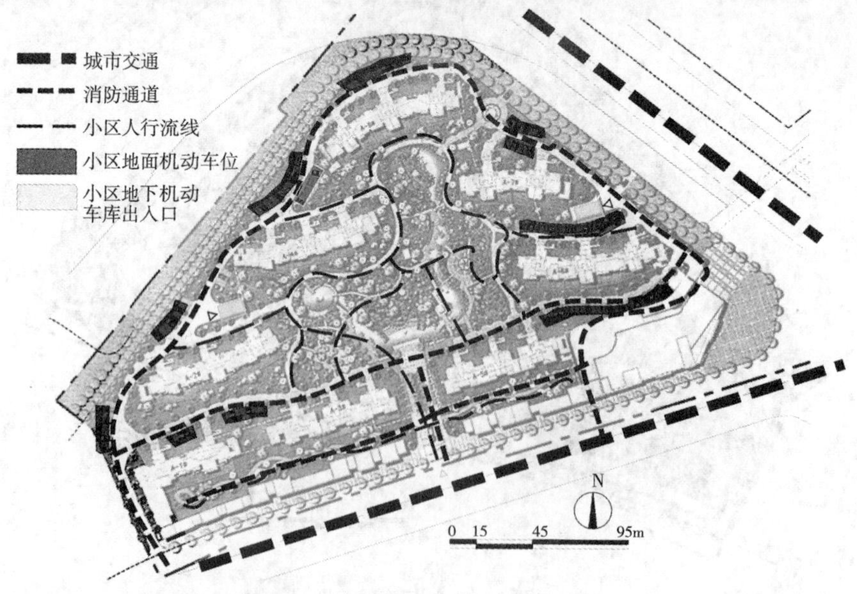

图3.6 交通规划分析总平面图

d)空间景观结构设计分析图。主要从景观方面考虑，如景观区的划分、景观视线、景观轴线的布置、景观节点的布置、主次景观辐射等。

e)竖向设计图。竖向设计主要包括全园地形等高线的绘制，标明河、池等的常水位、最高水位及池底的深度，当岸边水位深超过70cm时，应设置护栏。

f)绿化设计图。标明植物分区、各区的主要或特色植物(含乔木、灌木、草本)；标明保留或利用的现状植物；标明乔木和灌木的平面布局。

g)总体鸟瞰图。

(2)确定各景观构成的形态大小、特性以及各部分之间的关系，完成较为详细的平面设计。

(3)在解决各部分功能要求及相关要求的基础上，完成景观的形象设计，作出景观的立面图和效果图。

(4)完善结构、工艺等技术要求，进行材料的选择运用以及构造的初步设计。

(5)考虑景观小品的布置。

3. 方案的完成即详细设计阶段

这一阶段是设计最复杂最艰难的一段，也是实现过程中最关键的阶段，将方案进行深化，要完成许多细节方面的问题，因此要放大图纸比例，一般放大到1∶100或1∶50(图3.7，图3.8)。

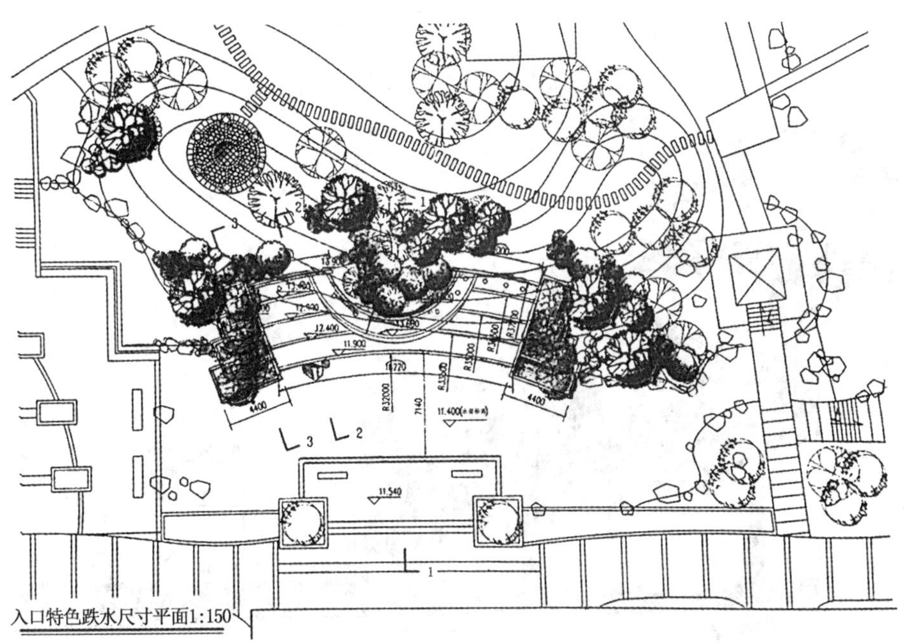

图3.7　主入口特色跌水扩初平面图

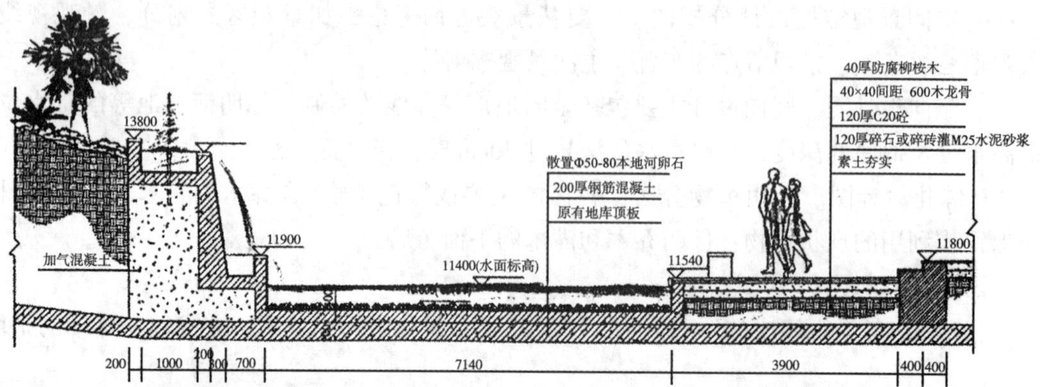

特色跌水1-1断面1：50

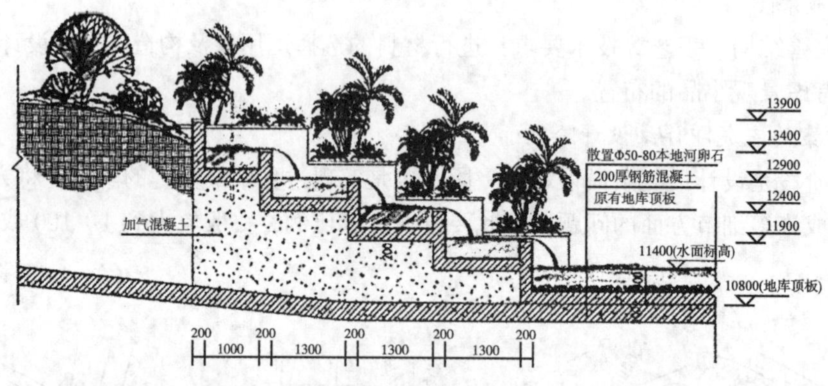

特色跌水2-2断面1：50

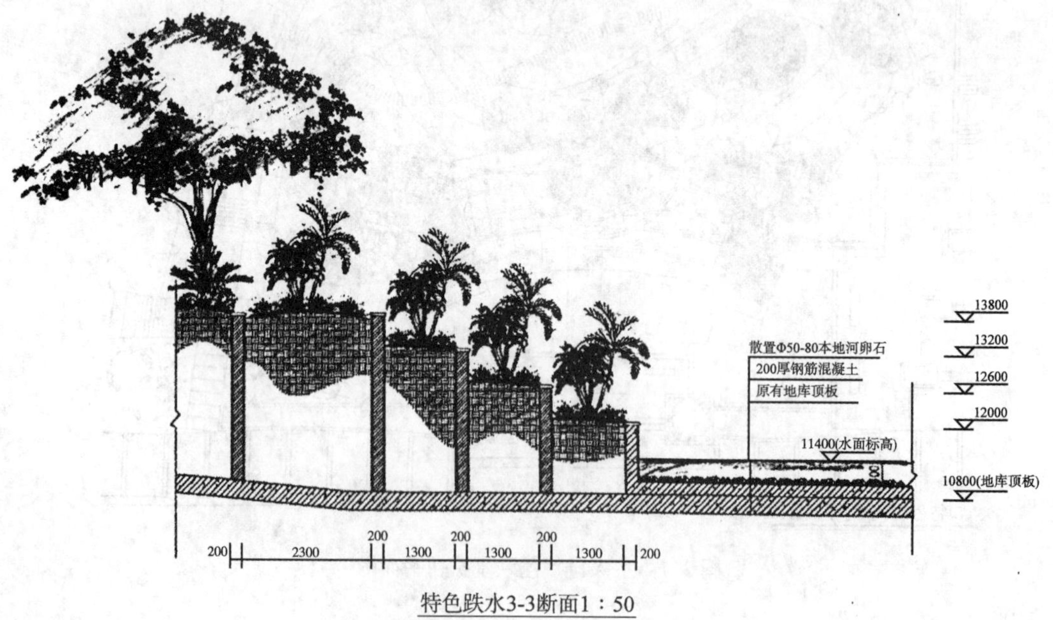

特色跌水3-3断面1：50

图 3.8　主入口特色跌水扩初断面图

此阶段的内容主要包括以下两个方面：一是细部设计和解决技术方面的问题，如确立景观及建、构筑物的主要结构、构造形式等，细化各个局部的具体内容与做法，进行色彩、质感、材料的选择等；二是不断调整景观形象与其空间效果的关系。

由于不同项目之间细部设计的差异较大，因此，图纸的内容与数量也有明显差异。

3.1.4　施工图设计阶段

施工图设计应满足施工、安装及植物种植需要；满足施工材料采购、非标准设备制作和施工的需要。设计文件包括目录、设计说明、设计图纸、施工详图、套用图纸和通用图、工程预算书等内容。只有经设计单位审核和加盖施工图出图章的设计文件才能作为正式文件交付使用。

(1)设计总说明。设计应依据政府主管部门批准的文件和技术要求、建设单位设计任务书和技术资料及其他相关材料；应遵循主要的国家现行规范、规程和技术标准；简述工程规模和设计范围；简述工程概况和工程特征。

(2)总平面图。比例一般采用 1∶300、1∶500、1∶1000，包括网格定位总平面(图 3.9)、索引总平面(图 3.10)、竖向总平面、道路铺装总平面等内容。

(3)道路、地坪、景观小品及园林建筑设计(图 3.11)。道路、地坪、景观小品及园林建筑设计应逐项分列，宜以单项为单位，分别组成设计文件。

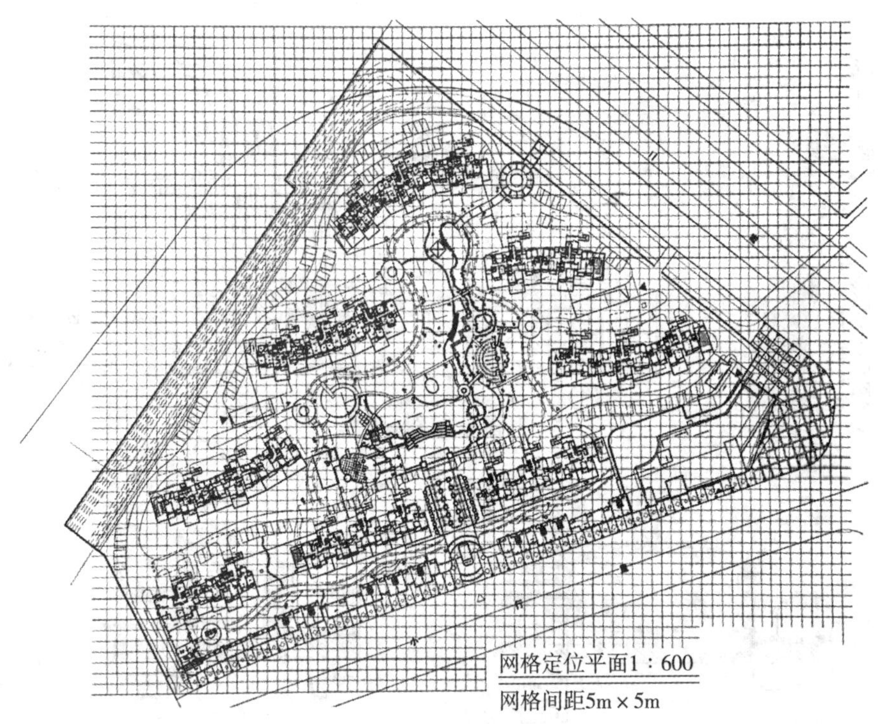

图 3.9　网格定位总平面图

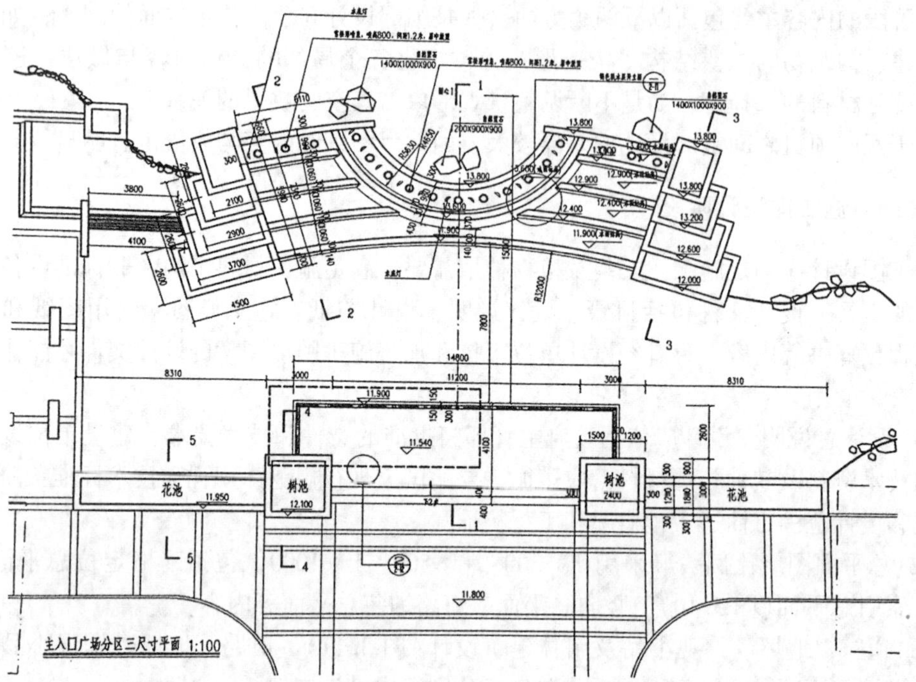

图 3.10　主入口广场分区三尺寸平面图

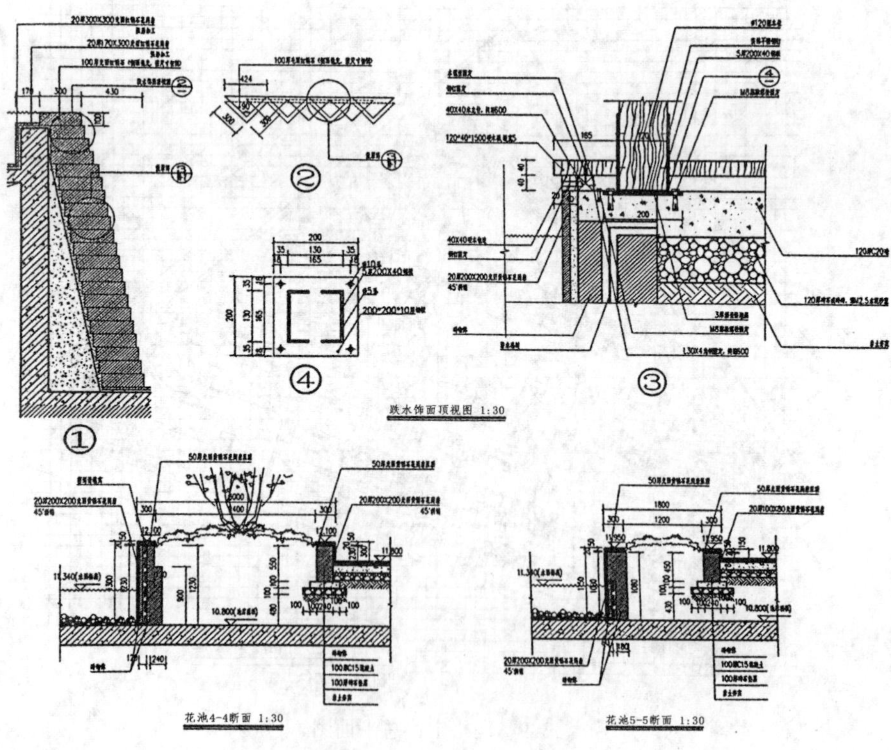

图 3.11　其他节点详图

(4)种植设计。种植设计图应包括设计说明、设计图纸和植物材料表。

(5)结构。结构专业设计文件应包括计算书、设计说明、设计图纸。

(6)给水排水。给水排水设计文件应包括设计说明、设计图纸、主要设备表。

(7)电气。电气设计文件应包括设计说明、设计图纸、主要设备材料表。

3.1.5　施工与后期维护阶段

根据景观工程的特点，按照施工方案图纸进行方案施工。项目竣工后，为保证景观的可持续性，应定时进行维护管理。作为景观设计师要了解景观管理，景观设计项目被移交的只是项目的重要阶段，还有后续的工作要进行相应的计划和投资。

3.2　景观规划设计的成果

景观规划设计的成果一般由文字、图纸、模型或展板以及音像文件四部分组成。文字及图纸是景观规划设计成果的主要文件，是设计项目成果必不可少的组成部分。模型或展板以及音像文件是直观表现景观设计的辅助形式，一般用于设计成果汇报或展示，可根据项目的需要来制作。

3.2.1　文字文件

文字文件主要包括设计说明书和根据项目要求而做的相关研究报告。说明书以通俗平实、简明扼要的文字对规划设计方案进行说明。一般包括：

(1)规划设计编制的依据；

(2)现状情况的说明和分析；

(3)规划设计的目标、方针、原则；

(4)规划总体构思，功能分区；

(5)用地布局；

(6)交通流线组织；

(7)建筑物形态；

(8)景观特色要求；

(9)竖向设计；

(10)其他配套的工程规划设计；

(11)主要技术经济指标(用地面积、建筑面积、建筑密度、绿地率、容积率、层数、建筑高度等)。

根据设计项目特殊需要，有时可进行有针对性的相关专题研究，并提出研究报告，为区域景观设计提供参考。

3.2.2　图纸文件

图纸是景观规划设计的图形文件，它与文字文件共同构成景观规划设计成果的主体文件。图纸的内容一般包括：

(1)规划区域的区位图；

(2)规划区域的现状图(用地现状、植被现状、建筑物现状、工程管线现状)；

(3)功能分析图、道路交通规划图、景观结构分析图及植物等的设计分析图；

(4)规划(设计)的总平面图；

(5)道路、公共服务设施及植物配植等专项设计图；

(6)断面图；

(7)竖向规划设计图；

(8)工程管线规划图；

(9)施工设计图。

根据需要还可绘制能表现区域景观设计特征的若干重要节点设计平面图或透视图，设计区域主要沿街、沿江、沿河或沿海等滨水界面的立面图，等等。通常景观设计分析图或效果图等图纸文件无比例条件限制，而设计平面图要按比例绘制，一般为 1∶500～1∶2000，常用的是 1∶1000，或根据设计区域已有地形图比例绘制。

3.2.3 模型或展板

通常模型或展板在设计成果汇报或展示时使用。按一定比例制作的模型可以直观地表现设计区域的空间效果，可根据需要制作设计成果的整体模型或局部模型。整体模型反映设计范围内各空间的道路、广场、绿化及与建筑环境的关系；局部模型反映空间要素的材料质感与空间尺度等。整体模型制作比例为 1∶500～1∶2000，局部模型比例为 1∶50～1∶300；展板方便设计成果的展示，内容包括设计成果图纸以及反映设计构思过程的若干分析图。结合简要的文字说明，展板全面展示了设计的现状分析、方案构思及设计成果，通常采用 A2～A0 图幅。

3.2.4 音像等多媒体文件

音像等多媒体文件是通过声音与图像直观且动态地展示设计成果的文件形式。三维动画演示更直观生动地模拟设计景观的效果，能给人身临其境的感受。另外，可利用 PPT 展示文件配以录音讲解。多媒体文件演示时间通常为 10～20 分钟，它对突出设计成果的特征有锦上添花的作用。

3.3 景观规划设计行业相关法规、标准与技术规范

景观规划设计行业相关法规通过对景观行为的预测，为行为发展消除障碍，同时通过执法保证景观建设的顺利实施；标准与技术规范是同景观规划设计相关的标准图集，对设计图纸提出规范性要求。作为景观设计师，只有牢牢掌握相关法规及标准图集，才有可能完成优秀的景观设计。

3.3.1 政策法规

景观规划设计中需遵循的政策法规主要包括法律、行政法规、地方性法规、部门行业

规章四大类。

(1)法律。法律是指国家最高权力机关，即全国人民代表大会及其常务委员会制定、颁布的规范性文件的总称，其法律效力和地位仅次于宪法。例如，《中华人民共和国环境保护法》《中华人民共和国城市规划法》《中华人民共和国森林法》等。

(2)行政法规。行政法规是指国家最高行政机关国务院依据宪法和法律制定的规范性文件的总称，它包括由国务院制定和颁布的，以及由国务院各主管部门制定经国务院批准发布的规范性文件。例如，国务院发布的《风景名胜区管理暂行条例》《中华人民共和国森林法实施条例》《城市绿化条例》等。

(3)地方性法规。地方性法规是指地方权力机关根据本行政区域内的具体情况和实际需要，依法制定的本行政区域内具有法律效力的规范性文件。例如，《湖北省绿化实施办法》等。

(4)部门行业规章。规章是指国务院各主管部门和省、自治区、直辖市人民政府以及省、自治区政府所在地的市或经国务院批准的较大城市的人民政府依据宪法和法律制定的规范性文件的总称。例如，住房和城乡建设部制定的《城市绿线管理办法》《城市园林绿化管理暂行条例》等。

景观规划设计行业相关的政策法规见表 3-2。

表 3-2　**景观规划设计行业相关政策法规一览表**

序号	名　称	适用范围
1	城市古树名木保护管理办法(2000. 9. 1)	当场地中有古树名木时，应做好城市古树名木的保护管理工作。
2	国务院关于加强城市绿化建设的通知(国发〔2001〕20 号)	为进一步提高城市绿化工作水平，改善城市生态环境和景观环境而颁发。
3	城市绿地系统规划编制纲要(试行)(建城〔2002〕240 号)	指导城市绿地系统规划，使其制度化和规范化。
4	城市绿线管理办法(2002. 11. 1)	用于城市绿线的划定和监督管理。
5	国家重点风景名胜区总体规划编制报批管理规定(2003. 6. 25)	用于国家重点风景名胜区总体规划的编制和报批。
6	国家城市湿地公园管理办法(试行)(2005. 2. 2)	用于规范国家城市湿地公园的申请、设立以及保护管理工作。
7	风景名胜区管理暂行条例(2006. 12. 1)	用于风景名胜区的设立、规划、保护、利用和管理。
8	关于加强城市绿地系统建设提高城市防灾避险能力的意见(2008. 9. 16)	用于在进行城市绿地系统建设时，完善城市绿地系统的防灾避险功能，提高城市综合防灾避险能力。
9	中华人民共和国森林法实施条例(2016 修订版)	森林资源的保护与开发利用，适用本条例。

3.3.2 标准

标准是对重复性事物和概念所做的统一规定，它以科学、技术和实践经验的综合成果为基础，经有关方面协商一致，由主管机构批准，以特定形式发布，作为共同遵守的准则和依据。景观规划设计行业的相关标准详见表3-3。

(1)国家标准：对于需要在全国范围内统一的技术要求，应当制定国家标准。国家标准由国家标准化管理委员会编制计划、审批、编号、发布。国家标准代号为GB和GB/T，其含义分别为强制性国家标准和推荐性国家标准。国家标准在全国范围内适用，其他各级标准不得与之相抵触。

(2)行业标准：对于国家标准内没有，又需要在全国某个行业范围内统一的技术要求，可以制定行业标准。行业标准是专业性、技术性较强的标准，它由行业标准归口部门编制计划、审批、编号、发布、管理。行业标准也分强制性与推荐性，如建筑行业标准代号是CJJ，推荐性建筑行业标准代号是CJJ/T。作为国家标准的补充，当相应的国家标准实施后，该行业标准应自行废止。

(3)地方标准：对于国家标准和行业标准内没有，而又需要在省、自治区、直辖市范围内统一的技术要求，可以制定地方标准。地方标准在本行政区域内适用，不得与国家标准和行业标准相抵触。地方标准代号为DB和DB/T，分别为强制性地方标准和推荐性地方标准。国家标准、行业标准公布实施后，相应的地方标准即行废止。

表3-3　　**景观规划设计行业相关标准一览表**

序号	名　称	适用范围
1	风景名胜区总体规划标准(GB/T 50298—2018)	本标准适用于国务院和地方各级政府审定公布的各类风景区的规划。
2	城市绿地分类标准(CJJ/T 85—2017)	本标准适用于绿地的规划、设计、建设、管理和统计等工作。
3	风景名胜区分类标准(CJJ/T 121—2008)	依据我国风景名胜区的类别特征，采取相应的分类保护措施，制定相应的规划、设计、建设、管理、监测、保护和统计等工作标准。
4	城乡用地评定标准(CJJ 132—2009)	适用于建制市以及建制镇、乡(集镇)、村庄的总体规划编制工作。对可能(拟)作为城乡发展的用地，根据其自然环境条件，提出城乡用地评定的适用性分析及分类定级的技术成果。
5	城市园林绿化评价标准(GB/T 50563—2010)	为规划者而制定，在编制《城市总体规划》和《城市绿地系统规划》中，规划者可以依据《评价标准》要求合理优化城市环境格局，确定一个城市园林绿化的建设目标和环境品质。

续表

序号	名　称	适用范围
6	城市用地分类与规划建设用地标准(GB 50137—2011)	本标准适用于城市总体规划和控制性详细规划的编制、用地统计和用地管理工作。
7	风景园林制图标准(CJJ 67—2015)	本标准适用于风景园林规划和设计制图。
8	风景园林基本术语标准(CJJ/T 91—2017)	本标准适用于园林行业的规划、设计、施工、管理、科研、教学及其他相关领域。
9	城市绿地设计规范(GB 50420—2007)(2016 版)	本规范适用于城市绿地设计。
10	无障碍设计规范(GB 50763—2012)	本规范适用于全国城市各类新建、改建和扩建的城市道路、城市广场、城市绿地、居住区、居住建筑、公共建筑及历史文物保护建筑等。
11	公园设计规范(GB 51192—2016)	本规范适用于全国新建、扩建、改建和修复的各类公园设计。居住用地、公共设施用地和特殊用地中的附属绿地设计可参照执行。
12	城市绿化工程施工及验收规范(CJJ 82—2012)	本规范适用于公共绿地、居住区绿地、单位附属绿地、生产绿地、防护绿地、城市风景林地、城市道路绿化等绿化工程及其附属设施的施工及验收。

3.3.3　技术规范

技术规范是有关景观规划设计、施工、管理等方面的准则和标准。目前通用的技术规范有中国建筑标准设计研究院所出版的一系列有关景观方面的施工图集，如《环境景观——室外工程细部构造》(03J012-1)、《建筑场地园林景观设计深度及图样》(06SJ805)等。

本章小结

(1)景观规划设计涵盖了景观规划和景观设计两方面的工作内容。

(2)景观设计主要包括五个阶段，即任务书阶段、基地现状调查和分析阶段、方案设计阶段、施工图设计阶段、施工与后期维护阶段。

(3)景观规划设计的成果一般由文字文件、图纸文件、模型或展板以及音像等多媒体文件四部分组成。

(4)景观规划设计要遵守相关政策法规、符合相关标准及技术规范。政策法规包括法律、行政法规、地方性法规、部门行业规章等；标准包括国家标准、行业标准和地方标准等；技术规范包括有关景观规划设计、施工、管理等方面的准则和规范。

思 考 题

1. 景观规划设计的工作内容涵盖哪些方面？具体内容分别是什么？
2. 景观设计程序包括哪些阶段？分别包含哪些内容？
3. 景观规划设计的成果包含哪些文件形式？各自包含哪些成果内容？
4. 景观规划设计行业相关政策法规、标准与技术规范有哪些？

第 4 章　景观规划设计方法

景观规划设计是一门综合性学科，因此在规划和设计的过程中应综合利用各相关学科的基本原理，并将其应用于景观规划设计中。其中，在规划层面应以生态理念为主，而在设计层面应以感官和心理学为主，故本章将从感官、心理与生态的角度出发，探讨其相关理论在景观规划设计中的具体运用。

4.1　基于感官的景观设计方法

人类学家爱德华 · T. 霍尔(Edward T. Hall)在《隐匿的尺度》中分析了人类最重要的知觉以及它们与人际交往和体验外部世界有关的功能。根据霍尔的研究，人类有两类知觉器官：距离型感受器官(眼、耳、鼻)和直接型感受器官(皮肤和肌肉)。这些感受器官有不同程度的分工和不同的工作范围。它们之间的相互作用影响着个人对总体环境的判断与评价。因此，基于感官的景观设计方法在众多设计方法中最为直接。本节将从视觉、听觉、嗅觉这三个方面阐释如何进行景观设计。

4.1.1　视觉景观设计

“景观”最早的含义具有视觉美学方面的意义，景观要有景可观、可看。因此景观要能满足人们的视觉要求，有良好的视觉路线和欣赏点，即景的观赏方式。景可供人们游览观赏，但不同的游览方式会产生不同的观赏效果。对景观规划设计而言，如何使人达到赏心悦目、流连忘返的境界，组织好游览观赏是一个主要的问题。

1. 视觉景观设计原理

1)水平视域和垂直视域

各门学科对视觉的认识不尽相同。生理学中的视觉概念是视觉器官及其功能，心理学中的视觉概念则是眼睛对事物的刺激所引起的心理反应。人之所以能看到外界影像，全依赖于一双明亮的眼睛。人的眼球为一个直径约 25mm 的球状组织，其包括水平视域和垂直视域两方面。人向下的视域比水平视域要窄得多，向上的视域也很有限。在正常情况下，最佳的视角是不转动头部就能看清景物的视角，垂直方向约为 26°～30°，水平方向约为 45°。超过此范围，就要转动头部去观察。转动头部的观察，对景物的整体构图或整体印象就不够完整，而且还容易使人感到疲劳。

2)视距

观看或识别一个物体牵涉到观察者与对象之间的距离问题，即视距与辨识度问题(表 4-1)。

表 4-1　　**视距与辨别度**

距　离	人眼能辨别的程度
25~30m	人的清晰视距
30~50m	对景物细部能看清楚的视距
150~270m	能识别景物类型的视距
500m	能辨认景物轮廓的视距
1200~2000m	能发现景物的视距

2. 视觉景观规划设计方法

1)观赏点与观赏视距

基于上面的视距基本原理，在设计合适的观赏距离时，需要按被观赏物体的宽度、高度的数值进行综合考虑，具体参照以下两个公式：

当垂直视域为30°时，其合适景观观赏距离为：

$D = (H - h)\cot\alpha = (H - h)\cot(1/2 \times 30°) = (H - h)\cot15° \approx 3.7(H - h)$

其中，D 为景物合适视距；H 为景物高；h 为人眼高。

当水平视域为45° 时，其合适观赏距离为：

$D = \cot45°/2 \times W/2 = \cot22°30' \times W/2 = 2.41 \times W/2 \approx 1.2W$

其中，D 为景物合适视距；W 为景物宽。

当景物高度大于宽度时，合适的观赏距离应以垂直视域的要求进行选择。例如，关于对纪念碑的观赏，垂直视角如分别按 18°、27°、45°安排，则 18°时视距为纪念碑高的 3 倍，27°时视距为纪念碑高的 2 倍，45°时视距为纪念碑高的 1 倍。如能分别留出空间，当以 18°的仰角观赏时，碑身及周围环境的景物能同时被观察，27°时主要能观察纪念碑的整体造型，45°时则只能观察纪念碑的局部和细部(图 4.1)。

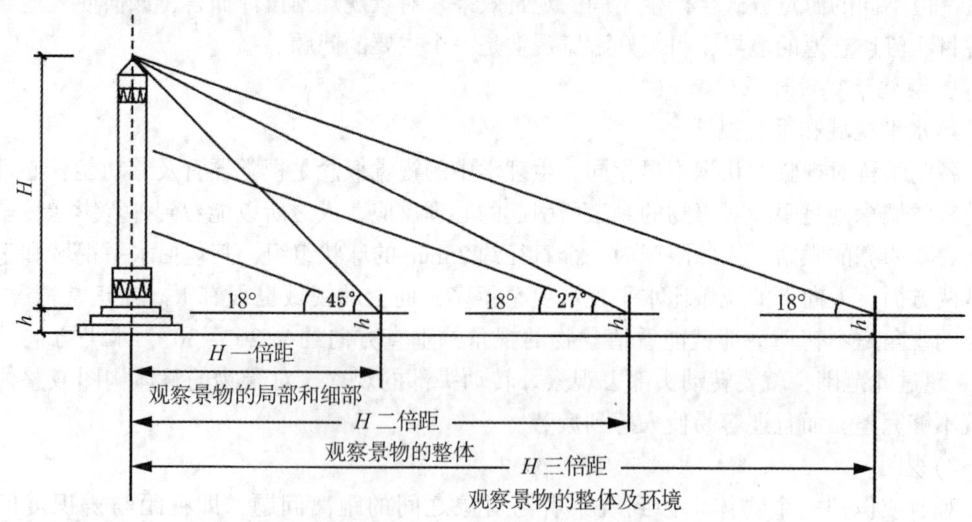

图 4.1　视点、视域、视距关系示意图

若景观建筑有华丽的外形，可分别在建筑物高度的 1、2、3、4 倍距离处布设视点，使在不同视距内对同一景物能有移步换景的效果。一般封闭广场中，当中心布有纪念建筑时，该纪念建筑及广场四周建筑的高度同广场直径之比为 1∶3~1∶6 是较合适的视距。但在设计景物的视距时，常因具体情况而有不同的处理，不能做硬性规定。

2)赏景方式与造景手法

在设计静态观赏景观时，应当遵循人的视觉原理，处理好视距与视角的关系。以下结合中国传统的赏景方式，在人观景的最舒适状态下对主景与配景、框景、借景、对景与分景进行探讨。

(1)主景与配景。景观设计中，要考虑景观观赏问题，处理好主景与配景的关系。主景常位于景观空间的构图中心，是景观视线的焦点，起控制作用，配景起陪衬主景的作用。

突出主景的方法如下：

a)主体升高：可产生仰视观赏的效果，并以蓝天、远山为背景，使主题轮廓突出鲜明。但要依据人的最佳垂直视角来设计主体升高的高度，人的最佳垂直视角为 30°。

b)轴线和风景视线焦点：一条轴线的端点或几条轴线的交点常有较强的表现力，故常把主景布置于此。

c)动势：一般四周环抱的空间，如水面、广场、庭院等，其周围景物往往具有向心性。这些动势可集中到水面、广场、庭院中的焦点上，主景如布置在动势集中的焦点上就能得到突出。

d)空间构图的重心：在规则式景观布局中将主景布置在几何中心上，在自然式景观布局中将主景布置在构图的重心上，也能突出主景。

(2)框景。框景是利用门框、窗框、树干树枝等所形成的框，有选择地摄取另一空间的景色，恰似一幅嵌于镜框中的图画。

通常，在用以阻隔视线或空间分隔物的界面上布置孔洞、缺口，或在景物与最佳视觉位置之间构设牌楼、空廊等框式建、构筑物，形成具有视线收束作用的“收束点”，就能造成视觉上的注目、向往、期待和诱导视线等景观效果。通过这种“收束点”，可以使空间景物急促收束或豁然展开，形成良好的视觉艺术观感。

景框的布置应有良好的视觉条件，并应考虑其自身成景与得景的关系。通常，如果先有景，则景框应朝优美的景观方向；如果先已形成景框，则就在景框对景处造景，其与景框的距离宜在景框宽度(或直径)的两倍以上，主要视点最好在景框的中心区内，使所视景物落在 26°~30°的良好视域内。

(3)借景。借景是指在视力所及的范围内，若有好的景色，则将其组织到观赏视线内。计成的《园冶》中有“园林巧于因借，精在体宜。借者园虽别内外，得景则无拘远近……”借景能扩大园林空间，增加变幻，丰富园林景色。借景因距离、视角、时间、地点等不同而有所不同。

远借：借园林绿地外的远处景物。如拙政园远借北寺塔。

邻借：借邻近的景物，亦称近借。如沧浪亭本无水，运用复廊邻借园外之水。

仰借：以借高处景物为主，借如宝塔、高楼、山峰等。仰借易让观赏者视觉较为疲劳，观赏点一般宜有休息设施。

俯借：居高临下，俯视低处。

因时而借、因地而借：借一年四季中春、夏、秋、冬的交换来丰富园景。如拙政园的听雨轩，在庭院中栽植芭蕉，下雨时利用雨打芭蕉的声音来听雨。

(4)对景与分景。

a)对景：位于景观轴线或风景视线端点的对称景。对景又分为正对与互对。

正对：在道路、广场的中轴线端部布置景点，或以轴线作为对称轴在两侧布景，在规则式景观中使用更多。这样的布置能获得庄严雄伟的效果。

互对：在风景视线的两端设景，两景相对，互为对景。

b)分景：分景能把景观划分成若干空间，以获得园中园、岛中岛的境界，使园林虚实变换，层次丰富，其手法又有障景、隔景两种。

c)障景：景观宜含蓄有致，忌一览无余，所谓“景愈藏，意境愈大”。在园林中起着抑制游人视线、引导游人转变方向的屏障景物均为障景，即“欲扬先抑，欲露先藏”。障景多设于入口处，并高于视线，景前留有余地，供游人逗留、穿越。

d)隔景：凡将景观分隔为不同空间、不同景区的景物称为隔景。苏州园林常用漏窗虚隔，使窗另一边的景色若隐若现。水面桥或堤虚隔，增加景观的深远和层次。

通过运用视觉原理，对景物进行观赏与塑造，可形成丰富多彩的景观。

3)动态观景与游线设计

在设计景观游览路线时，尤其要注意尊重人的视觉运动规律。景观游览线与交通路线不完全相同，游览线虽然也要解决交通问题，但主要还在组织好风景视线，使游人能充分观赏各个景点和景区。景观游览线，主要指贯穿于全园各景区、主要景点、景物之间的联系与贯通线路。作为真正的游览路线，是由游人在参观游览中，自成随意、自由、错综复杂的路线。

(1)游览线路的选择。

在开辟游览线路时，首先要在区域内进行一番搜索，选择观赏景点适宜的视点，视点之间的连线就可构成比较理想的游览线路。冯纪忠先生曾经将视点分为“景中视点”与“景外视点”。“景中视点”是指如果从一个视点扫视周围，那么看到的连续画面构成视点所在空间的视觉界面，这个界面包括天、地两面在内。“景外视点”是指若对象是一座山，从一个视点看，看到的是它的一个面，从多个视点看，看到的画面集合是它的体量体态。

游览线路的组织就是要处理好两种视点的组织和转换关系。例如，若把多个景外视点串连成线，如果对象是三个峰，那么随着导线上视点的移动而三者的几何位置不断变化(图4.2)。同样，如果把景中视点在同一个环境中移动，那么这一空间的视觉界面也不断变化。以上情况都是渐变的动观效果。只有从景外视点转移到景中视点，或从景中视点转移到景外视点，尤其是从一个景外视点转移到另一个环境的景中视点的时候，才会取得突变的动观效果，所谓峰回路转、别有洞天正是这种情况。如图4.3(a)中有等长的两条游览线路，估计甲较乙为好，因为乙是由景外到景外，而甲则是景外经景中再到景外。图4.3(b)中也有等长的两条线，估计也是甲较乙为好，因为乙是由景中到景中，而甲则是由景中经景外再到景中，这是迂回取胜。

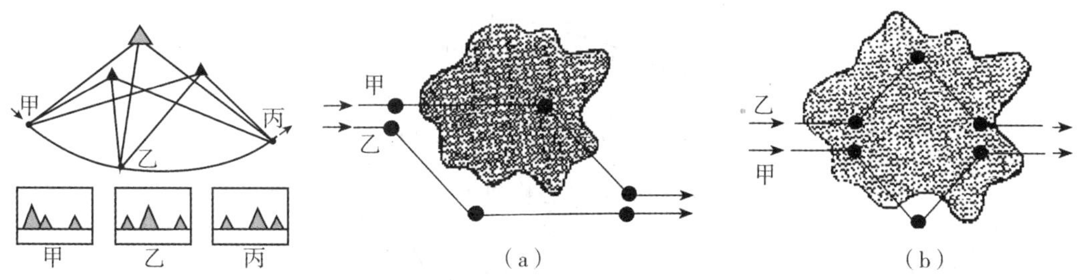

图 4.2　不同视点上景观变化

图 4.3　不同游览路线设置

(2)游览线路的组织。

a)步行游览线路的组织。

从整体游览线路的组织来说，对于面积大小不同的景观，其游览线路的布局方式也略有不同。在较大的景观中，为了减少游人步履劳累，宜将景区景点沿路线外侧布置。在较小的景观中，要小中见大，路线宜迂回占边，即景区向外围靠，以拉长线路。为了引起游人兴致，道路宜有变化，可弯可直，可高可低，可水可陆，让游人沿途经过峭壁、洞壑、石室、危道、泉流，跋山涉水，再通过桥梁舟楫，蹊径弯转，开合敞闭，身经不同境界。

在较小的景观中，一条导游线路即可解决问题。一般可为环形，避免重复。也可环上加套，再加几条越水登山的小路即可。对于面积较大的景观，有时可布置几条导游线路，让游人有选择的自由。导游线路与景点景区的关系可用串联方式或并联方式，或串联、并联相结合的方式。游园者一般有初游、常游之别。初游者应按导游线路循序渐进，不漏掉参观内容；常游者一般希望直达主要景区，故应有捷径布置。捷径应适当隐藏，避免与主要导游线路相混。在较陡的山地景区中，导游路线可设陡缓两路，健步者可选走陡路、捷路，老弱者可选走较长的平缓坡路。

b)乘车、乘船游览线路的组织

在景观设计中，应重视动态观赏的视域变化。一般来说，速度与景物的观赏存在以下关系：以时速 1 千米运动的观赏者，对景物的观察有足够的时间，且与景物的距离较近，焦点一般集中在对细部的观察上，比较适宜观赏近景；而时速 5 千米时，观赏者可以对中景有适宜的观赏；到了时速 30 千米时，观赏者已无暇顾及对细节的赏析，而比较注重对整体的把握，对远景有较强的捕捉能力。一般对景物的观赏是先远后近，先群体后个体，先整体后细部，先特殊后普通，先动景如舟车人物、后静景如桥梁树木。乘车观赏，选择性较少，多注意景物的体量轮廓和天际线，沿途重点景物应有适当视距，并注意景物不零乱、不单调，而是连续而有节奏、丰富而有整体感。因此，对景区景点的规划布置应注意动静结合，各种方式的游览都要能给人以完整的艺术形象和境界(图 4.4)。

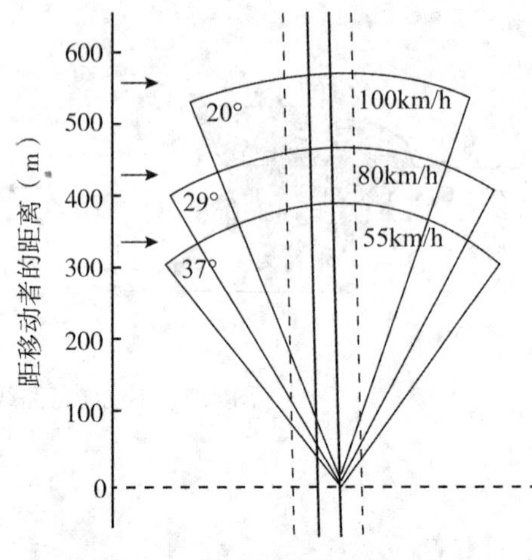

图 4.4　动态观赏的视域变化

4.1.2　听觉景观设计

1929 年，芬兰地理学家格兰诺提出“Soundscape”。Soundscape 可被译为听觉景观、声景、声音景观、声风景、音景等。听觉景观的研究范畴，涉及人在对环境进行视觉审美时听觉感知的作用和影响以及视觉景观与听觉景观的配合协调，它以声要素为主要研究对象对景观进行听觉设计。

1. 听觉景观设计原理

1)声音的感知

近代的感知理论认为，感知完全或很大程度上由外界刺激特性决定。一定的刺激对于某些人来说开始时会产生强烈的反应，当这类刺激重复多次后，原先的反应即会降低以至消失，此时这个人已习惯这类刺激，对之习以为常。例如，某些人习惯于在很吵闹的环境中工作，如果噪声一旦消失，他们会感到某种不自在。

2)声景观组成

声音不是以一个个声响单独存在的，就好像画面是由各种颜色一起构成的，声音也是由各个声响共同组合在一起形成的。根据声音的特色，声景观元素可大致分为以下 3 类：

(1)基调声。基调声又称背景声，作为其他声音的背景声而存在，描绘生活中的基本声音。在城市中我们常听到的基调声是交通噪声。在自然环境或公园中，基调声则是风声、水流声、鸟鸣声等。而在海边，海浪声则成为一切声响的基调。

(2)前景声。前景声又称信号声，它利用本身所具有的听觉上的警示作用来引起人们的注意。铃声、钟声、号角声、警报声等都属于信号声，这些声音往往音量特别大或十分尖锐。

(3)标志声。标志声是具有场地特征的声音，是象征某一地域所特有的声响。这种标志声带给人亲切感，同时也具有时代特征。在进行听觉景观设计时，如果能针对场地的地域特色和时代背景，适当加入标志声，则非常利于表达景观的特有性格。

2. 听觉景观规划设计方法

听觉景观规划设计一般采用正设计、负设计和零设计三种方法。正设计即在原有的声音景观中添加新的声要素；负设计即去除听觉景观中与环境不协调的、不必要的声要素（道路景观设计常采用负设计，以降低汽车噪声）；零设计即对于听觉景观按原状保护和保存，不做任何加法或减法。

1）正设计

正设计就是利用一定的原理和技术手段，在原有的声景观中设计添加新的声要素，结合强化原有的协调的、好感度高的自然声音，整体给人心旷神怡的感觉。大部分自然声都能唤起人们对自然的向往，缓解人们自身的压力和疲惫，从而增加景观的吸引力。一些特定的自然声还能给人带来无限遐想，比如，“芭蕉夜雨”“蝉噪林愈静，鸟鸣山更幽”的意境等，都是通过对自然声的引入来营造宁静的空间氛围的。同时，还有一些具有标示性的体现本土生活的声音——“乡音”，比如，古城叫卖声、寺边的钟声、孩童的嬉笑打闹声等人工声也可以让人放松心情。这些都可作为“正设计”的声音元素，常见的有水声、风声、动物声、人工声，等等。

（1）水声。由于水具有流动性，随着它的水量、速度、落差等不同，会产生不同的声音效果，加上水景模式多种多样，随着环境的变化还能展现不同的景象，因此，水是听觉景观设计的主要对象。水在流动的状态下会发出悦耳的声音，例如，河流、小溪、瀑布、泉水等水体在流动中会撞击发出声音。水声及其使用方法见表 4-2。

表 4-2　**水声及其使用方法**

类型		使用方法
水声	溪流声	自然界中最常见的水流形式是溪流，在两岸设置错落排列的石块，再配以水生花草，便可获得自然的“溪涧流水”的景观效果。这种声音往往给人以清新、宁静的感觉。造景时若要突出溪流声，则需特别营造一个安静的环境，才能让游人听到溪流声。
	溪涧声	水从山间流出的一种水景，周边多自然山石，两岸植被一般较好，给人一种山水相依、蜿蜒多变的景象，如杭州的“九溪十八涧”。可利用原有地形的高差及水流，在一旁设置山石，制造溪涧声。
	泉水声	泉声效果多种多样，有些声如雷鸣，有些丝丝入耳，有些铿锵悦耳。人们根据泉眼的自然原理设计了“喷泉”，如音乐喷泉、程控喷泉、跑动喷泉、光亮喷泉、游乐喷泉等。
	瀑布声（又称跌水）	瀑布有自然和人工之分，水声的效果取决于水量、落差和周边环境。根据岩壁的倾斜角度又可划分为垂直型、悬空型、倾斜型。人工瀑布一般借助于人工抬高地形或下沉庭院形成瀑布。
	雨水声	雨水声是水声的一种特殊的形式，听雨是我国特有的一种园林文化。“枯荷听雨”“梧桐夜雨”“雨打芭蕉”等描写的景象，都传递出了听雨者的心境。通过种植植物，不同材质的植物能营造不同的雨水打击声，增加游人对雨水声的关注。

(2)风声。风小单一，声却可随物异而变，乃是天籁。风是由于气压分布不均匀而产生的自然现象，是空气相对于地面的水平运动。风的声音本身就是空气流动时掠过物体，与物体发生摩擦所发出的声音。景观设计中空气流动与环境中植物、建筑等各要素摩擦之后可以产生各种不同的声音。例如，“风”与植物形成“松涛”“竹籁”等声景观；“风”和建筑联系起来能够产生“洞音”“听风”“闻风”等声景观。

(3)动物声。动物声又可以细分为鸟类的声音、水族类的声音、昆虫类的声音和兽类的声音。动物声较弱，无论这几种的哪一种都需要一个安静的环境，否则会被嘈杂的环境湮灭。动物声及其使用方法见表4-3。

表4-3 **动物声及其使用方法**

类型		使用方法
动物声	鸟类声	在动物声音中鸟类的声音最为多样、动听，应用也最多。引入“鸟语”，首先需要创造一个适合鸟类栖息的生态环境。其次，通过栽植吸引鸟类的植物，一般有果实的植物都具有吸引鸟类的能力，比如火棘、引鸟花楸等，并且布置人工鸟巢也可以吸引鸟类。
	水族类声	水生动物统称为水族。在中国古典园林中鱼跃(荒田寂寂无人声，水边跳鱼翻水响)、蛙叫(稻花香里说丰年，听取蛙声一片)等都是典型的利用水生动物营造的声景观。利用大面积水面，种植适当的水生植物，形成适宜蛙类生存的环境，就可以形成声景观。
	昆虫类声	自然界的很多昆虫都可以和环境融合形成美妙的声景观，如知了、蛐蛐等。在景观设计中，可通过栽植以引入昆虫声。
	兽类声	兽类声音主要集中在动物园、自然风景区、森林公园、自然保护区等，“两岸猿声啼不住，轻舟已过万重山”中反映的就是在自然风景区中兽类的声音。城市公共空间中能称之为“兽”的主要是人们饲养的宠物(猫、狗等)，在营造声景观的时候可适当考虑，但也容易让人产生不安全感，因此要合理利用。

(4)人工声。人工声主要分为乐器声、仿声和音乐声，比如，弹奏乐器的声音、模仿自然的电子音、美妙的背景音乐等。人工声通常与其他声音交织在一起，丰富了声境，动听和谐，同时也能让景观鲜活起来。人工声及其使用方法见表4-4。

2)负设计

环境中有一些声音会给人的心理和情绪上带来负面影响，比如汽车的鸣笛声、挖掘机的轰隆声等。负设计是将听觉景观中消极的、与环境不协调的、多余的声要素去除或者屏蔽掉，多用于道路景观等。比如，车辆行驶等交通噪音、环境周围施工的声音等都是负设计的对象。声音的传播依靠声波的传递，当声波遇到障碍物时，会被阻隔或消减强度，可以利用此原理去除或屏蔽噪声。可以充当“屏障”的景观要素主要有植物和构筑物两种。

表 4-4　　**人工声及其使用方法**

类型		使用方法
人工声	乐器声	乐器声很早就和景观结合到了一起，特别是琴声，比如苏州退思园中的“琴台”，窗前小桥流水，隔水对面设有假山小亭，东墙下幽篁弄影，在此处弹琴，有高山流水之趣。可营造一个适合演奏乐器的场合，吸引周边乐器爱好者前来演奏练习。
	仿声	随着电子技术的进步，在自然声不能实现的情况下，可以利用电子声乐系统对自然声进行模仿和再创造。如用电子技术模拟的鸟鸣、虫鸣、水声、风声等，结合绿色景观，可艺术地再现大自然的魅力。
	音乐声	音乐声在景观中的应用一般是作为背景音乐，或是与人工喷泉结合使用。

(1)植物的屏蔽作用。当声波传播遇到树干时，会破碎并被分散出去，分散出去的声波碰到树叶，声能变为树叶振动的机械能，声能更加微弱。此外还有研究显示，植物树叶的结构可以对噪音进行吸收(图 4.5)。所以，利用绿色植物做噪声隔离带时，尽量采用多种植物群落种植，层次越多、宽度越宽、密度越大，效果会越好。当只允许种植单一植物时，可以选择生长密度较大、质感较强的植物品种，如法国冬青、黄杨等，可通过种植形成“绿篱墙”，能获得较好的隔音效果。当采用多种植物搭配种植时，尽可能地采用多层次种植的方式，乔、灌、草相结合，这样在吸收噪音的同时，也获得了好的景观效果。

分车绿带使噪声减小9分贝　人行绿带使噪声减小12分贝　宽36米的绿化带可减小噪声30分贝

图 4.5　植物对噪声的吸收作用

(2)构筑物的屏蔽作用。利用构筑物进行听觉景观负设计，主要是运用隔音吸音材料制作成隔音墙来去除或屏蔽噪音。隔音吸音材料及产品很早就应用于景观防噪，在欧洲已经有近三十年的历史。主要是由水泥、天然石材、矿物质，还有其他一些非污染性的化学材料组合加工而成，如吸音板、隔音墙等，具有生态性好、降噪功能强、可塑性强、经久耐用的特点。

3)零设计

零设计是指在原有声景观较好的自然保护区或风景名胜区等，不对原有声音要素进行任何修改或装饰，保证声景观的原始状态，只布置一定的设施让人便于去聆听或主动去聆听自然的真谛。如日本“Shiru-ku Road”公园就体现出零设计的听觉设计手法，对公园原有的自然声响不做任何更改，只设计一些声音装置来收集我们平时听到、听不到的自然声音。有的声音装置可以收集来自很高处的声响，如可听见空气中树叶颤动的声响；有的声音装置可以收集来自低处的昆虫聒噪声，等等。

除了以上设计手法外，在声景观设计中还应充分考虑以下设计内容：

(1)依照空间规模的大小，声景的设计也要遵循一定的原则：空间规模小，声景观的个别性和多样性的要素就越强；而空间规模大，声景观的公共性和统一性的要素就越强。

(2)为了增加游客和自然亲密接触的机会，必须尽可能地保全和发展自然声，最初规划时应充分考虑用地的自然保护和可持续性。

(3)对不同使用目的的空间进行声景的功能分区。通过种植设计予以分隔形成“缓冲地带”，使空间有过渡、游人有选择。能够通过远离喧嚣获得心境的平和。

(4)充分考虑声景观与其他环境要素的组织以及园林内外空间的关系。处理好对外部噪声的有效阻隔，防止园林内部声音对外部社会声环境的波及。因此，分散的声处理模式是良好的解决之道。

4.1.3 嗅觉景观设计

嗅觉作为人的五大感觉之一，对感知景观有特殊的作用，它可以精确地描述很多无法用语言形容的景象。研究证明：人类对气味感知极其敏锐，能十分准确地辨别各种气味。同时，不同气味对人的思维和行为具有暗示效应，对人的心理和生理都能产生一定的影响。比如，花香、樟树、荷叶、薄荷、艾蒿等香气可以引起人的兴奋；蔬菜瓜果的香气能引起人们的食欲等。许多植物气味还有助于人们的身心健康，比如，芳香疗法已经开始在各种疗养景观中崭露头角。

1. 嗅觉景观设计原理

嗅觉不同于视觉和听觉，嗅觉只能在非常有限的范围内感知到不同的气味。只有在1m的距离以内，才能闻到从别人头发、皮肤和衣服上散发出来的较弱的气味。香水或者别的较浓的气味可以让人在2~3m远处感受到，超过这一距离，人就只能嗅出很浓烈的气味。距离与嗅觉感受见表4-5。

表4-5 **距离与嗅觉感受**

距离	嗅觉感受
1m内	能闻到微弱的气味(如发香、体臭等)
2~3m	能闻到较浓的气味(如脚臭、香水味等)

嗅觉景观设计主要集中在芳香植物的设计上。近来园艺疗法渐渐风靡，人们通过植物的芳香来治疗一些生理上的不适，引导景观设计师运用多种芳香植物来进行设计，将花香、叶香、果香、枝香等都打造成一种景观。通过芳香植物在景观中的合理配置，将嗅觉感受与视觉感受相结合，可使景观有全方位的多感官体验。除此之外，还有些特殊的人工气味也能让人留下深刻的印象，比如寺庙的香火味等。

2. 嗅觉景观规划设计方法

各种气味不但能使景观具有一定的标识度，赋予其深层次的意义，还能引导或者阻止人们接近某一空间，达到景观引导的效果。人们闻见花香便会欣然前往，可若闻到的是河水的恶臭，便会唯恐避之不及。因此，在营造嗅觉景观时，需在布置具有标识性、亲和力的嗅觉景观要素的同时，消除或者屏蔽掉消极的嗅觉景观要素。

1) 正设计

正设计指的是利用各种方式，创造出具有标识性、亲和力的气味，如种植芳香植物、使用芳香剂等，使景观更具吸引力，从而吸引人们停留。花香是最常见的积极的嗅觉景观要素，树叶的香气等其他的嗅觉景观要素也都是由芳香植物散发的。因此，嗅觉景观的营造依赖于各种芳香植物，见表 4-6。芳香植物在配置过程中需要注意：①考虑风向、方位；②多种芳香植物搭配时，避免混合后产生异味；③考虑到嗅觉器官的疲劳特性，注意搭配上的变化。

表 4-6　**芳香植物分类表**

香味类别	代表植物
香草	香水草、香罗兰、香客来、香囊草、香附草、香身草、晚香玉、鼠尾草、薰衣草、神香草、排香草、灵香草、碰碰香、留兰香、迷迭香、六香草、七里香等
香花	茉莉花、紫茉莉、栀子花、米兰、香珠兰、香雪兰、香豌豆、玫瑰、芍药、茶花、含笑、矢车菊、万寿菊、香型花毛茛、香型大岩桐、野百合、香雪球、福禄考、香味天竺葵、豆蔻天竺葵、五色梅、番红花、桂竹香、玉簪、欧洲洋水仙等
香果	桃、杏、梨、李、苹果、核桃、葡萄(桂花香、玫瑰香 2 种)等
香蔬	香芥、香芹、水芹、根芹菜、孜然芹、香芋、荆芥、薄荷、胡椒、薄荷等
芳香乔木	美国红荚蒾、美国红叶石楠、苏格兰金链树、腊杨梅、美国香桃、美国香柏、美国香松、日本紫藤、黄金香柳、金缕梅、干枝梅、结香、韩国香杨、欧洲丁香、欧洲小叶椴、七叶树、天师栗、银鹊树、观光木、白玉兰、紫玉兰、望春木兰、红花木莲，醉香含笑、深山含笑、黄心夜合、玉铃花、暴马丁香等
芳香灌木	白花醉鱼草、紫花醉鱼草、山刺玫、多花蔷薇、光叶蔷薇、鸡树条荚蒾、紫丁香等
芳香藤本	扶芳藤、中国紫藤、藤蔓月季、芳香凌霄、芳香金银花等
香味作物	香稻、香谷、香玉米(黑香糯、彩香糯)、香花生(红珍珠、黑玛瑙)、香大豆等

在此需特别注意芳香植物的使用禁忌，有些芳香植物对人体是有害的，比如夹竹桃的茎、叶、花都有毒，其气味如闻得过久，会使人昏昏欲睡，智力下降；夜来香在夜间停止光合作用后会排出大量废气，这种废气闻起来很香，但对人体健康不利；松柏类植物所散发出来的芳香气味对人体的肠胃有刺激作用，如闻之过久，不仅影响人的食欲，而且会使孕妇烦躁恶心、头晕目眩。可见，芳香植物也并非全都有益，设计师应该在准确掌握植物生理特性的基础上加以合理利用。

2)负设计

负设计是指在景观设计当中如遇到一些消极的气味，能消除的消除，不能消除的将其隔离。对于消极气味可以运用一些手段加以处理，具体处理方式详见表4-7。

表4-7　**对景观中消极嗅觉要素的处理方式**

方式	使用方法
自然芳香弥补	种植带芳香气味的植物，利用这些芳香改变原有的气味，以达到预期的效果，净化、优化嗅觉环境。具体芳香植物可根据需求选用。
人工芳香弥补	利用人工香料净化空气。
局部空间隔离	当消极气味消除不了时可采取局部隔离，利用相对隔离和绝对隔离方式，与外界气味隔离。

4.2　基于心理学途径的景观设计方法

景观设计中的环境心理学，是研究环境与人的心理和行为之间关系的一个应用社会心理学领域，又称人类生态学或生态心理学。这里所说的环境虽然也包括社会环境，但主要是指物理环境，包括噪声、拥挤、空气质量、温度、建筑设计、个人空间等。自然环境和社会环境是统一的，二者都对行为发生有重要影响。

4.2.1　环境心理学相关理论

1. 个人空间、私密性和领域性

在人与人的交往中，彼此间的距离、言语、表情、身姿等各种因素对人的心理起着微妙的调节作用。无论陌生人、熟人还是群体成员之间保持适当的距离和采用恰当的交往方式十分重要。日本的环境心理学家把它称为“心理的空间”，而人类学家霍尔则称之为“空间关系学”。

1)个人空间与人际距离

(1)个人空间。研究者普遍认为，个人空间像一个围绕着人体的看不见的气泡，腰以上的部分为圆柱形，自腰以下逐渐变细，呈圆锥形。这一气泡跟随人体的移动而移动，依据个人所意识到的不同情境而胀缩，是个人心理上所需要的最小的空间范围，他人对这一空间的侵犯与干扰会引起个人的焦虑和不安。

个人空间是一个针对来自情绪和身体两方面潜在危险的缓冲圈，起着自我保护作用：避免过多的刺激、防止应激造成的过度唤醒、弥补亲密性不足、防止身体受到他人攻击。事实上，当个人感到有人闯入自己的空间时，在逃离之前常常会在行为上做出一些复杂的反应，如改变脸的朝向或调节椅子的角度等。

(2)人际距离。个人空间影响人际距离，人与人之间的距离决定了在相互交往时何种渠道成为最主要的交往方式。人类学家霍尔在以美国西北部中产阶级为对象进行研究的基础上，将人际距离概括为四种：密切距离、个人距离、社会距离和公共距离，如图4.6所示。

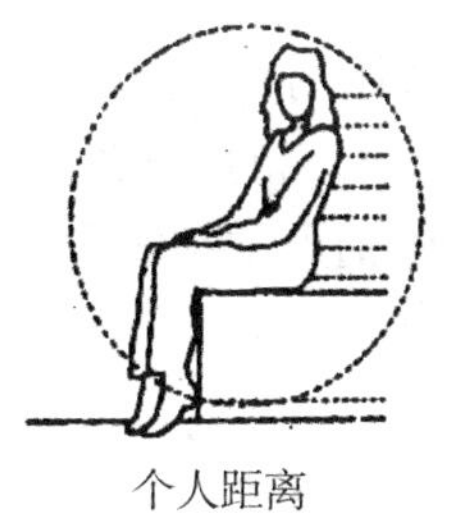
个人距离

社交距离

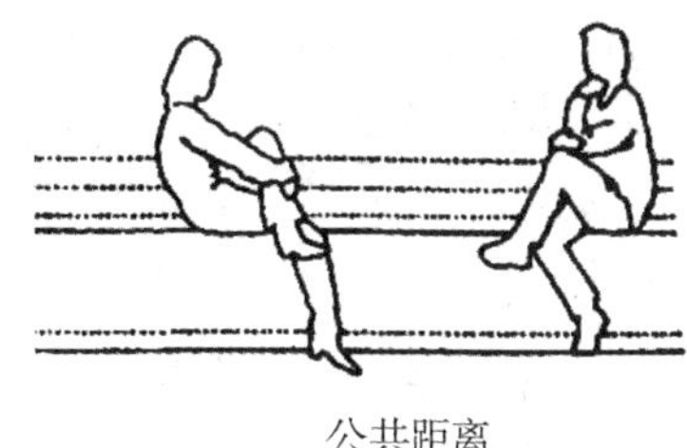
公共距离

图 4.6　人际距离示意图

密切距离为 0~0.45m，小于个人空间，人在公共场所与陌生人处于这一距离时会感到严重不安，人们用避免谈话、避免微笑和注视来取得平衡。

个人距离为 0.45~1.20m，与个人空间基本一致。处于该距离范围内，能提供详细的信息反馈，谈话声音适中，言语交往多于触觉，适用于亲属、师生、密友握手言欢，促膝谈心，或日常熟人之间的交谈。

社交距离为 1.20~3.60m，随着距离增大，在视野范围内可看到对方全身及其周围环境。这一距离常用于个人的事务性接触，如同事之间商量工作；远距离还起着互不干扰的作用，观察发现，即使熟人在这一距离出现，坐着工作的人不打招呼继续工作也不为失礼；反之，若小于这一距离，即使陌生人出现，坐着工作的人也不得不招呼问询。

公共距离为 3.6~7.6m 或更远，这是演员或政治家与公众正规接触所用的距离。此时无细微的感觉信息输入，无视觉细部可见，为表达意义差别，需要提高声音、语法正规、语调郑重、遣词造句多加斟酌，甚至采用夸大的非言语行为(如动作)辅助言语表达。

2)私密性

私密性的层次，从空间的等级来分析，可分为：公共空间、半公共空间、半私密空间、私密空间。

(1)公共空间。公共空间是在私密性的最外围。在公共空间中最多陌生人的交流就是在市区的街道、广场和公园等，人们都进行着从视觉接触到声音传递的活动。总而言之，在公共空间设计中应该考虑参与者的私密性，即对空间进行合理有效的安排。

(2)半公共空间。半公共空间包括公寓走廊、组团内部的绿地等较私密的区域，这种空间重在创造一个能鼓励社会交流，同时又能提供一种控制机制以减少此类交流。在一些特殊的公共场合如图书馆，其座位按离心式布置，这样对于和别人交流造成一定障碍，正好符合图书馆需要安静而非嘈杂的环境氛围。

(3)半私密空间。半私密空间包括开放式办公室、教师休息室等，这些空间只有特定的人可使用，要充分考虑人的私密性，如果视线或声音的传递方面处理不当会出现各种问题。

(4)私密空间。私密空间针对性比较强，它是针对一个或几个人的空间，如住宅中的卧室、私人办公室等，使用这些空间不需要和别人的行为发生关联，这些空间是人在生活中的真实需要。

3)领域性

领域行为以占有和防卫为主，采用的方法有个人化和做标记、领域防卫、领域的占有和使用等。

(1)个人化和做标记。要使个人化标记有效，需要明示或暗示领域的归属。界线上的界标就是一种典型的明示。人们往往在主要领域和次要领域中建立个人化的标志物。譬如某个人办公室贴个牌子，上面写上名字就是个人化领域行为。而做标记则常常发生在公共领域，如学校、图书馆等。同学们为了使自己在图书馆的位子不被别人占据，在离开时会放上一些书本，这种为领域建立暗示线索的行为就是做标记。

(2)领域防卫。领域限定的实质要素从弱到强可以分为标志物、屏障和墙体。标志物可以分为空间和字符性两个方面。空间方面如空间中顶棚的高低、地坪高度的变化、地面材质和铺设方式的变化、照明的造型和颜色变化等。比这更明确的就是数字和符号。屏障，包括玻璃、竹篱等隔断，比墙体更有选择性，它们通常只分隔一到两个感官的感触，因而它们既把人们分开，又把人们联系起来。

(3)领域的占有和使用。生活中简单地占有和使用场所也是向人们表明对领域控制的一种方式。一个地区的使用特性常常由使用者的活动内容来决定。而一些简单的物品就可以控制同一场所反复使用而养成的领域权。譬如在公园中的某块绿地，常用来做野餐的场地，久而久之，游客们就默许了这一区域的活动性质。

2. 外部空间中的行为习性

1)动作性行为习性

有些行为习性的动作倾向明显，几乎是动作者不假思索作出的反应，因此可以在现场对这类现象简单地进行观察、统计和了解。但正因为简单，有时反而无法就其原因作出合理解释，也难以揣测其心理过程，只能归因于先天直觉、生态知觉或后天习得的行为反应。

(1)抄近路。抄近路习性可说是一种泛文化的行为现象。对于这类穿行捷径，有两种解决办法：一是设置障碍(围栏、土山、矮墙、绿篱、假山和标志等)，使抄近路者迂回绕行；二是在设计和营建中尽量满足人的这一习性，并借以创造更为丰富和复杂的建成环境。

图 4.7　人总是偏爱逗留在倚靠物附近

(2) 靠右(左)侧通行。道路上既然有车辆和人流来回，就存在靠哪一侧通行的问题。对此，不同国家有不同的规定：在中国靠右通行，而在日本却靠左通行。明确这一习性并尽量减少车流和人流的交叉，对于外部空间的安全疏散设计具有重要意义。

(3)依靠性。人并非均匀散布在外部空间之中，而且也不一定停留在设计者认为最适合停留的地方。观察表明，人总是偏爱逗留在柱子、树木、旗杆、墙壁、门廊以及建筑小品等倚靠物的周围和附近(图 4.7)。从空间角度考察，“依靠性”表明，人偏爱有所凭靠地从一个小空间去观察更大的空间。这样的小空间既具有一定的私密性，又可观察到外部空间中更富有公共性的活动。

2)体验性行为习性

(1)看与被看。“看人也为人所看”在一定程度上反映了人对于信息交流、社会交往和社会认同的需要。通过看人，了解到流行款式、社会时尚和大众潮流，满足人对于信息交流和了解他人的需求；通过为人所看，则希望自身为他人和社会所认同。通过视线的相互接触加深了人们相互间的表面了解，为寻求进一步交往提供了机会，从而加强了共享的体验。

(2)围观。围观的现象既反映了围观者对于进行信息交流和公共交往的需要，也反映了人们对于复杂和丰富刺激尤其是新奇刺激的偏爱，比如在外部空间下棋就很容易引起周围人的围观(图 4.8)。《为人的行为而设计》一书强调，外部空间中的这些场景，对人，尤其是对儿童的学习和参与社会活动具有重要的影响。但是，事物有正面也有反面，毕竟不少围观增加了交通拥挤，前推后拥还随时可能发生各种意外。因此，在外部空间设计中应合理和妥善地满足这一行为需求。

图 4.8　在外部空间中下棋很容易引起周围人围观

(3)安静与凝思。寻求安静是对繁忙生活的必要补充，也是人的基本行为习性之一。传统城市中存在着许多安静的区域，供人休息、散步、交谈或凝思，它们不是公园却胜似公园，为憋气、烦心和伤神的城市提供了一块吐故纳新和养心安神的宝地。在环境设计中，运用各种自然和人工元素隔绝尘器，创造有助于安静和凝思的场景，会在一定程度上缓解城市应激，并能与富有生气的场景整合，起到相辅相成的作用。

行为习性不同于空间行为中的私密性、个人空间和领域性等概念。大致说来，后者是人在使用空间时的基本心理需要，是人的生物性和社会性需要相结合的产物，可因时代、群体、文化而改变其部分内容或程度，但并不改变其实质。因此，这些基本心理需要带有普遍性。行为习性则是可观察到的现象或倾向，只适用于一部分人，仅带有一定程度的普遍性。

4.2.2 基于环境心理学的外部空间设计策略

通过对人们在外部空间中的心理及行为习性的总结可知，一个具有活力的外部空间既需要有生气，也需要为人们提供一定的私密性空间。倘若外部空间不能满足人们心理与行为习性的需求，最终必将走向衰落。

1. 增强空间生气

由于规划和设计不当，不少城市的外部空间遭到冷落和废弃。针对这一背景，研究者提出了应加强空间的生气感，吸引居民合理使用外部空间，并参与其中的公共活动，以形成生机蓬勃和舒适怡人的环境。

1)活动人数与空间活跃度

活动人数可以粗略地反映出空间的活跃程度。根据霍尔的“人际距离”可估算出空间活动面积与活动人数比值的上限。当人际距离与身高之比大于4时，除了旁观和招呼等，人与人之间几乎没有其他什么相互影响；当这一比值小于2时，相互间有了更多的感觉、表情、语言和动作方面的联系，气氛就转向活跃；当比值小于1时，熟人会产生密切感，陌生人却只能产生压迫感，甚至拥挤感。由此推论，以中国男子平均身高1.67m计算，要使一个空间具有生气感，空间活动面积与活动人数比值的上限不宜大于$40m^2$/人；当比值小于$10m^2$/人时空间气氛转向活跃；当比值小于$3m^2$/人时，是否有可能产生拥挤感，则取决于活动群体的性质、活动内容和强度以及当时当地的情境等多种因素。

2)逗留行为与空间活力

逗留时的行为特点也会影响空间活力。开敞的空间应该在其周围设有带状的活动场所，并设置相关的公共设施，逐渐吸引过往行人逗留，使人可以随着人流参与活动。一旦空间周围形成许多小的活动群组，它们很可能开始相互涉及和交叠，并把人群及其活动引向空间的中心。如果周围缺乏供人自然逗留的地方，就难以形成富有生气的公共生活，即使行人众多，也只能是穿行而过。

另外，外部空间中公众使用的建筑应该以开敞为主，长廊、花架和亭子等是符合这一行为特点的设施。向阳也是使空间获得生气感的必要条件之一，绿化、水景、动物等自然和生物要素也对空间的生气感起着重要的作用。

2. 创造私密性活动空间

形成视听隔绝是获得景观空间私密性的主要手段。视觉方面，在尺度较大的空间中，多采用小乔木、假山、石壁等作障景处理，不仅可造成先抑后扬的景观效果，而且有助于保持区域的私密和安静。较小尺度的空间可用绿篱、树丛、岩石等自然元素及矮墙、小品等人工元素造成视觉遮挡。在街头绿地中，对私密性要求较高的游人常面向绿篱、背对道路就座或者干脆使用临时道具遮挡，设计应针对这类行为做出适当处理。此外，应设计过渡空间以对外来干扰起到一定的缓冲作用，保证空间的私密性。

3. 合理满足人的行为习性

在设计中，合理满足人的行为习性会吸引使用者，从而增加外部空间的使用频率和时间。但是外部空间设计只能在一定程度上满足某些行为习性，做到合情合理、适可而止即可。此外，也必须充分考虑特定习性所产生的不利影响，因此，有必要进行设计前的调研和使用后的评估，以便为建设和改建提供基于行为的资料，同时设计应尽可能留有余地。

4.3　基于生态理念的景观规划方法

景观生态规划是 20 世纪 50 年代以来从欧洲和北美景观建筑学中分化出来的一个综合性应用科学领域，涵盖地质学、地理学、生态学、景观生态学、景观建筑学以及社会、经济和管理等学科领域。随着景观生态学向应用领域的拓展，景观生态规划作为其主要应用方向，已形成一套完整的方法体系。本节将概述景观生态规划的有关原理、规划的方法和步骤。

4.3.1　景观生态学基本概念

景观生态学强调空间格局、生态过程与尺度之间的相互作用，同时将人类活动与生态系统结构和功能相整合也是景观生态学的重要学科特点和研究趋势。其中，空间异质性被广泛地认为是景观生态学的核心问题。景观生态学的研究对象和内容可概括为 3 个基本方面。

景观结构：即景观组成单元的类型、多样性及其空间关系。

景观功能：即景观结构与生态学过程的相互作用，或景观结构单元之间的相互作用。

景观动态：即景观在结构和功能方面随时间的变化。

景观的结构、功能和动态是相互依赖、相互作用的。无论在哪一个生态学组织层次(如种群、群落、生态系统或景观)上，结构与功能都是相辅相成的。结构在一定程度上决定功能，而结构的形成和发展又受到功能的影响。

组成景观的结构单元有 3 种：斑块(patch)、廊道(corridor)和基底(matrix)。斑块泛指与周围环境在外貌或性质上不同，并具有一定内部均质性的空间单元。廊道是指景观中与相邻两边环境不同的线性或带状结构。常见的廊道包括农田间的防风林带、河流、道路、峡谷及输电线路等。基底则是指景观中分布最广、连续性最大的背景结构。

这些基础理论，为景观规划设计提供了生态学角度的依据，促进了景观设计的可持续性发展。

4.3.2　景观生态规划设计步骤

景观生态规划涉及规划区内景观生态调查、景观生态分析、景观综合评价与规划的各方面。其内容包括景观生态调查、景观生态分析、规划方案分析评价三个相互关联的方面，一般应遵循以下 8 个具体的步骤(图 4.9)。

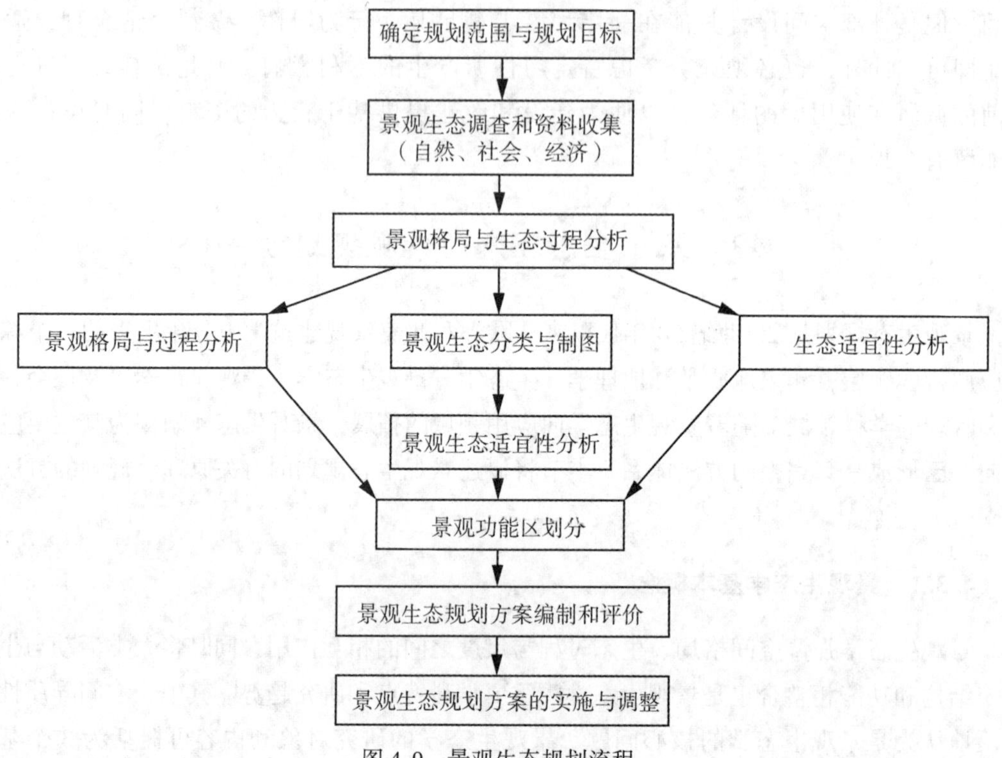

图 4.9　景观生态规划流程

1. 确定规划范围与规划目标

规划范围由政府有关部门提出，按尺度大小分为区域尺度、城镇与自然保护区、公园与景区等。规划目标依对象和目的而有所不同，一般可分为 3 类：以生物多样性保护为主要目标的自然保护区规划；以自然资源合理开发为主要目标的自然资源开发利用规划；以调整不合理的景观格局为主要目标的景观结构调整规划。

2. 景观生态调查和资料收集

组织跨学科团队进行调查，收集规划区域的资料与数据，了解规划区域的景观结构与自然过程、生态潜力、社会经济及文化情况，获得对规划区域的整体认识，为以后的景观生态分类与生态适宜性分析奠定基础。具体调查内容详见表 4-8。

表 4-8　**调查内容汇总表**

因素	类别	具体内容
自然地理因素	地质	基岩层、土壤类型、土壤的稳定性、土壤生产力等
	水文	河流分布、地下水、地表水、洪水、侵蚀和沉积作用等
	气候	温度、湿度、雨量、日照、降雨及其影响范围等
	生物	生物群落、植物、动物、生态系统的价值、变化和控制

续表

因素	类别	具体内容
地形地貌因素	土地构造	水域、陆地外貌、地势、坡度分析
	自然特征	陆地、植被、景观价值
	人为特征	区界、场地利用、交通旅游、建筑设施、公共建筑等
文化因素	社会影响	规划区财政力及发展目标、居民的态度和需求、历史价值、邻近区域情况
	经济因素	土地利用构成、土地价值、产业结构、税收结构、地区产值及居民收入、地区增长潜力等
	政治和法律约束	行政范围、分区布局、环境质量标准等

3. 景观格局与生态过程分析

按照景观受人类活动影响的程度，景观可分为自然景观、经营景观和人工景观三大类。它们具有明显不同的景观空间格局，可以用景观优势度、景观多样性、景观均匀度、景观破碎化度、网络连通性等一系列指标衡量，它们在不同方面反映了景观结构特点及人类活动强度。

景观中的生态过程包括能流、物流和有机体流，它们通过风、水、飞行动物、地面动物和人类等五种驱动力的作用，以扩散、传输和运动的方式在景观尺度上迁移，从而导致能量、物质和有机体在景观中的重新集聚和分散，形成不同的土地利用方式。除自然景观外，由于人类经济活动的影响，景观中生态系统能流、物流过程带有强烈的人为特征，通过对规划区生态过程(物流、能流)分析，可深入认识规划区景观与当地经济发展的关系。

因此，对景观、格局、生态过程进行分析，可进一步加深对规划区景观的理解，有助于在规划中合理制定、调整或构建新的景观结构方案，增强景观的异质性和稳定性。

4. 景观生态分类与制图

景观生态分类可从景观的结构和功能两个方面考虑，在此基础上绘制景观生态图，概括地反映规划区景观生态类型的空间分布模式和面积比例关系。地理信息系统在景观生态制图中优势明显，能节约许多时间和精力，它可以将有关景观生态系统空间现象的景观图、遥感影像解译图和地表属性特征等转换成一系列便于计算机管理的数据，并通过计算机的存储、管理和综合处理，根据研究和应用的需要输出景观生态图。

5. 景观生态适宜性分析

景观生态适宜性分析是景观生态规划的核心，它以景观生态类型为评价单元，根据景观资源与环境特征、发展需求与资源利用要求，选择有代表性的生态特征(如降水、土壤肥力、旅游价值等)，从景观的独特性、景观的多样性、景观的功效性、景观的宜人性或景观的美学价值入手，分析景观要素类型的资源质量以及与相邻景观类型的关系，确定景观类型对某一景观利用方式的适宜性和限制性，划分适宜性等级。

6. 景观功能区划分

在景观生态适宜性评价的基础上，按照景观结构特征、景观的生态服务功能、人类的生产和文化要求，将区域景观划分为不同的功能区，以形成合理的景观空间结构，有利于协调区域自然、社会和经济三者之间的关系，促进区域的可持续发展。

每一种景观类型都可能有多种利用方式，在提出功能区划分建议时，还要考虑如下问题：目前景观或土地利用的适宜性；现有景观的特征和人类活动的分布；改变现有利用方式是否可能、技术上是否可行；寻求其他供选建议的可能性、必要性和可行性。

7. 景观生态规划方案编制和评价

基于以上步骤可以对区域景观的利用提出多种可供选择的规划方案与措施，但这些方案是否合理可行，是否满足可持续发展的要求，还要对其进行深入的分析评价，通常包括成本-效益分析和持续发展能力评价。

8. 景观生态规划方案的实施和调整

为保证方案的顺利实施，需要制定详细的景观结构和空间格局调整、重建、恢复和管理的具体技术措施，并提出实现规划目标所需的资金、政策和其他外部环境保障条件。同时，根据外部环境条件的变化，还应及时对原规划方案进行补充和修订，达到对景观资源的最优管理和景观资源的可持续利用。

以上介绍了景观生态规划的基本步骤，具体到某一项目时，未必都要面面俱到，可以根据具体情况有所侧重。

本章小结

(1)视觉、听觉和嗅觉是对景观规划设计极为重要的三个感官。基于视觉的景观规划设计应考虑观赏点与观赏距离、观赏方式与造景手法、动态观赏和游线设计等几方面；基于听觉的景观规划设计应考虑空间规模大小、用地的自然保护和可持续性、声景功能分区、声景观与其他环境要素及园林空间的关系等几方面；基于嗅觉的景观规划设计应考虑种植芳香植物、消除消极气味等几方面。

(2)从心理学的角度出发，增强空间生气、创造私密性活动空间、合理满足人的行为习性等设计方法可有效提高景观活力。

(3)以生态学为导向的景观规划设计一般应遵循以下 8 个具体步骤：确定规划范围与规划目标、景观生态调查和资料收集、景观格局与生态过程分析、景观生态分类与制图、景观生态适宜性分析、景观功能区划分、景观生态规划方案编制和评价、景观生态规划方案的实施和调整。

思考题

1. 基于视觉、听觉和嗅觉的景观规划设计的原理和方法各有哪些？
2. 心理学中将人际交往的距离分为哪几类？就私密性而言，空间可划分为哪几类？
3. 景观生态学的基本概念是什么？景观规划设计的流程是怎样的？

第 5 章　城市道路景观规划设计

城市道路景观是城市重要的线性景观，是城市景观的重要组成部分，其质量好坏直接体现一个城市的景观质量，代表着一个城市的形象。从更深的角度讲，它还可以反映一个城市的政治、经济、文化水平。本章阐述了城市道路的分级、景观格局及其设计原则，并从调研分析、设计定位、城市道路绿化横断面设计、城市道路绿地景观设计以及道路景观特征与速度的关系等方面介绍了城市道路的景观规划设计。

5.1　城市道路景观概述

5.1.1　城市道路的概念

城市道路是指城市建成区范围内的各种道路。城市道路是城市的骨架、交通的动脉、城市结构布局的决定因素。从功能层面上看，道路连接着起点和终点，是城市机动性得以实现的重要物质载体；从景观层面上看，道路是城市景观结构的重要组成要素，是体验城市形态的景观廊道，甚至可以成为城市的象征；从社会层面上看，道路又是各种社会活动展开的舞台，是城市精神的重要体现。

5.1.2　城市道路的分级

在《城市道路工程设计规范》(CJJ 37—2012) 中，依据道路在路网中的地位、交通功能及其对沿线的服务功能等，将城市道路分为快速路、主干路、次干路和支路四个等级，每个等级分别应符合以下规定：

(1)城市快速路是完全为机动车服务的，是解决城市长距离快速交通的汽车专用道路。快速路应中央分隔、全部控制出入、控制出入口间距及形式，应实现交通连续通行，单向设置不应少于两条车道，并应设有配套的交通安全与管理设施。快速路两侧不应设置吸引大量车流、人流的公共建筑物的出入口。

(2)城市主干路是连接城市主要功能区、公共场所等之间的道路。主干路应连接城市各主要分区，以交通功能为主。主干路两侧不宜设置吸引大量车流、人流的公共建筑物的出入口。

(3)城市次干路是联系城市主干路的辅助交通线路，次干路应与主干路结合组成干路网，应以集散交通的功能为主，兼有服务功能。

(4)城市支路是次干路与街坊路的连接线，解决局部地区交通，以服务功能为主。各个街区之间的道路一般属于城市支路。支路宜与次干路和居住区、工业区、交通设施等内部道路连接。

好的道路景观规划设计，必须从基本出发，明确道路的分级，以便根据该道路的各种要素设计个性化特征，从而使道路和人之间产生对话，提升城市环境质量，营造具有亲切感与和谐感的城市空间，增强城市人文风貌。

5.1.3 城市道路的景观格局

历史上，城市道路景观呈现出各种形态。不同的道路景观格局源于不同的文化传统和习俗，不同线形的道路形式也给人以不同的视觉感受，并渲染出城市的文化性格。归纳起来，城市道路景观主要有格网形、环状放射形、不规则形和复合形等格局(图5.1)。

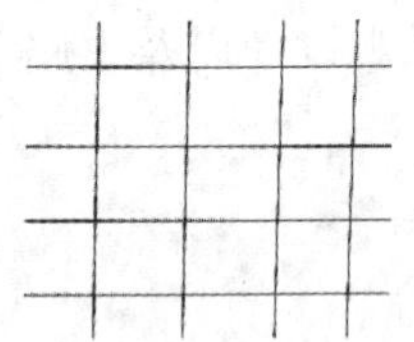

（a）格网形景观格局

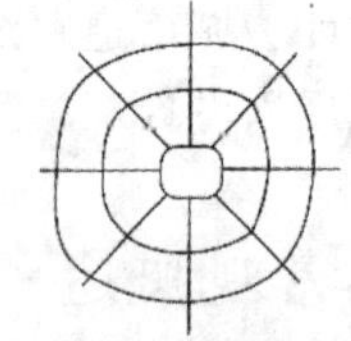

（b）环状放射形景观格局

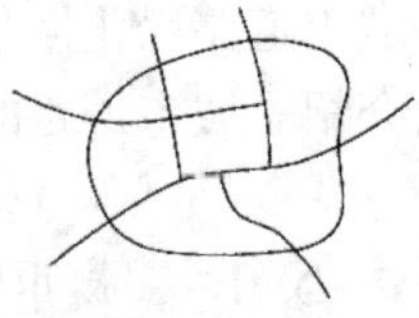

（c）不规则形景观格局

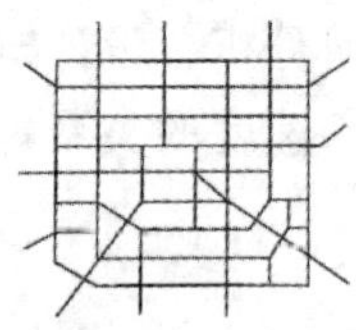

（d）复合形景观格局

图5.1 城市道路景观格局

1. 格网形景观格局

格网形景观格局也被称为格栅形景观格局，其基本特征在于道路呈现出明显的横平竖直的正交特征。这种景观特征具有很大的优势，例如便于安排建筑与其他城市设施、利于辨认方位、使城市富于可生长性等。

中国传统城市大多以格网形道路格局为主要景观特征，由于大多数传统城市是由里坊制演化而来，因而城市道路形态往往是由规划粗放的网格道路和自发生长的小街巷叠加形成。

2. 环状放射形景观格局

环状放射形景观格局，其主要特征在于道路系统呈现明显的环状，并围绕某一中心区域逐步展开，从而形成具有明显向心性的圈层景观形态。其中，圆形道路景观格局具有明显的核心，因而此类道路景观常常被应用于需要明确突出城市核心的场合。

3. 不规则形景观格局

在“自下而上”这种城市生长模式下发展起来的城市中，城市道路较多地体现出不规则的形态特征。道路形态大多因地制宜，很好地结合城市的地形特征，并呈现出一种随机、自然的特点。

4. 复合形景观格局

复合形景观格局就是将以上两种或多种类型的景观格局叠加在一起而形成的一种道路景观格局。复合形景观格局是在城市长期发展历程中逐步形成的，这种格局往往是在格网形景观格局的基础上，根据城市分阶段发展过程的需要，采用多种类型景观格局组合而成。复合形景观格局的优点是可以因地制宜，并能够很好地组织城市交通。

5.2　城市道路景观规划设计原则

城市道路是城市面貌、景观的载体，是城市景观的重要组成部分。作为体验城市环境景观的重要途径，城市道路的景观规划设计应当遵循功能性、生态性、文化性和形态美四个原则。

5.2.1　功能性原则

道路景观规划设计的目的在于创造舒适、愉悦的通行空间，因此道路的功能是进行道路景观规划设计时必须予以重视的内容。交通是道路的第一功能，它指人们能够方便、准确、及时地通过特定的道路到达目的地；空间功能主要是指道路作为城市公共空间的一部分，不仅集中了上下水道、电力电信、燃气等公共设施，还可以保证城市的通风和道路两侧建筑的采光，为人们提供休息、散步场所，在灾害到来时还具备避难的功能。除此之外，道路的功能还体现在照明和道路设施等方面。

5.2.2　生态性原则

道路景观规划设计不仅是对街道环境要素的美化，更是一个融合美学、环境生态、地形地貌等自然背景的复合设计。随着世界范围内环境运动的兴起以及当前人们对建设项目所造成环境影响的重视，道路作为城市的绿色廊道，其设计的生态性愈加成为道路景观设计的一个重要原则。

5.2.3　文化性原则

景观规划设计构思的灵感源于对地方文化风土特征的仔细研究。道路景观应对地方文化做出敏锐的回应，凸显文化特色，并使之成为展现地方文化的重要窗口。在设计中如何体现当地文化特征已受到越来越多设计师的重视。

5.2.4　形态美原则

形态美原则包括比例、尺度、色彩、韵律、节奏等形态构图方面的准则，它是衡量道路景观设计品质的重要标准之一。美学视角下的道路景观规划设计应注意多样统一的整体景观形象，强调视野内的空间景象与道路的景观相协调，组织鲜明清晰的道路景观序列以及精心设计道路景观节点。

5.3　城市道路景观规划设计内容与方法

道路景观是行人或乘客可以直接观赏到的景观，因此，景观规划设计直接影响到人们在通行空间中的感受。现代社会已不同于古代城市，新交通工具的出现造成城市路网组织形式的巨大转变，这对道路景观的形成有着直接的影响。古代的交通运输工具对人的步行活动产生不了威胁，但马车时代以及后来的汽车时代就不同了，道路的性质也发生了实质性的改变。由于人车混行、城市交通流量大，人们时刻面临着生命危险，生活环境遭受着废气、噪声等各类污染。针对这些情况，城市规划和城市设计就需要考虑通过调整道路的功能和路网形式来改变城市交通形象，如加强步行空间的连续性，实行人车分离的道路设计原则等各类措施，从而使道路景观规划设计有了决定性的转变。

城市道路景观规划设计方法有一定的特殊性，不仅要考虑景观本身功能上的要求，更要注重和行车安全的结合，必须综合多方面的因素进行考虑。在对城市道路景观的概念定义以及设计原则有了全面的了解之后，本节将按照城市道路景观规划设计的一般步骤对其景观规划设计方法进行介绍。

5.3.1　调研分析

与其他类型的绿地占地形式相比较，道路绿地呈线形贯穿城市，沿路情况复杂，并且和交通关系密切，因此，调研的内容有一定的特殊性。调研的内容一般分为收集资料、现场调研、整理分析三部分。

1. 收集资料

在接到设计任务后，首先要收集相关的基础资料，这些基础资料除了包括气象、土壤、水体、地形、植被等自然条件资料之外，也包括道路本身所蕴含的历史人文资料，以及相关的道路设计规范、城市法规等设计规范资料。其次，还应了解该条道路上市政设施和地下管网、地下构筑物的分布情况以及从城市规划和城市绿地系统规划中了解该条道路的等级和景观特色定位。

2. 现场调研

收集资料后，应当进行现场调研。现场调研时，要结合现场地形图进行记录，重点调查道路的现状结构、交通状况，道路绿地与交通的关系，人们的活动行为，道路沿线及其周边用地的性质、建筑的类型及风格、沿途景观的优劣等。以便在进行该道路绿地设计时，设计者能有效地结合周边环境，使绿地在保证交通安全，合理考虑其功能和形式的前提下，充分利用道路沿线的优美景观。

3. 整理分析

在调研之后需要对收集的资料进行整理和分析。整理资料包括对前期基础资料的整理和对现场调研资料的整理。根据所整理的资料提供的信息，分析出基地现状的优势和不足，并结合设计委托方的意见，提出规划设计的目标及指导思想，为下一步设计的定位和方案的深化提供科学合理的依据。

5.3.2　目标定位

合理准确的定位是展开道路景观规划设计所不可缺少的环节，是道路景观规划设计的灵魂，也是道路景观规划设计质量的评价标准之一。

道路的设计定位是指确定这条道路的景观风格和特色。影响道路规划设计定位的因素很多，包括城市的性质、历史文化、生活习俗等。有些城市会做城市道路绿地系统专项规划，更加清楚系统地为每条道路定位，例如是将道路分为城市综合性景观路、绿化景观路还是一般林荫路。将对城市综合景观起重要作用的城市主干道及重要次干道规划为综合性景观路，将城市对外交通主干道及城市快速路规划为绿化景观路，其余道路规划为林荫路。这些都为道路景观的进一步准确详细的定位提供了参考依据。

5.3.3　城市道路绿化横断面设计

1. 横断面的组成

城市道路横断面由车行道、人行道和道路绿带等组成。其中，车行道由机动车道、非机动车道组成。通常是利用立式缘石把人行道和车行道布置在不同的位置和高程上，以分隔行人和车辆交通，保证交通安全。机动车和非机动车的交通组织是分隔还是混行，则应根据道路和交通的具体情况分析确定。

道路绿带分为分车绿带、行道树绿带和路侧绿带：

(1)分车绿带指车行道之间可以绿化的分隔带。位于上下行机动车道之间的为中间分车绿带；位于机动车道与非机动车道之间或同方向机动车道之间的为两侧分车绿带。

(2)行道树绿带指布设在人行道与车行道之间，以种植行道树为主的绿带。

(3)路侧绿带指在道路侧方布设在人行道边缘至道路红线之间的绿带。

2. 横断面的形式

城市道路横断面根据车行道布置形式分为四种基本类型，即一板二带式、两板三带式、三板四带式、四板五带式。此外，在某些特殊路段也可有不对称断面的处理。

一板二带式，指道路断面中仅有一条车行道。这条车行道可以为机动车和非机动车同时提供双向行驶空间，同时在车行道与人行道之间栽种两条行道树绿带。一板二带式由于仅使用了单一的乔木，布置中难以产生变化，常常显得较为单调，所以通常被用于车辆较少的街道或中小城市的道路(图 5.2)。

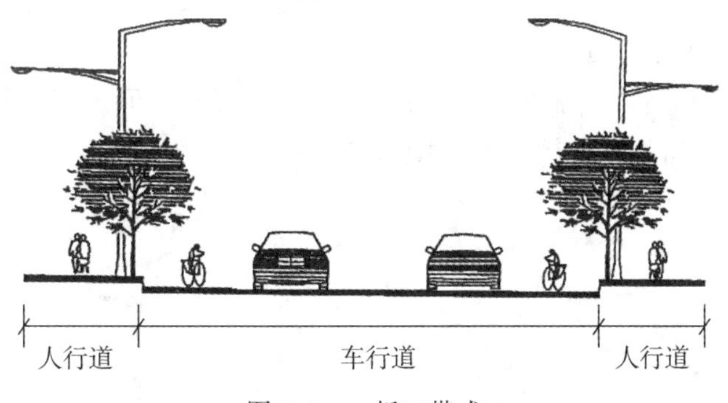

图 5.2　一板二带式

两板三带式，指在一板二带式的车行道基础上增加一条分车绿带的形式。分车绿带的作用是将不同方向行驶的车辆隔开。两板三带式的布置形式，可以消除相向行驶的车流间的干扰。但与一板二带式绿化相同，此类布置依旧不能解决机动车与非机动车争道的矛盾，因此两板三带式主要用于机动车流较大、非机动车流量不多的地带(图 5.3)。

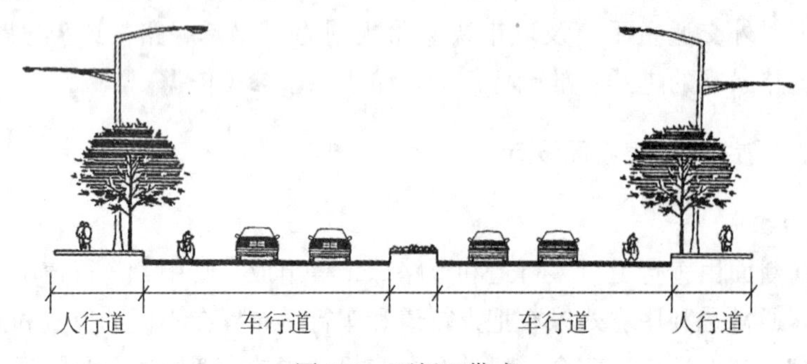

图 5.3　两板三带式

三板四带式，指用两条分车绿带把车道分成三部分的形式，两旁是单向的非机动车道，中间是双向的机动车道。这种断面布置形式适用于非机动车流量较大的路段(图 5.4)。

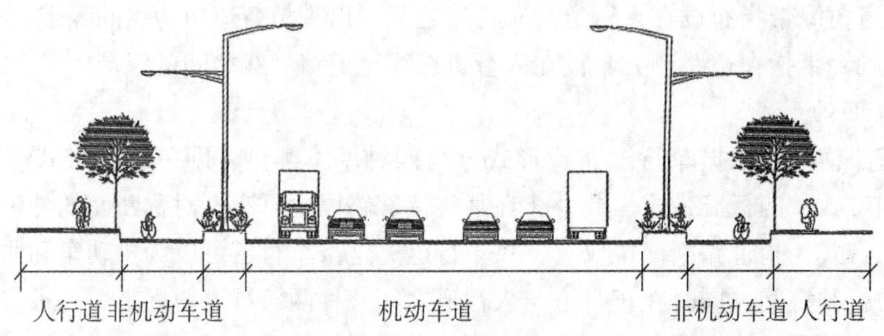

图 5.4　三板四带式

四板五带式，指用三条分车绿带将车行道分成四个车道的形式。其中，机动车和非机动车的车道均为单向行驶车道，两侧为非机动车道，中间为机动车道。四板五带式可避免相向行驶车辆间的相互干扰，有利于提高车速、保障安全，但道路占用的面积也随之增加。所以在用地较为紧张的城市不宜采用(图 5.5)。

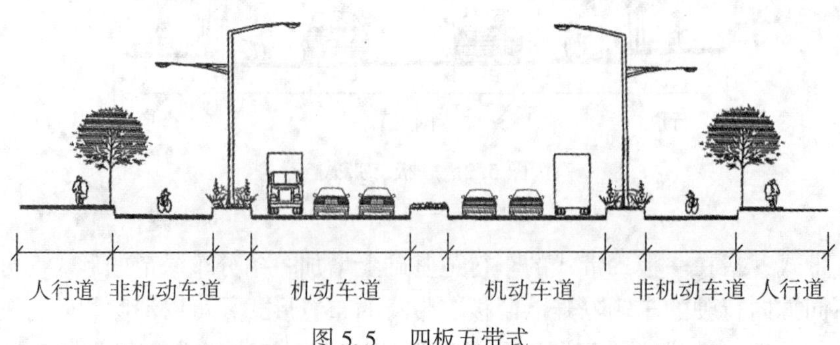

图 5.5　四板五带式

3. 横断面设计要点

道路横断面设计应按道路等级、服务功能、交通特性并结合各种控制条件，在规划红线宽度范围内合理布设。

对于快速路，当两侧设置辅路时，应采用四板五带式；当两侧不设置辅路时，应采用两板三带式。主干路宜采用四板五带式或三板四带式；次干路宜采用一板二带式或两板三带式，支路宜采用一板二带式。对设置公交专用车道的道路，横断面布置应结合公交专用车道位置和类型全断面综合考虑，并应优先布置公交专用车道。同一条道路宜采用相同形式的横断面。当道路横断面变化时，应设置过渡段。

5.3.4　城市道路绿地景观设计

道路的植物景观是构成道路景观的重要内容，它为原本生硬的城市道路添加了软质的效果，并对道路的特性进行了补充和强化，是道路景观生态性的一项重要体现。植物景观对道路交通的安全性也起着重要的作用。道路植物景观设计包括分车绿带设计、行道树绿带设计和交叉口设计(图 5.6)。

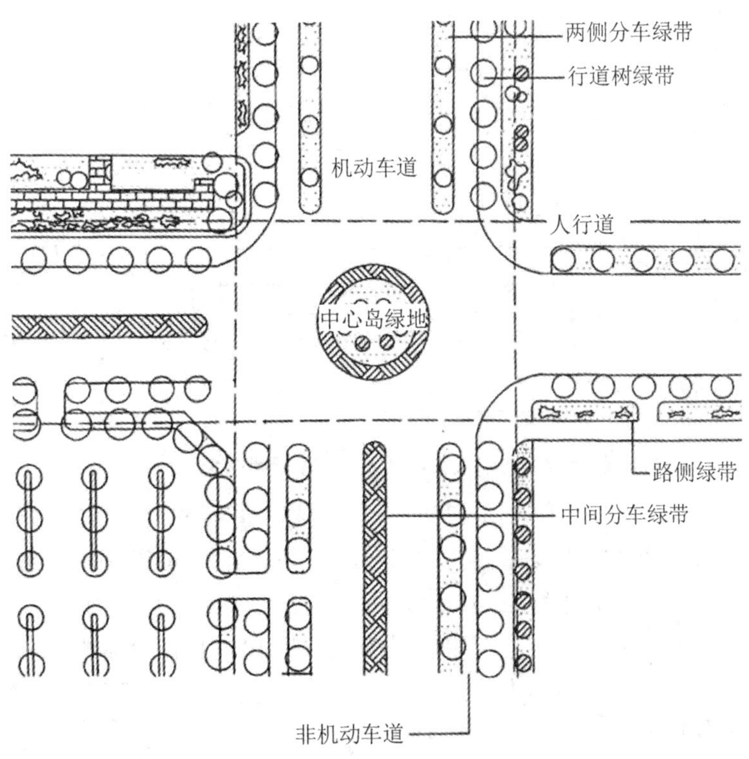

图 5.6　道路绿地景观设计示意图

1. 分车绿带景观设计

分车绿带设计的目的是将人流与车流分开，将机动车与非机动车分开，以提高车速，保证安全。

绿带的宽度与道路的总宽度有关。有景观要求的城市道路其分车绿带可以宽达 20m 以上，一般道路也需要 4～5m。市区主要交通干道可适当降低，但最小宽度应不小于 1.5m。

分车绿带以种植草皮和低矮灌木为主，不宜过多地栽种乔木，尤其是在快速干道上，因为司机在高速行车中，两旁的乔木飞速后掠会产生炫目，而入秋后落叶满地，也会使车轮打滑，容易发生事故。在分车绿带种植乔木时，其间距应根据车速情况予以考虑，通常以能够看清分车绿带另一侧的车辆、行人的情况为度。在乔木中间布置草皮、灌木、花舟、绿篱，高度控制在 70 厘米以下，以免遮挡驾驶员的视线。

在分车绿带设计中，中间分车绿带的设计是为了遮断对面车道上车灯光线的影响。汽车的种类不同，前灯高度、照射角、司机眼睛的高度都不同。由此，设计中应考虑这些因素的影响。遮光树木大小与间隔关系可用一个公式显示：$D = 2r/Ø$，其中，D 为种植间隔，r 为树冠半径，$Ø$ 为照射角。植物的高度是根据司机眼睛的高度决定的，一般汽车需要 150cm 以上，大型汽车需要 200cm 以上（图 5.7）。

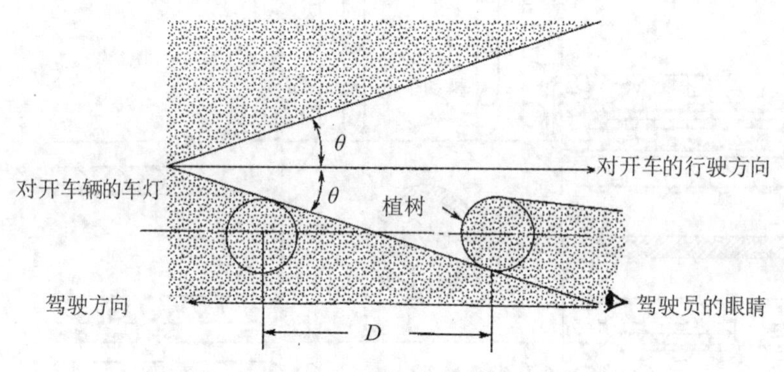

图 5.7　树木大小与树木间隔关系示意图

为便于行人穿越马路，分车绿带需要适当分段。一般在城市道路中以 75～100m 为一段较为合适。分段过长会给行人穿越马路带来不便，而行人为图方便会在分车绿带的中间跨越，这不仅造成分车绿带的损坏，还将产生危险；分段过短则会影响车行的速度。此外，分车绿带的中断处还应尽量与人行横道、大型公共建筑以及居住小区等的出入口相对应，以方便行人的使用。

2. 行道树绿带景观设计

行道树是道路植物景观设计中运用最为普遍的一种形式，它对遮蔽视线、消除污染具有相当重要的作用，所以，几乎在所有的道路两旁都能见到其身影。其种植方式有树池式和种植带式（图 5.8）两种。

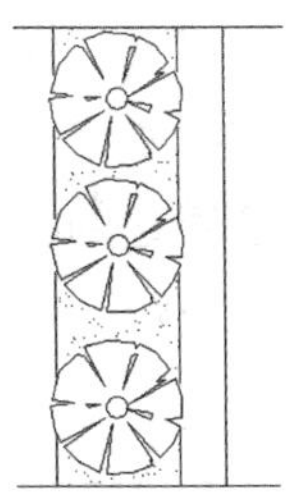 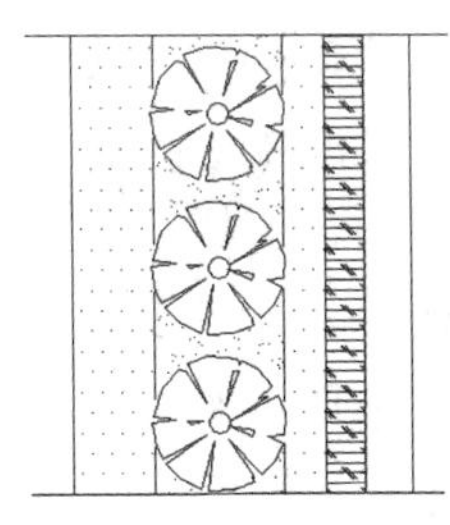 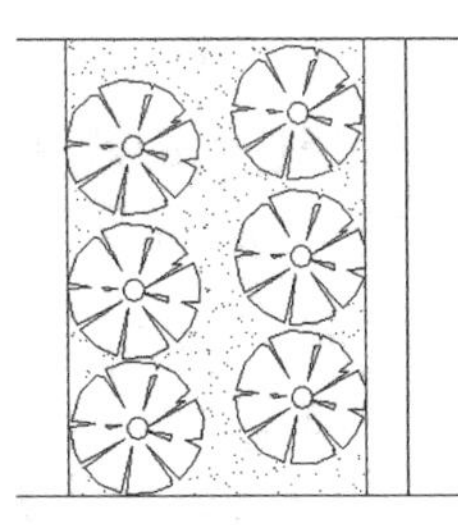 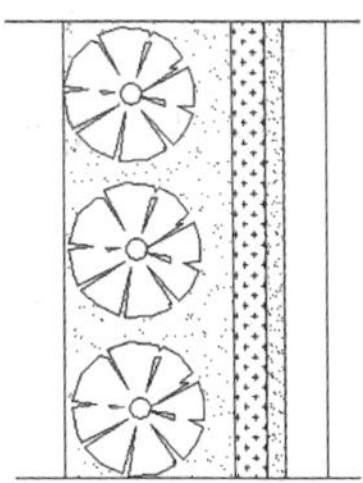

图 5.8　种植带式栽培示意图

1) 行道树种植方式

行道树种植方式见表 5-1。

表 5-1　**行道树种植方式**

种植方式	种植区域	设计要点	优缺点
树池式	行人较多或人行道狭窄的地段	树池可方可圆，矩形及方形树池容易与建筑相协调，圆形树池常被用于道路的圆弧形拐弯处。 行道树应栽种于树池的几何中心，这对于圆形树池尤为重要。方形或矩形树池允许一定的偏移，但要符合种植的技术要求。	由于树池面积有限，会影响水分及养分的供给导致树木生长不良，同时树与树之间增加的铺装不仅需要提高造价，而且利用效率也并不太高。所以，在条件允许的情况下应尽可能改用种植带式。
种植带式	人行道的外侧	为便于行人通行，在人行横道处以及人流较多的建筑入口处应予中断，或者以一定距离予以断开。有些城市的某些路段人行道设置较宽，除在车道两侧种植行道树外，还在人行道的纵向轴线上布置种植带，将人行道分为两半。内侧供附近居民和出入商店的顾客使用；外侧则为过往的行人及上下车的乘客服务。	种植带式绿化带较树池式有利，而且对植物本身的生长也有好处。

2) 行道树的树种选择

相对于自然环境，行道树的生存条件并不理想，光照不足，通风不良，土壤较差，供水、供肥都难以保证，而且还要长年承受汽车尾气、城市烟尘的污染，甚至时常可能遭受有意无意的人为损伤，加上地下管线对植物根系的影响，等等，都会有害于树木的生长发育。所以，选择对环境要求不十分挑剔、适应性强、生长力旺盛的树种就显得十分重要。

(1) 生长特性。树种的选择首先应考虑它的适应性。当地的适生树种经历了长时间的适应过程，产生了较强的耐受各种不利环境的能力。其抗病、抗虫害力强，成活率高，而且苗木来源较广，应当作为首选树种。其次，还需依据实际情况选择速生或缓生品种，或者综合近期规划和远期规划希望达到的效果予以合理配植。再次，根系的深浅也会影响行道树的选择，在易遭受强风袭击地段不宜选用浅根的行道树；而根系过于发达的树种因其下部小枝易伤及行人或根系隆起破坏路面而不宜选用。除了以上要求，行道树还应具有较强的耐修剪性，并要避免在可能与行人接触的地方选择带刺的树种。

(2)观赏特性。考虑到景观效果，行道树需要主干挺直，树姿端正，形体优美，冠大荫浓。落叶树以春季萌芽宜早，秋天落叶宜迟，叶色具有季相变化树种为佳。如果选择有花果的树种，那么应该具有花色艳丽、果实可爱的特点。植物开花结果是自然规律，作为行道树需要考虑花果有无造成污染的可能，即花果有无异味、飞粉或飞絮，是否会招惹蚊蝇等害虫，落花落果是否会砸伤行人、污染衣物和路面，会不会造成行人滑倒、车辆打滑等事故。

(3)主干高度。行道树主干高度需要根据种植的功能要求、交通状况和树木本身的分枝角度来确定，从卫生防护、消除污染的方面讲，树冠越大分枝越低，对保护和改善环境的作用就越显著，但同时行道树分枝也应保持足够的高度，因为分枝过低会为行人及车辆的通行带来妨碍。

一般来说，分枝在2m以上就不会对行人产生影响；考虑到公交车辆以及普通货车的行驶，树木横枝的高度就不能低于3.5m；如今许多地方选用双层汽车，那么高度要求会更高。考虑到各种车辆会沿边行驶，公交车要靠站停顿，所以行道树在车道一侧的主干高度至少应在3.5m以上(图5.9)。

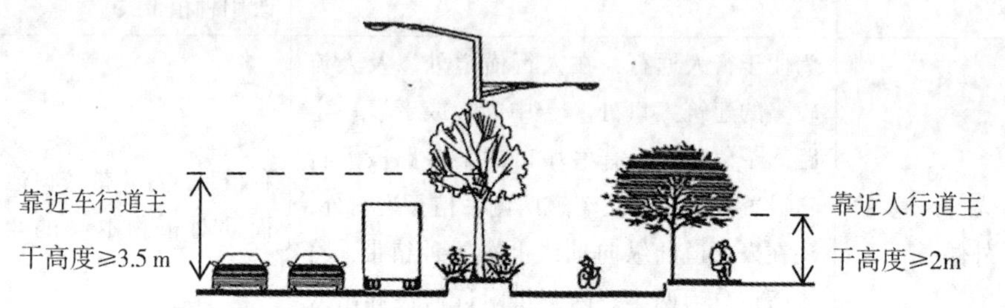

图5.9 行道树主干高度要求

此外，树木分枝角度也会影响行道树的主干高度，如钻天杨，因其横枝角度很小，即使种植在交通繁忙的路段，适当降低主干高度，也不会阻碍交通；又如雪松，横枝平伸，还带有下倾，若树木周围空间局促，就得提高主干高度，甚至避免选用。此外，行道树主干高度还受各种工程设施的影响，具体请参考相关标准。

3. 交叉口绿地景观设计

城市道路的交叉口是车辆、行人集中交汇的地方，车流量大，易发生交通事故。为改善道路交叉口人、车混杂的状况，需要采取一定的措施，其中合理布置交叉口的绿地就是最有效的措施之一。交叉口绿地由道路转角处绿地、交通绿岛以及一些装饰性绿地组成。

交叉口在平面形状上可以划分为三岔路(丁字路、Y 字路)、四岔路、五岔路及一些变形的式样，有的曲线形或 L 字路的拐角也是形成节点的点状场所。交叉点的空间作为道路网络的认知空间，这要求交叉点空间既要形成平面领域，也要兼有广场的印象(图 5.10)。

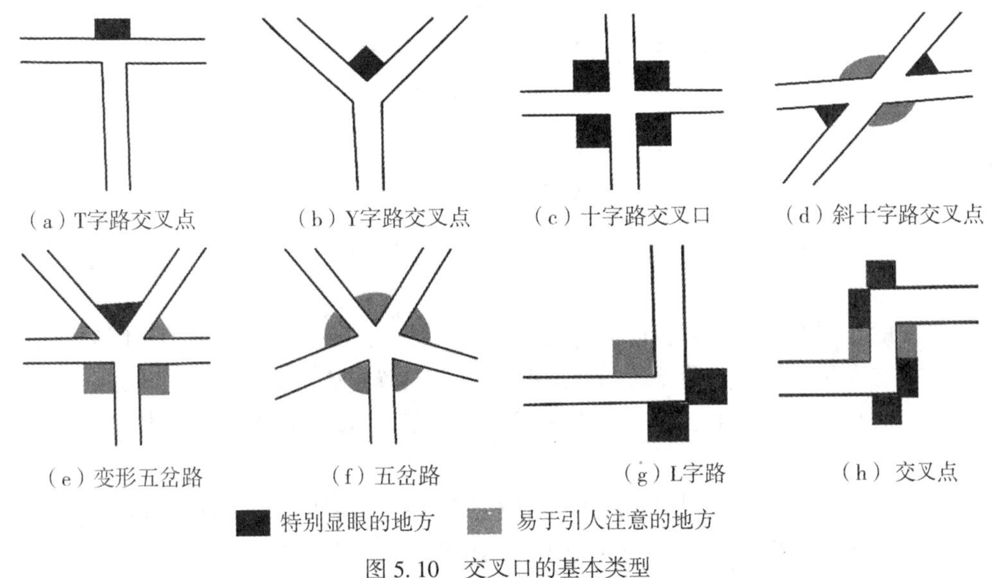

图 5.10　交叉口的基本类型

1)道路转角处绿地设计

为保证行车安全，交叉口的绿化布置不能遮挡司机的视线。要让驾车者能及时看清其他车辆的行驶情况以及交通管制信号，在视距三角区内不应有阻碍视线的遮挡物，同时安全视距应以 30~35m 为宜。当道路拐角处的行道树主干高度大于 2m，胸径在 40cm 以内，株距超过 6m，即使有个别凸入视距三角区也可允许，因为透过树干的间隙司机仍可以观察到周围的路况。若要在安全视距三角区布置绿篱或其他装饰性绿地，则植株的高度要控制在 70cm 以下(图 5.11)。

2)交通绿岛的设计

位于交叉口中心的交通绿岛具有组织交通、约束车道、限制车速和装饰道路的作用，依据其不同的功能又可以分为中心岛(俗称转盘)、方向岛和安全岛等。

(1)中心岛。中心岛主要用以组织环行交通，进入交叉路口的车辆一律按逆时针方向绕岛行驶，可以免去交通警察和红绿灯的使用。中心岛的平面通常为圆形，如果道路相交的角度不同，也可采用椭圆、圆角的多边形等。中心岛的最小半径与行驶到交叉口处的限定车速有关，目前我国大中城市所采用的圆形中心岛直径一般为 40~60m(图 5.12)。由

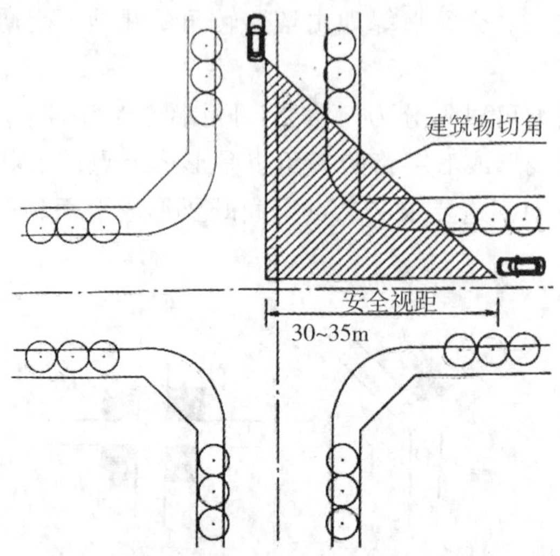

图 5.11　安全视距三角区示意图

于中心岛外的环路要保证车流能以一定的速度交织行驶，受环道交织能力的限制，在交通流量较大或有大量非机动车及行人的交叉路口不宜设置中心岛。如上海市区因交通繁忙，行人与非机动车量极大，中心岛的设置反而影响行车，所以到 1987 年基本淘汰了中心岛的运用。

(2)方向岛。方向岛主要用以指引车辆的行进方向，约束车道，使车辆转弯慢行，保证安全。其绿化以草皮为主，面积稍大时可选用尖塔形或圆锥形的常绿乔木，将其种植于指向主要干道的角端予以强调，而在朝向次要道路的角端栽种圆球状树冠的树木以示区别(图 5.13)。

(3)安全岛。安全岛是为行人横穿马路时避让车辆而设。如果行车道过宽，应在人行横道的中间设置安全岛，以方便行人过街时短暂地停留，从而保障安全。安全岛的绿化以使用草皮为主(图 5.14)。

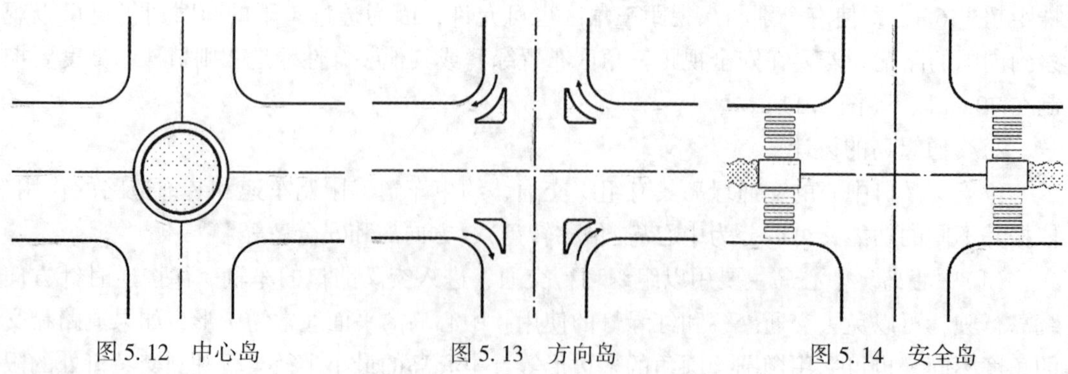

图 5.12　中心岛　　图 5.13　方向岛　　图 5.14　安全岛

5.3.5　城市道路设施

道路设施不仅是完善道路功能的必要条件，也是构成道路景观的一项重要元素。在进行道路景观设计时，须从功能和景观角度综合考虑道路设施的具体形态。常用的道路设施主要包括人车分离设施、交通指示设施、环境设施，见表 5-2。

表 5-2　**道路设施类型、功能及设计要点**

类型		功能	设计要点
人车分离设施	护栏	防止行人和机动车相互影响。	护栏的颜色最好采用材料的原色，但有时为了防止护栏的腐蚀而不得不进行涂饰。在选择涂饰色彩时，使用低亮度、低色彩度的护栏，就不会和周围的颜色发生冲突，从而使街道景观显得紧凑和谐（不醒目的颜色容易对夜间行车的司机造成危险，可以考虑在护栏靠近机动车道的一侧使用路边线轮廓标志）。
	隔离墩	防止机动车进人行道。	隔离墩不宜有尖锐的边角。作为人车分离设施，其在色调和构思上要谨慎设计，尽量使隔离墩在道路整体景观中不显得突兀，应与整体景观相协调。
交通指示设施	交通标牌	提供交通指示信息，保证交通安全畅通。	不要使标牌的背面和支柱显得比标牌上的信息更显眼。为了不和标牌本身的色彩发生冲突，最好使用低亮度、低色彩度的色调。标牌的支柱最好能与地面完美地结合，不要在路面铺装上留下施工的痕迹。
环境设施	照明设施	在夜间为道路提供必要的照明。	照明景观设计应注意区分重点，有选择地适度用光，避免光污染，并注意使用节能光源和使用新型能源，达到景观性和绿色照明的结合。在道路的重要节点部位与人流活动密集的场所采用重点照明，着意刻画出照明重点区域和鲜明的夜景效果；在道路的一般片段应以功能性照明为原则进行普通照明，从而营造有序列、有重点、分层次的道路景观。
	垃圾桶	保持道路卫生。	垃圾桶应放置在大街上不引人注意的地方，特别是不要放置在十字路口、公交车站旁边。垃圾桶的设计要考虑其色彩和设计构思，特别是色彩上要和周围其他设施相一致。用来遮挡垃圾桶的设施也要注意和街道整体景观的融合。

5.3.6　道路景观特征与速度

为保证驾驶员以及行人的安全，设计师应当对道路景观特征与速度的关系给予足够的重视。在设计中不仅要考虑景观特征对速度的影响，也要考虑不同行车速度对景观设计的要求。

1. 景观特征对速度的影响

道路的景观特征能够影响驾驶员的行车速度，其绿化效果、线条、面积和形状等，均可能含有暗示驾驶人员可以加速、应该减速、保持速度不变，或者对速度做有节奏的调节等信息。

例如，在一条凸形道路两侧种植高大乔木会产生收敛效果，使驾车者主观上产生速度过快的印象，从而诱使其减速。在转弯处种植高大乔木，也会诱导驾车者减速。相反，当道路的路面及道路空间逐渐开阔时，会给驾车者带来一种松弛感，从而提高车速(图 5.15)。

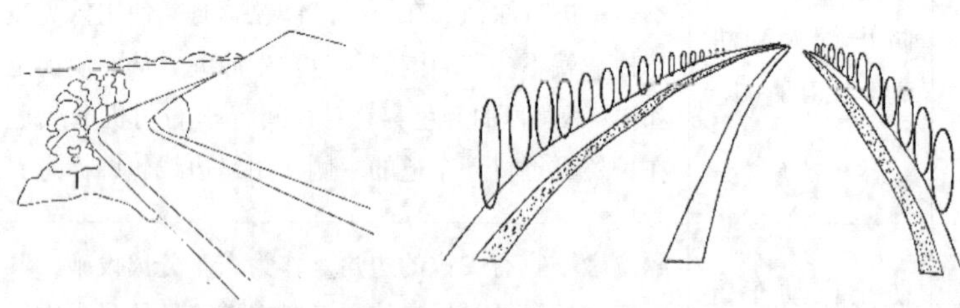

（a）在弯道外侧种植高大乔木　　（b）在凸形道路两侧种植高大乔木

图 5.15　景观特征对速度影响的示意图

直线会有一种紧张的状态并容易导致高车速的出现，而虚线则暗示车辆的逐渐减速。这可以通过景观设计的手段来达到。例如在一条短的尽端路中，可以采用不同的材料、色彩或者纹理的路面来创造出交替间隔的路段从而诱导车辆减速。

2. 基于不同速度的道路景观设计

从交通安全与观赏效果的角度出发，以车行为主和以步行为主的道路因其速度不同，对景观设计有不同的要求。

1) 以车行为主的道路景观设计

在以机动车行驶为主的情况下，由于机动车在道路上行驶的速度较快，因而，只有靠增大道路宽度以及道路景观区范围，才能保证机动车与道路周边建筑有足够的观赏距离。同时，由于行车速度较快，在这一状态下景观主体(人)对景观客体(道路与沿线景色)的认识只能停留在整体概貌和轮廓特性，此时，景观设计重点在于“势”的渲染。不同车速下获得景物印象的最小观赏距离见表 5-3。

表 5-3　**不同车速下获得景物印象的最小观赏距离**

车速/(km/h)	距离/m
20	8.55

续表

车速/(km/h)	距离/m
40	16.95
60	25.45
80	33.95
100	42.5

机动车在行驶中，驾驶员的注视点、视野与车速具有相关性，速度越高，注视点越远，视野越窄，因此，要想留下完整明确的景观印象，必须根据行车速度确定景观设计单元的变化节奏和组合尺度(图 5.16)。

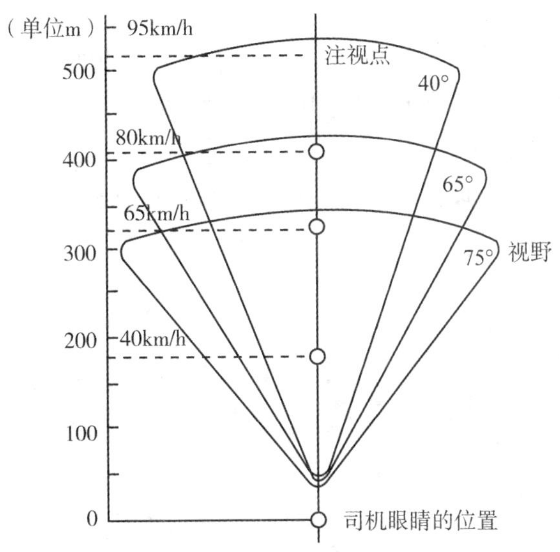

图 5.16　机动车驾驶中驾驶员的视点、视野与速度的关系

2) 以步行为主的道路景观设计

以步行为主要交通特征的道路要求景观区域相对封闭，这样才能抓住行人的注意力。由于步行观赏者是在一种慢速状态下观赏道路景观的，因而景观规划设计的重点应当放在对“形”的刻画与处理上。如：路体本身的形象、绿化植物的选择与造型、场所的可识别性，甚至是铺装材料、质感、色彩、台阶、路缘石等细节，均应仔细推敲、精心设计。

因此，全面的道路景观规划设计，一方面，需要综合考虑现代交通条件下各种速度的道路使用者的视觉特性；另一方面，更需要根据道路的性质与功能将道路分成若干个等级，选择道路主要使用者的视觉特性作为道路景观规划设计的出发点。

本章小结

（1）城市道路景观格局主要有格网形、环状放射形、不规则形和复合形等，不同的道路景观格局主要是由地形地貌来决定的。不同线形的道路形式也给人以不同的视觉感受，并渲染出城市的文化性格。

（2）城市道路是城市面貌、景观的载体，是城市景观的重要组成部分，作为体验城市环境景观的重要途径，城市道路的景观设计应当遵循功能性、生态性、文化性和形态美四个原则。

（3）城市道路景观的设计步骤包括调研分析、目标定位、景观布局、道路横断面设计、道路绿地景观设计、道路设施布置、基于不同速度的道路景观设计。

（4）城市道路绿地景观设计的内容包括分车带、行道树、交叉口绿地的景观设计。

思考题

1. 城市道路是如何分级的？各等级城市道路的主要作用是什么？

2. 城市道路景观格局都有哪些？不同的景观格局其特点是怎样的？

3. 城市道路的景观设计应当遵循怎样的设计原则？

4. 城市道路景观的一般设计步骤是怎样的？城市道路横断面根据车行道布置形式分为哪几种基本类型？

第6章　滨水景观规划设计

水域与人类自身繁衍和生存有着密不可分的关系。滨水区是自然要素与人工景观要素相互平衡、有机结合的成果，前者主要包括江、河、湖、海等水系及与之相互依存的硬质要素，如自然植被、山岳、岛屿、丘陵地、坡地等自然地形地貌；后者由一系列的公共开放空间、滨水公共建筑、城市公共设施等组成。滨水景观赋予了公共生活空间特殊的人文价值与景观价值，以其优越的亲水性和舒适性满足着现代人的生活娱乐需要。

6.1　滨水景观概述

6.1.1　滨水景观的概念

关于滨水景观的概念国内外有不同的理解。《牛津英语词典》(1991版)解释为由与河流、湖泊、海洋毗邻的土地或建筑以及城镇邻近水体的部分所共同构成的景观；日本土木学会主编的《滨水景观设计》一书中解释为以水域(海、江、河、湖等)为中心，对沿岸的空间、设施、环境等所做的相关规划设计，以创造优美、生动、富有特色的滨水空间。

滨水区是一个特定的空间地段，它可以定义为陆域与水域相连的一定区域，一般由水域、水际线、陆域三部分景观构成。滨水区同时也是构成城市开放空间的重要部分，具有城市中最宝贵的自然风景景观和人工景观，对改善城市空间环境质量、增加环境容量、促进城市发展有着积极的作用。

6.1.2　滨水景观的特点

滨水景观因其独特性成为景观规划设计中不可忽视的重要组成部分，它主要有生态敏感性、景观开敞性、地域文化性三个特点(图6.1)。

1. 生态敏感性

从自然生态角度来看，滨水区是陆域和水域两种生态系统交汇的地带。该区域生态异质性高，属于典型的水陆生态交错地带，其生态系统的组成、空间结构及分布范围对外界环境条件的变化十分敏感。滨水区的自然景观因素能有效调节生态环境，促进人与自然的交流与和谐发展。

2. 景观开敞性

滨水景观因给游憩者带来暂时远离城市喧嚣和回归自然的心理感受而备受青睐，并逐渐成为公共景观开敞空间中极富特色的组成部分，承担着旅游和游憩的某些特定功能，成为空间环境与景观规划设计中的重要部分。

3. 地域文化性

滨水区所在的地域有着该地域特定的社会文化背景和地理特征，滨水景观是所处地域自然环境、文化和生活的反映。这些社会文化资源与自然环境资源相辅相成，衬托出自然生态景观与人工景观相互融合的优美形象，造就了滨水区风格各异的自然风景和地域文化景观。

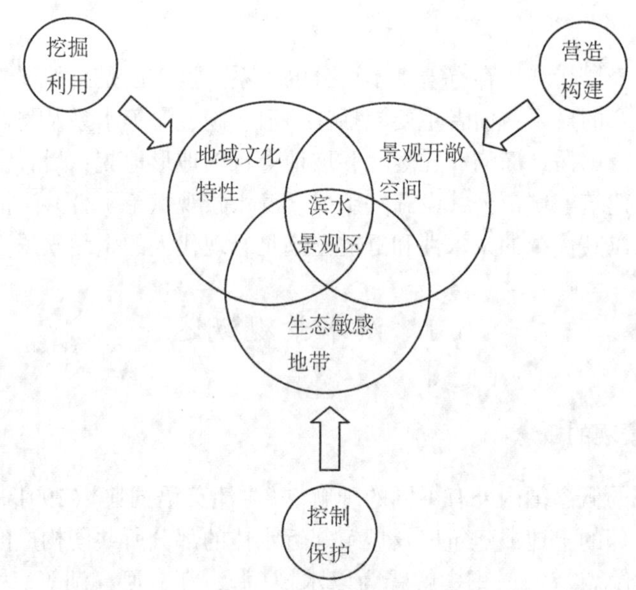

图 6.1　滨水景观特点示意图

6.1.3　滨水景观的类型

水与人们的生活休憩相关，按照不同的分类方法，滨水景观会呈现出不同的类型。一方面，许多城市会选择在滨水之地进行建设和发展，自然江河湖海的形态以及规模常常影响到城市与水体之间的关系。另一方面，不同功能的景观也对滨水空间的布局有着较大的影响。

1. 按水体与城市的关系

依据目前我国城市中水体类型与城市的关系，滨水景观大体可以分为以下四类：

(1)临海城市中的滨海景观。在一些临海城市中，海岸线常常延伸到城市的中心地带，由于岸线的沙滩、礁石和海浪都富有相当的景观价值，所以滨海地带往往被辟为带状的城市公园。此类绿地宽度较大，除了一般的景观绿化、游憩散步道路之外，里面有时还设置一些与水有关的游乐设施，如海滨浴场、游船码头、划艇俱乐部等。具体参见珠海情侣大道临海一侧的景观绿带。

(2)临江城市中的滨江景观。大江大河的沿岸通常是城市发展的理想之地，江河的交通运输便利常使人们在沿河地段建设港口、码头以及有运输需求的工厂企业。随着城市发展，为提高城市的环境质量，有许多城市开始逐步将已有的工业设施迁往远郊，把紧邻市中心的沿江地段辟为休闲游憩绿地。因江河的景观变化不大，所以此类景观往往更应关注与相邻街道、建筑的协调。具体参见武汉汉口江滩。

(3)贯穿城市的滨河景观。东南沿海地区河湖纵横，城市内常有河流贯穿而过，形成市河，比如南京秦淮河、泰州凤城河等。随着城市的发展，有些城市为拓宽道路而将临河建筑拆除，河边用林荫绿带予以点缀。一些原处于郊外的河流被圈进了城市，河边也需用绿化进行装点。此类河道宽度有限，其景观尺度需要精确地把握。

(4)临湖城市中的滨湖景观。我国有许多城市临湖而建，比如浙江的杭州。此类城市位于湖泊的一侧，或者将整个湖泊或湖泊的一部分融入城市之中，因而城区拥有较长的岸线。虽然滨湖景观有时也可以达到与滨海景观相当的规模，但由于湖泊的景致更为细致优美，因此滨湖地区的景观规划设计也应与滨海地区的景观规划设计有所区别。

2. 按景观功能分

依据滨水景观的不同功能，大体可以分为以下四种：

(1)滨水生态保护型。滨水生态保护型景观是指从某滨水区域生态平衡和自然景观保护的角度，对该区域实施保护型规划设计的景观。通过对该滨水地带自然资源的生态化设计，一方面可以维护滨水区景观的生态平衡和自然景观多样性，另一方面可以体现滨水生态景观的审美价值，为人们提供观赏自然滨水景观的游憩机会。这种类型的设计在风景区以及水库生态区、原生湿地区、典型河岸地貌和沼泽区等生态脆弱地带较为常见。

滨水生态保护型景观功能相对单一，主要以观赏自然风光和滨水生态景观为主，景观规划设计通常采用生态型的规划设计手法，应综合考虑生态防洪等功能，注重乡土生物与生境的多样性维护，增加滨水生态景观的异质性和景观个性，促进自然生态循环和景观可持续发展。此外，该类型的规划设计应尽量保持原有的自然形态和生物群落，材料选择注重与自然相融合，以利于改善水域生态环境(图6.2)。

绍兴镜湖国家湿地公园

图6.2　滨水生态保护型景观案例

(2)历史文化复兴型。滨水历史文化复兴型景观是指在考虑滨水区历史遗存和旧建筑空间布局的基础上，重新审视历史建筑和景观保护改造的内在经济潜力，积极运用现代设计理念、设施和工艺，进行基础设施的改造和景观建设，保留和进一步延续滨水地区历史文化特色和风土人情，并以此提升滨水区景观形象与活力，满足现代游憩空间功能，促进区域的文化复兴。

历史文化复兴的滨水景观通常采取改造式保护或局部更新的设计手法，景观的规划设计应体现地方文化与精神。设计中首先要对该滨水地段的历史文化进行解读，包括现有的建筑遗存、场地的历史内涵和生活记忆等方面。再对现有不利的景观与环境因素进行改造，注重科学定位服务功能和滨水景观主题，突出滨水区标志性历史建筑节点风貌。最后对场所中的保留历史文化要素用科学的手段进行保护，并用艺术的形式予以再现，使滨水区场所空间记忆焕发生机(图6.3)。

(a)西塘古镇鸟瞰图

(b)西塘古镇效果图1

(c)西塘古镇效果图2

图6.3 历史文化复兴型景观案例

(3)亲水空间开发型。亲水空间开发型景观是指在与城市紧密联系的滨水区，将亲水空间作为城市空间和水域空间的连接体，通过滨水要素和亲水设施的规划设计，加强市民与水体的互动，构建人与水的亲和关系，营造滨水特色景观并提供基于多样化功能服务与活动的滨水公共空间，增强其活力和吸引力。

亲水空间开发型景观规划设计的目标是为市民和游客提供极具亲和力的活动场所，进一步促进公众的交往和社会融洽度，充分发挥滨水区在环境、社会和经济方面的综合效益(图6.4)。

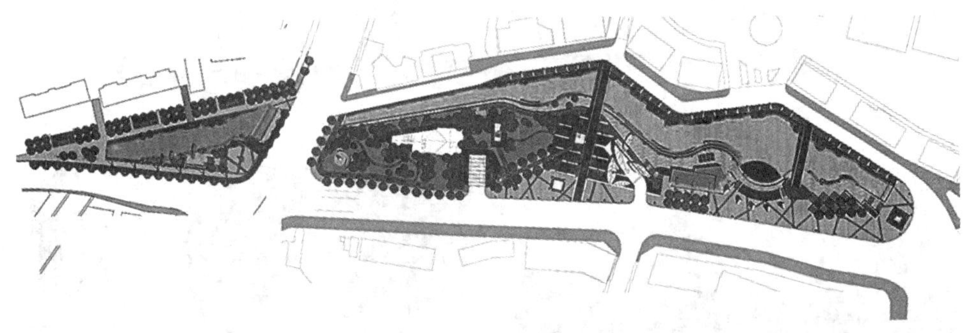

(a)张家港小城河改造平面图

(b)张家港小城河改造效果图1

(c)张家港小城河改造效果图2

图6.4　亲水空间开发型景观案例

(4)滨水综合利用型。滨水综合利用型景观指从城市和区域的角度综合考虑滨水空间的构成形态和涵盖功能，提倡混合功能和景观多样化空间，综合兼顾滨水生态环境保护、历史文化延续、亲水空间开发和水体防洪防灾等方面的要求，最大程度地发挥滨水景观空间的生态、经济和社会价值。

随着现代重视环境优化和滨水稀缺资源公众化的发展趋势，现代滨水空间的综合利用程度越来越高，综合型的滨水空间景观规划设计将会成为设计的主流，以便为居民和游客提供多方位、多功能的滨水公共活动空间(图6.5)。

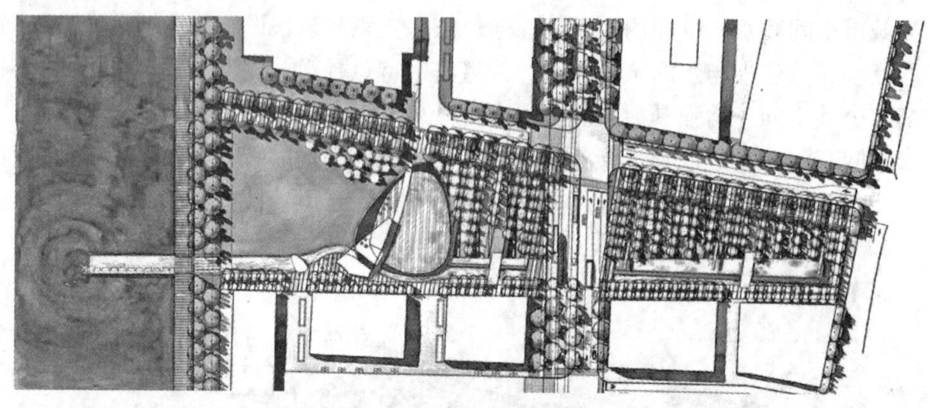

（a）加拿大雪邦公园平面图

（b）加拿大雪邦公园效果图1

（c）加拿大雪邦公园效果图2

图 6.5　滨水综合利用型景观案例

6.2　滨水景观规划设计原则

滨水景观规划设计的核心在于特质空间形态的综合设计。一个成功的滨水区开发设计不仅可以改善空间环境质量，更能促使城市功能转变，提高城市的品质和竞争力。滨水景观一般应遵循以下原则进行设计。

6.2.1　整体性和综合性原则

滨水区的景观规划设计与城市整体有着非常大的关系，其设计的成功与否直接影响到整个城市的景观效果。这就要求滨水区的景观设计要建立在整体性原则的基础之上，与城市交通系统、公共活动空间等一系列要素保持一定的联系，通过空间的连接和通透性效果来营造既有整体性、又各具特色的空间环境。

滨水景观的规划设计是一个综合复杂的过程，在对重要的资料如水文、土壤、滨水生态状况、交通和各项设施的规划以及经济发展的可行性等有了充分了解后，再综合考虑地表水的容量、面积、自然净水的能力、生态水岸等各方面因素，形成一个综合的设计方案，以实现城市与水景观的真正融合。

6.2.2　生态与景观多样性原则

滨水区的水域和陆域环境构成了完整的滨水生态系统，对于维持地区生物多样性具有其他地方无法替代的作用。从国内外滨水景观设计与开发的经验来看，治理水体、改善水质、保护植被、维护生态是滨水区开发成功的基本保证。因此，应尽量避免因不适当的开发建设对滨水地带的生态环境造成的破坏，要采取各种手段进行严格监控和引导，以保护滨水景观生态环境的可持续发展。

景观多样性对于景观的生存与发展具有重要意义。滨水景观的多样性主要是指营造多样化和多层次的景观。通过对地形、景观建筑物、绿化植物、铺地、环境小品等元素的多样化设计和空间多样化组合，对滨水区立面和断面的规划进行控制，来营造滨水区清晰而又多样化的景观层次。

6.2.3　特色性和地域性原则

滨水景观应该致力于形成特点鲜明、观感高度统一的景观风貌。从生态、地理、气候、文化差异等角度来看，任何特定地域的滨水景观都有与其他区域景观不同的个体特征。作为设计者，应充分利用和强化滨水区所在地域的区域环境特征，如选用富有地域特色的材料、种植乡土植物等方式，以保持和维护滨水景观区域特色，由此形成滨水区纷繁多彩的风格。

景观地域性原则要求在景观定位方面应以尽力挖掘本地文化的特点为主，因地、因时、因具体对象进行规划和设计，并形成色彩、外观、风格等总体上的特色。在统一的景观基调基础上，对滨水区的道路、绿地系统、建筑设施等进行更加细致的划分和具体的设计，以求展现当地独特的景观和独特的设计风格。

6.2.4　文脉诠释与传承原则

滨水区往往是地域历史文化比较丰富的地区。近年来众多国外滨水区开发的成功经验表明，现代滨水景观设计应注重对历史文化的诠释和地域文脉的传承，突出滨水景观设计中历史文脉元素的作用，将滨水绿地所在区域的历史与地域文化的元素进行归纳和提取，通过适当的设计手法对滨水景观进行表现，使滨水景观具有文脉传承的意义。

滨水区景观规划设计与开发应注重对原有滨水空间肌理的探寻和传承，通过对滨水区原有的名胜古迹、传统空间、民风民俗、传统文化活动等给予合理的保护和传承，从而形成富有地域文化内涵和具有“记忆”的功能空间，这对恢复和提高滨水景观的活力与吸引力，增强滨水景观特色和文化特色有着十分重要的意义。

6.2.5　亲水性与安全性原则

最大程度地满足居民的亲水要求，提升他们的生态与心理上的感受质量，是滨水景观规划设计的基本原则。滨水区亲水空间的景观设计核心是构建人与水的和谐关系，因此，应遵循滨水岸线资源的共享原则，留出可供公众通行的散步道和活动场所，使亲水空间真正为公众所享有。

滨水区是易发生水体自然灾害和安全隐患的脆弱地带，滨水景观的规划设计应结合自然形成的水体、河道、滩涂、岸线以及地域气候、生态等特定因素，注重分析环境特征及人的游憩行为方式，综合开发防洪堤岸、配套安全设施，通过设置各种滨水活动限制条件来保障滨水区各项活动的安全性。

6.3 滨水景观规划设计内容与方法

由于滨水空间景观设计常常沿水域展开，因而此类场地较其他类型的场地有一定的特殊性。滨水景观的规划要在较大尺度范围内，基于对自然与人文过程的认识，协调人与自然的关系，并从宏观角度思考问题。因此，在滨水景观规划设计的过程中，要以生态为先，遵从河流的自然过程，然后综合考虑所在城市的基本状况、场地的自然要素与人工要素等各方面要素，进行滨水景观的规划设计定位和空间布局，重点组织滨水区内外交通，最后从人的角度出发，进行亲水空间、亲水驳岸以及亲水植物的详细设计，并配以适合的小品设施。

6.3.1 现状分析

现状分析是进行滨水景观规划设计的基础和依据，在规划设计之初，可以先对场地所在的区域进行基本了解，比如了解其历史沿革、区位条件、气象条件、自然资源、经济文化发展状况等，再对场地内的现状自然要素和现状人工要素进行重点分析。

1. 自然要素分析

设计地块内的自然要素分析，具体包括对现状水文特征、地形地貌、植物现状种植等进行分析。而在滨水景观设计中，水文分析对设计的影响最大。所以，应了解一些水文基本概况，如水质情况、海域不同潮位的变化、湖泊的进水口出水口、江河的最高与最低水位以及所有水域的水流方向等(图 6.6)。水体是一个相互联系的系统，如果外围水体水质较差，地块内部的水质也难以保证。滨水空间的各类活动空间设置与水质有很大的关系，亲水性较强的活动一般设在水质良好的区段，水质较差的区段可以设置生态驳岸以调节水质，或者设置较高的平台来保证观景效果。另外，水域的不同水位变化对于滨水空间驳岸和景观的设计也有较大的影响。如果常水位与最低和最高水位相差较大且该地降雨量较多，可以选择阶梯式驳岸，在保证安全的前提下设计不同类型的活动平台，以满足不同时期的观景效果(图 6.7)。

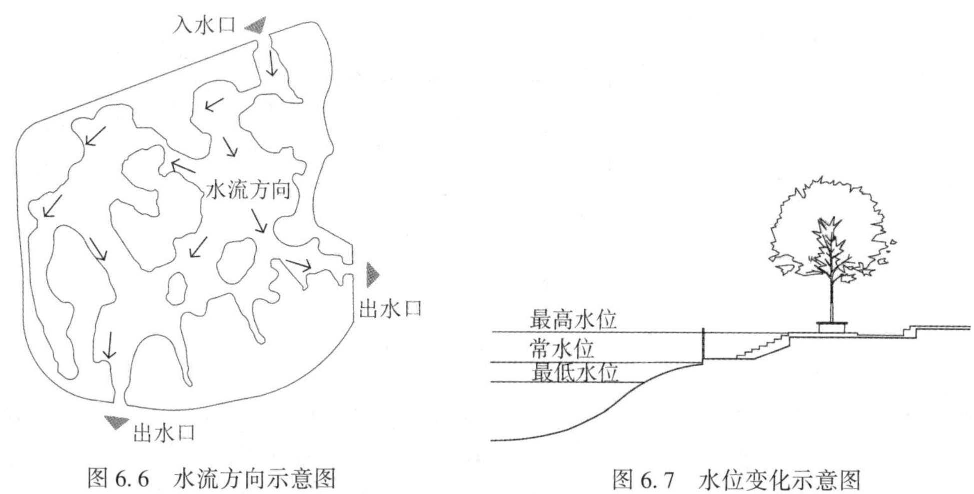

图6.6　水流方向示意图　　　　图6.7　水位变化示意图

2. 人工要素分析

设计地块内的现状人工要素分析，包括现状建筑物、道路、驳岸、市政管道、防洪及相关设施等。首先，如果现状建筑物的体量较大，则应该远离公共开放区与水边，并在其周边保留一定的开敞空间。而小体量建筑可以安排在滨水开放区内，并选用不遮挡视线的通透材质。其次，应根据水质的现状及变化情况适当调整岸线，选择合适的驳岸材质。再次，应考虑暴雨、潮汛等极端气候对场地的影响。防汛堤可以和车行交通、游人活动以及绿化相结合，在不同水位线处设置不同的游乐和观景设施，使游人更加亲近水面。最后，市政管道的布设也对景观设计有较大影响。

通过以上两个方面的调研分析，明确该地段景观设计的有利因素和不利因素，尽量避免滨水区不适当的开发建设对滨水资源造成的破坏和对生态造成的不良影响。

6.3.2　设计定位

在滨水区景观的规划设计中，要充分挖掘和利用各种类型滨水区的资源潜力，从整体出发，建立适合地域生态及文化特色的滨水区功能空间。其总体功能设计应综合考虑滨水区现状因素、服务人群特点、地域景观功能体系等要求，明确场地的优势与面临的挑战，确定滨水景观规划设计的主要类型，如前述的生态保护型、历史文化复兴型、亲水空间开发型和综合利用型等。不同的类型对应的景观主题和规划设计手法也有所不同。

6.3.3　滨水景观空间布局

在滨水景观的规划过程中，应该结合水体形态来进行滨水区的空间布局，常见的有线状、环状和网状三种形式(图6.8)。

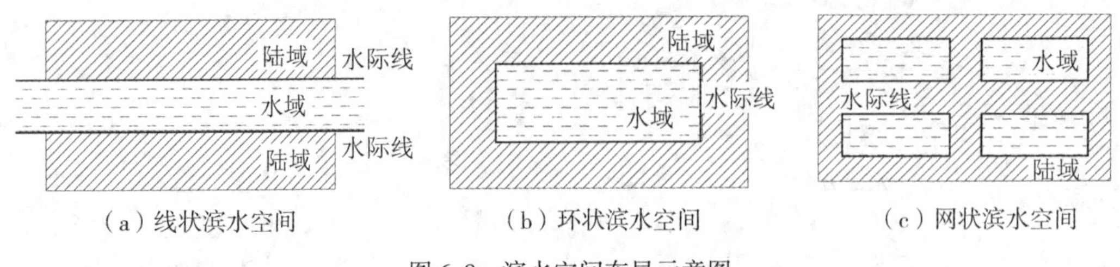

（a）线状滨水空间　（b）环状滨水空间　（c）网状滨水空间

图 6.8　滨水空间布局示意图

1. 线状滨水空间

线状滨水空间主要指顺应带状水体或其他沿景观廊道分布的狭长形水体而形成的滨水景观空间，比如滨海景观空间和滨江、滨河景观空间。它们为游憩者提供了更多的进入机会，具有更强的景观开敞性。线状空间的特点是内部景观空间和设施呈现"串珠式"布局，容易呈现连续的、以平视透视效果为主、高潮迭起而富有变化的视觉景观效果。

2. 环状滨水空间

环状滨水空间是指围绕块状水体或人工水面而形成的景观空间，比如临湖景观空间。环状滨水空间的特点是水面开阔、尺度较大、形状不规则、空间较为开敞。其长度和宽度比较接近，便于人流集中和水上游憩活动的开展。内部景观空间和设施布置较紧密，一般会有一条主环路贯穿全园，连接各个主要景观节点。各空间利用程度高，容易形成景观节点和视觉焦点。

3. 网状滨水空间

网状滨水空间形态是指由纵横交错的水域和陆域相互穿插而形成的景观空间形态，其兼有线状和环状空间形态的特点，在水系较发达的江南水乡地区比较常见。

6.3.4　滨水空间交通组织

滨水区的交通体系首先应为市区内人们的到达提供方便，将人们吸引到水边，其次是使人们可以亲近水体、接触水体。因此滨水区的道路交通体系组织主要有两个方面，即外部交通组织与内部交通组织。

1. 外部交通组织

外部交通组织注重滨水区外部道路和区域交通体系的融合，鼓励到达滨水区的公共交通和立体化交通。在景区主入口或次入口附近合理设置公共停车场，其应有一定数量的大巴、汽车以及自行车停车位；在靠近各个入口的地方设置公交站点，在地铁口附近设置出入口，在提高公共交通可达性的同时，也便于人群疏散。

2. 内部交通组织

滨水区内部交通组织应综合考虑滨水区内部道路的功能和等级体系，合理组织各个功能片区的交通衔接，依据滨水地段的形态特性，建立水上交通体系、景观步道交通体系和车行交通体系，以保证游憩活动的完整性和连续性以及带状绿地的多样性。

(1)水上交通。滨水区的水上交通方式有很多种，比如游艇、轮船、脚踏船、小舟等。乘船游览不仅解除了在长长的绿地中漫步的劳顿，而且因为远离绿地，视野发生了改变，能够更全面地观赏到沿岸的景观。身处船中又使人与水的距离更近，满足了人们亲近水体、接触水体的欲望。而行进在水中的舟船也可以装点水面，使水体更具活力。

设置水上交通需要考虑船只的停靠点，这些停靠点不仅要成为滨水区游览线路的衔接处，还应成为景观空间的接合部。因此，对于码头、集散广场、附属建筑和构筑物都要进行精心设计，要以其特殊的造型构成特色景观。

(2)景观步道。滨水区可设置如滨水林荫道、亲水散步道、台阶蹬道、汀步、栈道等多样化的步行道路，这些步行道路通常沿各景观开敞空间的边缘布置。线路应蜿蜒且富于变化，以满足游客休闲散步、动态观赏等不同功能。

绿带内若规划有两条或两条以上的人行步道，可以根据位置予以不同的处理，使之呈现出相异的特色。时而近水，时而远离，让游人体验多样性的景观。其中至少要将一条人行步道沿岸线布置，高程在常水位线以上，让人感受到水面的开阔，并能够亲近和接触水体。另一条人行步道的高程应与交通干线一致，两边可以种植高大的乔木以及灌木。临近水边的步道应尽可能将路面降低，与堤岸顶相一致。为避免植物根系的生长破坏堤岸，水边不宜种植植物。但内侧的步道可以布置自然式的乔木和灌木，以形成生动活泼的建筑前景(图 6.9)。

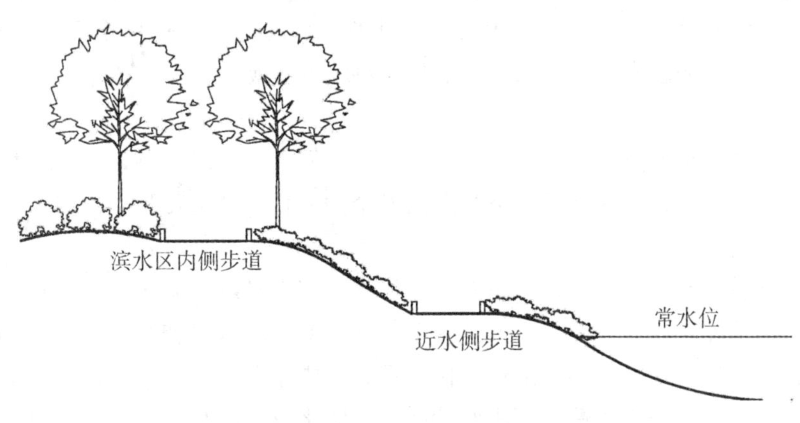

图 6.9　景观步道示意图

(3)自行车道。当滨水空间具有一定宽度，且长度较长时，可以在空间内设置自行车道，并与游憩步道分开设置，这样步行者和骑行者可以互不干扰，相对安全。在滨水空间布置自行车道，原则上应安排在靠近机动车道的一侧，但如果步行道采用高位时则可将自行车道靠岸线布置。按照景观规划的要求，自行车的行进道路尽量采取直线形式，避免出现过小的弯道。路面需要平坦，且有一定的宽度。在两车道的交汇地带，为避免交通事故，需设置自行车减速路障。在滨水空间的入口处或间隔一定距离应设置自行车的停车场地，并在其周边种植绿篱，以保证与滨水空间氛围的统一。

6.3.5 亲水空间景观设计

公园绿地能为当地居民提供休憩活动的场所，而滨水绿地空间除了具有与其他绿地相类似的绿化空间之外，因有相邻水体的存在，还可使游人的活动以及所形成的景观得以丰富和拓展。因而，在滨水景观的活动空间规划设计中需要对有可能展开的相关活动予以考虑，设计相应的亲水空间，以满足人们亲近水体、接触流水的需求。

1. 亲水活动类型

根据亲水活动与水体的远近关系，可以将亲水活动分为以下两种类型。

(1)水上活动。因为有与滨水空间相邻水体的存在，不仅水体固有的景色能够融入滨水空间之中，还可考虑增加相应的水上活动，使之成为滨水空间的特殊景观。可参与的活动有游泳、划船、冲浪等；可观赏的活动有龙舟竞赛、彩船巡游等；具有公共交通性的有渡船、水上巴士等。具体选择何种活动要根据水体的形态、水量的多少以及水中情况而定。在滨水岸线附近设置与之相配套的设施，如更衣室、码头、栈桥、水边观景席等。

(2)近水活动。因滨水空间有水体及良好的绿化，空气会格外清新，只要面积允许，可以设置更多的可参与性活动。在用地情况较为紧张的滨水空间，或小型水体之外的滨水空间，近水的岸线一侧通常被设计成游园的形式，可以是亲水的游憩步道或水岸广场，供人休闲与观景。但如果水体是规模较大的湖泊、大海，则岸线一侧往往保留相当宽度的滩涂，利用不同的滩涂形态可以开展诸如捡拾贝类、野炊露营、沙滩排球、日光浴等活动，还可兴建与之相关的配套设施，从而形成另一种滨水景观。

2. 亲水节点设计

不同类型的亲水节点如滨水散步道、亲水平台等，都可以给游人提供欣赏水面景色的机会，而围护设施的设计保证了亲水节点的安全性，是十分重要和必要的。

1)滨水步道设计

滨水步道的主要功能是满足游憩者欣赏和感受滨水景观环境的愿望，兼顾散步、户外锻炼、休闲娱乐等活动的需要，它也是联系滨水空间和景观节点的重要路径和线形空间，对于加强滨水景观认知意向、突出景观特色具有重要作用。

滨水步道的设计需要注重平面线形设计、立体化设计以及路幅尺度、铺装材质选择和配套设施布置等几个方面。根据滨水区散步道功能和水体形态的不同，滨水步道的平面线形主要可分为自由曲线和平直线形两种类型，可顺应河道和水岸的形式进行设计(图6.10)。如果滨水空间面积较大，宽度较宽，可以设计自由曲线形的散步道，以形成丰富的观景体验；如果滨水空间面积较小，宽度较窄，可以设计平直线形的步道，以达到快速通行的目的。另外，根据不同季节的水位标高，会形成高水位滨水散步道和低水位亲水散步道、水面观景栈道相结合的步道系统，不同高差散步道之间利用坡道、台阶和开敞平台进行联系。散步道的路幅宽度一般为2~3m，以天然或接近自然质地和色彩的铺装材料如地砖、石材、木质材料等为主。散步道的一侧或两侧可根据需要设置树池、花坛、座椅及休闲活动设施等，以形成具有亲和力的滨水游憩观景空间。

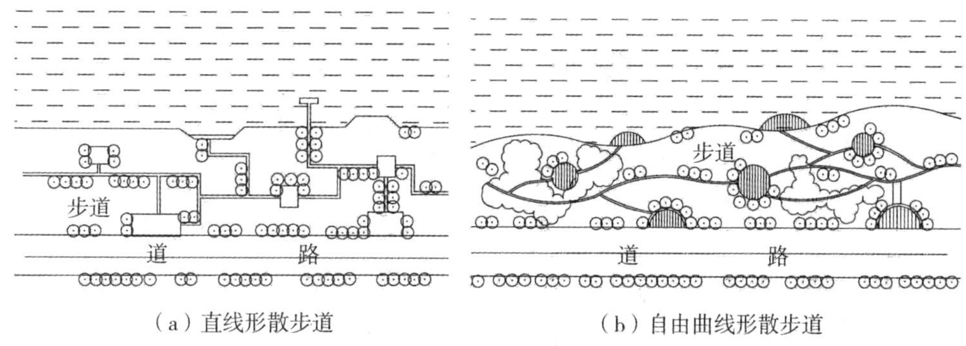

（a）直线形散步道　（b）自由曲线形散步道

图6.10　滨水步道示意图

2）亲水平台设计

亲水平台指临近水面或入水设置的亲水游憩设施，它加强了水体空间和河岸陆地空间的过渡与衔接，提供给人们与水域联系的活动空间和视觉观赏空间。

亲水平台的设计根据不同的水位变化有不同的形式（图6.11）。其中阶梯式的亲水平台通常依据枯水位、常水位和洪水位的高度来设置，在绿地与水域之间形成了连续的过渡，增加了游人的亲水时间，丰富了亲水体验。而单层的亲水平台通常设在水位变化不大的滨水区，提供观景点。现代景观中亲水平台设计注重生态化和简约化的设计理念，重视亲水平台与绿地、水体等交接处的植物配置。而配套设施诸如路灯、座椅、树池、花钵、铺地等采取艺术性设计，增添了亲水平台的美感和舒适性。从安全角度考虑，亲水平台在正常蓄水位以下0.5m附近应设置安全平台，宽度宜大于2m，水深一侧应设置安全护栏和安全警示标志。

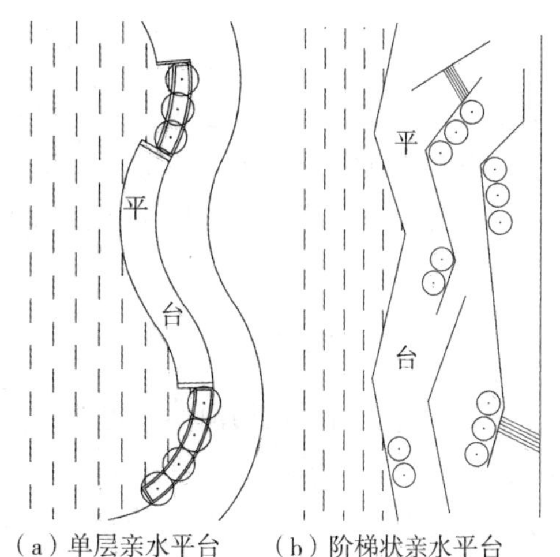

（a）单层亲水平台　（b）阶梯状亲水平台

图6.11　亲水平台示意图

3）围护设施设计

围护设施是指保障人们亲水活动的安全设施（如护栏），通常应根据水流、水深和观景的情况进行设置。围护设施的形式对人们亲水观景和亲水活动的安全性会产生较大影响，如滨水护栏的设计应具有通透性和艺术性，不影响人们亲水观景的需要。围栏下部应增加防护设施以防止儿童落水，护栏高度尽量不低于1.1m。平面布置方式一般结合线形空间的特点进行排列或作凸凹变化，也可结合其他景观设施（如树池、花坛、灯柱、座椅等）进行组合布置，以形成生动丰富的围护界面和景观效果（图6.12）。

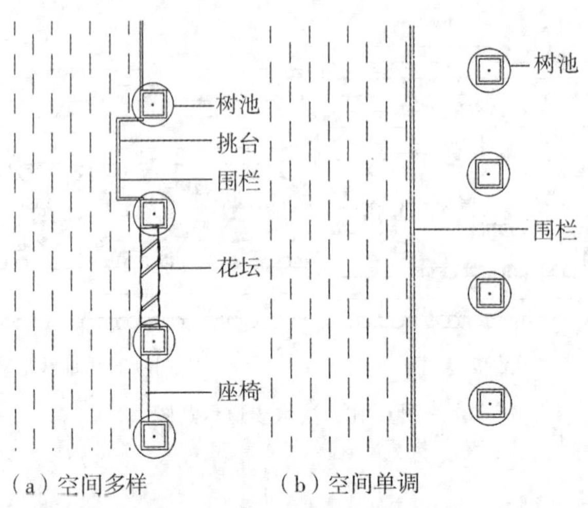

（a）空间多样　　（b）空间单调

图 6.12　围护界面示意图

围护设施的材料选用要考虑防护功能、美学效果以及人的心理感受，天然材料如木、石等比较常见。同时还要在安全性的基础上对围护设施加以人性化和自然化的设计。

6.3.6　驳岸设计

驳岸是指用于保护河岸和堤防使其免受河水冲刷的构筑物，是围护滨水生态环境和构建亲水安全空间的重要设施。驳岸的设计影响着人与水的亲近关系，是水、地、绿、人的中介与纽带，其形式直接关系到各种自然要素与人工要素的联系。驳岸设计主要包括平面形式、断面形式及护岸材料等方面。

1. 平面形式

驳岸平面形态设计可以丰富水体边界形态，增强临水边界的亲水性。常用的平面形态主要有直线型、曲线型和混合型（图 6.13）。对于大型水体和风浪大、水位变化大的水体，贯穿城市的河道以及规则式布局的地块中的水体，通常采用直线型驳岸。

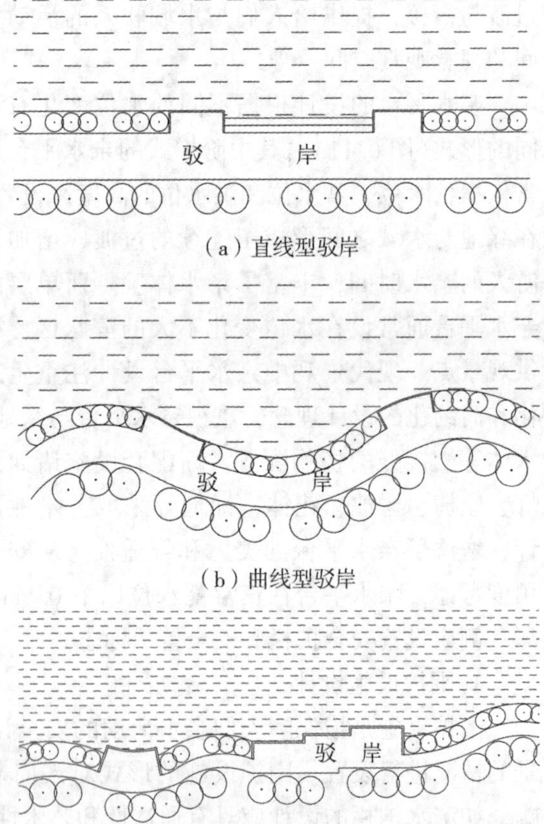

（a）直线型驳岸

（b）曲线型驳岸

（c）混合型驳岸

图 6.13　驳岸平面形式示意图

而对于小型水体和大水体的小局部，以及自然式布局的地块中的水体，通常采取曲线型驳岸。在具体设计岸线形态时，应综合考虑岸线功能和自然条件，采取混合型设计，对岸线凹凸处和不同岸线交汇处的岸线节点进行重点设计，突出形态变化和亲水景观的变化，以避免岸线形态过于单调平直。

2. 断面形式

驳岸断面根据亲水功能、亲水安全性和防洪的要求进行不同类型的断面设计，以创造多样化的水际空间。总体而言，驳岸的断面形态可分为自然生态型和人工自然型两种类型，二者可结合亲水平台、码头、植物绿化和相关设施构成景观丰富的驳岸亲水活动空间(图6.14)。

自然生态型堤岸是将适于滨河地带生长的植被种植在堤岸上，同时辅以其他材料，利用植物的根茎叶来固堤，防止堤岸遭到侵蚀，同时为生物提供栖息地。如果水位的高差变化不大，水流速度较为缓慢，堤岸可采用自然生态型，使堤岸外观更加和谐自然。但对于大型水体，由于水急浪大，水位变化较大，水流速度较快，会使堤岸因冲刷而崩塌，则需选用人工自然型驳岸，用石料浆砌，能抵抗较强的流水冲刷，在短期内发挥作用且相对占地面积小。但也会有破坏河岸的自然植被、使河岸自然控制侵蚀能力丧失、人工痕迹比较明显等缺点。

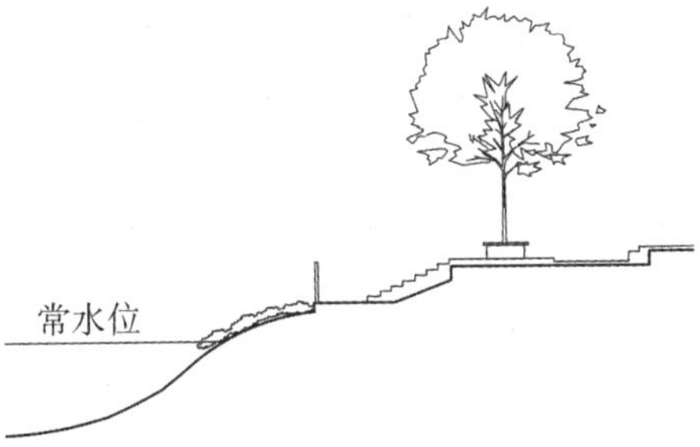

3. 驳岸材料

驳岸结构和材料的选用需综合考虑材料的强度、耐久性、施工性能、经济性、生态和景观效果等问题，最好能采用石材、木材等适用于水域生态条件的天然材料，采用柔性设计并结合植物绿化形成自然水岸。

常水位

(a) 生态型驳岸断面

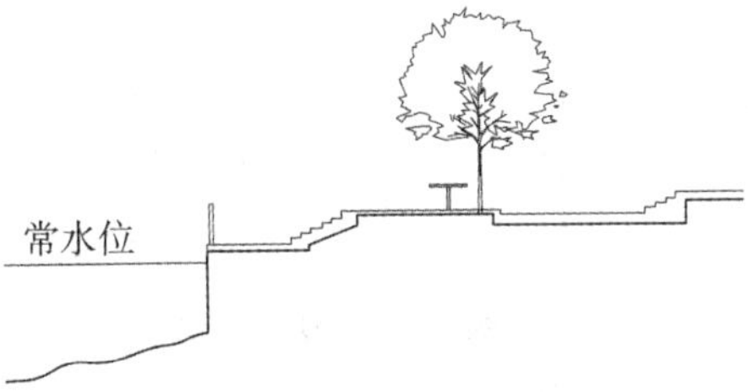

常水位

(b) 人工型驳岸断面1

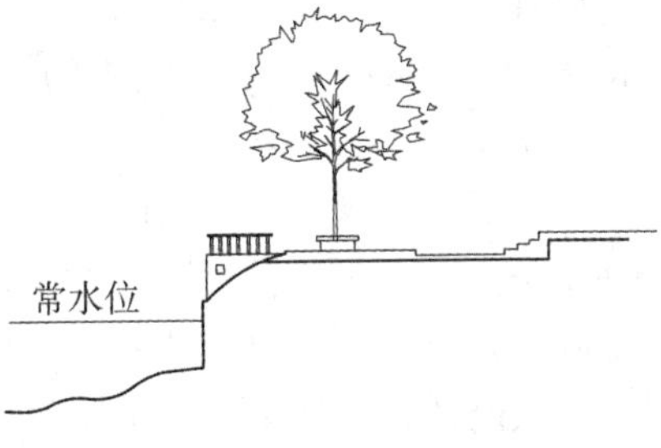

常水位

(c) 人工型驳岸断面2

图6.14 驳岸断面形式示意图

1)植栽护岸

利用植栽护岸的施工，称为“生物学河川施工法”。在河床较浅、水流较缓的河岸，可以种植一些水生植物，在岸边可以多种柳树。这种植栽护岸不仅可以起到巩固泥沙的作用，而且树木长大后，会在岸边形成蔽日的树荫，可以控制水草的过度繁茂生长和减缓水温的上升，为鱼类的生长和繁殖创造良好的自然条件(图6.15)。

2)石材和混凝土护岸

城市中的滨水河流一般处于人口较密集的地段，对河流水位的控制及堤岸的安全性考虑十分重要。因此，采用石材和混凝土护岸是当前较为常用的施工方法。在这样的护岸施工中，应采取各种相应的措施，如栽种野草，以淡化人工构造物的生硬感；对石砌护岸表面有意识地做出凹凸，这样的肌理可以给人以亲切感；砌石的进出，可以消除人工构造物特有的棱角。在水流不是很湍急的流域，可以采用干砌石护岸，这样可以给一些植物和动物留有生存的栖息地(图 6.16)。

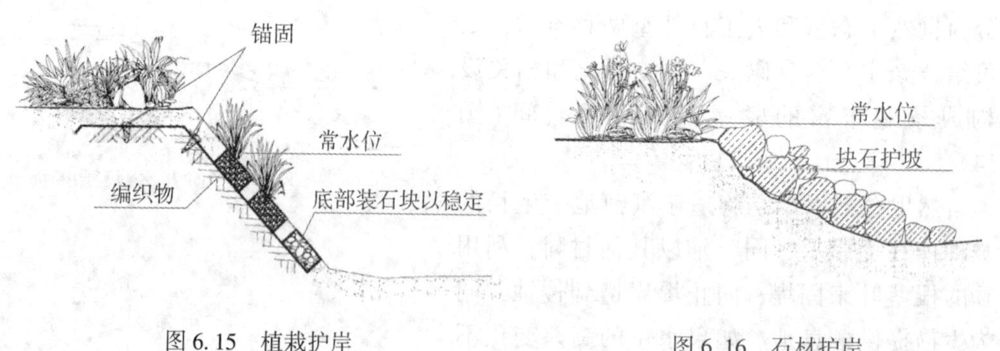

图 6.15　植栽护岸

图 6.16　石材护岸

6.3.7　滨水景观植物设计

“水”与“绿”往往有着密切的依存关系，良好的水环境有利于滨水空间各种植物的生长。同样，茂盛的植被也会因地下水得到净化而改善水体的水质。在景观方面，“水”与“绿”具有强烈的一体感，共同组成互为补充的滨水景观形象。

1. 植物选择

由于滨水景观包含水陆两种环境，因此在植物选择时，要依据生态学原理，考虑当地的环境条件，陆生树种要以乡土树种为主，并将速生树种与慢生树种结合，注意常绿树种与落叶树种的比例。水生植物应选择地方性的耐水植物或水生植物，搭配其他能体现滨水景观特点的树种，使植被与水体的风格统一并突出其地方特色。

水生植物可以分为：挺水植物、浮叶植物、漂浮植物和沉水植物。挺水植物植株高大，花色艳丽，绝大多数有茎、叶之分，直立挺拔，下部或基部沉于水中，根或茎扎入泥中，上部植株挺出水面。浮叶植物的根状茎发达，花大，色艳，无明显的地上茎或茎细弱不能直立，叶片漂浮于水面上。漂浮植物的根不生于泥中，株体漂浮于水面之上，多数以观叶为主，这类植物既能吸收水里的矿物质，又能遮蔽射入水中的阳光，抑制水体中藻类的生长。沉水植物根茎生于泥中，整个植株沉入水中，具有发达的通气组织，利于进行气体交换，它们的叶多为狭长或丝状，能吸收水中部分养分，在水下弱光的条件下也能正常生长发育，具有花小，花期短，以观叶为主的特点(表 6-1)。

表 6-1　**水生植物分类示意表**

水生植物种类	具体植物	图示
挺水植物	荷花、千屈菜、菖蒲、黄菖蒲、水葱、梭鱼草、花叶芦竹、香蒲、旱伞草、芦苇等	水 泥土
浮叶植物	王莲、睡莲、萍蓬草、芡实、荇菜等	水 泥土
漂浮植物	凤眼莲、大漂、满江红、槐叶萍等	水 泥土
沉水植物	轮叶黑藻、金鱼藻、狐尾藻、黑藻、马来眼子菜、苦草、菹草等	水 泥土

陆生、水生、湿生植物的搭配使用能够提高水体自净能力，改善河岸的自然状态，为水中和水边的生物提供良好的栖息环境。

2. 植物空间营造

在滨水区进行植物空间营造时要以乔木为主，乔、灌、花、草、藤混合栽植，合理密植，尽量采用自然化的设计手法。在水边要强化边界意向，使水体和绿化在视觉上有整体通透感，用开合布置来使滨水空间产生变化，以高低错落形成带状天际线的起伏。在生态敏感性较强的区域应完全采用天然植被和群落进行配置，地被、花草、低矮灌丛与高大乔木相搭配，常绿树种和落叶树种相结合，表现出四季色彩的变化。要重视植物空间分隔导向和引导视线的作用，高大的乔木形成遮阳顶界面，低矮的灌木形成垂直围合面，草坪形成绿色开敞底面，通过立体化、多层次的绿化种植，使滨水景观空间更具有尺度感和趣味性，以创造出富有自然气息的滨水景观。

在一些可以安排水上活动的水体，或有船只通行的河道，除了要注意绿带内观赏水景的需要外，还需考虑在水中观赏岸上绿带风光和建筑景观的要求，所以不可中断水岸与水面景色间的联系。出于消除车辆对绿地的干扰以及卫生防护的考虑，沿道路一侧可以用乔木与灌木的组合以形成绿色植物障景。而采用自然风景林、花灌木树群布置的绿地，由于花木的高低起伏，前后错落，能形成通透的间隙，形成水面到临街建筑间的自然过渡。

6.3.8 景观配套设施

滨水景观设计的其他配套设施主要包括休憩设施、休闲服务设施、卫生设施、交通设施、照明安全设施、无障碍设施等(表 6-2)。

表 6-2　**配套设施分类表**

类目	主要设施
休憩设施	室外桌椅、休息廊亭、遮阳棚
休闲服务设施	电话亭、售报亭、自动售货机
卫生设施	垃圾箱、饮水器、洗手池、公共厕所
交通设施	公交站、指路标志、方位导游图、停车场
照明安全设施	室外灯具、消防栓、游泳圈、护栏、急救设施
无障碍设施	坡道

滨水景观夜景照明设计有两个目的：安全和美观。安全性是指照明让人们明白所处的位置，预见可能出现的危险因素，避免人身伤害，同时提高人的视界，威慑不法分子。通过光线明暗对比和色彩对比，在夜幕中，突出带状绿地景观的标识、轮廓、轴线等框架，让人们了解滨水区的空间结构。滨水景观照明要充分考虑水体这一要素，利用灯光的色彩及照射的角度等与水体结合，创造动静结合、朦胧飘渺的景观效果。滨水景观灯的光色选择和其他景观照明设计要统一协调，避免杂乱不一。

上述滨水景观配套设施在选择和设置时除应考虑其自身的功能性因素之外，还应充分考虑不同滨水区游憩功能和服务人群的行为与需求，进行综合配套和设置，并注重其外形的美观和与场地环境特征的整体协调。

本章小结

(1)滨水景观是由河流、湖泊、海洋等水体及其毗邻的土地或建筑等所共同构成的景观，具有生态敏感性、景观开敞性、地域文化性等特点，在规划设计中应该进行综合考虑。

(2)按照不同的分类方法，滨水绿地也就呈现出不同的景观类型。按照水体类型的不同可以分为临海景观、临江景观、滨河景观以及滨湖景观；依据滨水景观的不同功能，可以分为滨水生态保护型、历史文化复兴型、亲水空间开发型以及滨水综合利用型。

(3)滨水景观的规划设计以生态性原则为先，尊重河流的自然过程，并对场地现状进行分析，包括自然要素分析与人工要素分析。重点考虑滨水空间的布局与内外交通组织，并对亲水空间、驳岸和滨水植物进行优化设计。

(4)滨水景观的交通组织包括滨水区外部交通组织和内部交通组织两方面。其中，内部交通要着重考虑水上交通的方便性与安全性；景观步道按照距离水体的远近不同分别进行设计，以满足人们不同的观景体验。

思 考 题

1. 滨水景观包括哪些类型？举例说明每种类型的特点。
2. 在滨水景观规划设计中要着重考虑哪些方面的内容？
3. 滨水空间有哪些布局形式？如何应用？
4. 在驳岸设计中应注意哪些方面？驳岸材料如何选择？

第 7 章　城市广场景观规划设计

广场作为城市空间的重要组成部分，是一个城市的象征。随着城市的发展，广场作为城市的公共活动空间越来越被人们重视。人们在此休闲、娱乐、交际、集会。同时城市广场也使得城市更加美丽，更加有趣味。一个规划设计好的广场可以成为一座城市的标志，因此城市广场景观规划设计在整个城市规划中占有不可或缺的地位。

7.1　城市广场概述

7.1.1　广场的演变

从古希腊的集会场所逐步发展到现代化的城市广场，经历了 1000 多年的时间。广场随着时代的发展而不断发生变化。不同时期城市广场具有不同的特征，详见表 7-1。广场的空间功能从最初古希腊时期的复合功能逐渐发展为现代城市广场的单一、专项功能，广场的空间形式也逐渐从封闭、规则式向开放、自由式发展。

表 7-1　**不同时期城市广场特征比较**

历史时期	历史背景	空间形式	空间功能	典型案例	
古希腊时期	民主政体	自由，封闭，轴向	复合	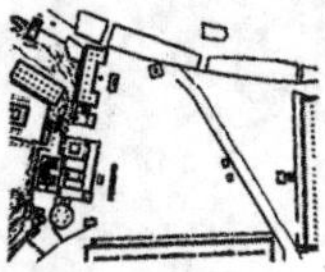	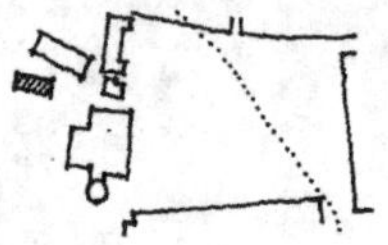
				雅典集市广场	不规则梯形，封闭
古罗马时期	专制色彩加重	严格，封闭，轴向	复合		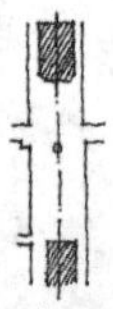
				奥斯提亚集市广场	矩形，封闭，主辅轴

续表

历史时期	历史背景	空间形式	空间功能	典型案例	
中世纪时期	民主政体	自由，封闭	复合	吕贝克集市广场	不规则，封闭
文艺复兴与巴洛克时期	专制色彩加重	严格，封闭，轴向	单一	罗马市政广场	梯形，半封闭，主轴
古典主义时期	专制主义	严格，封闭，轴向	单一	巴黎旺多姆广场	矩形，封闭，四轴
现代	民主政体	自由，开放	单一	巴塞罗那克洛特广场	矩形，开放

7.1.2　城市广场的定义

从广场发展历史演变看，城市广场随着时代的发展而不断发生变化，在不同的历史时期有着不同的概念。当代，城市广场可定义为：由人工边界(建筑物、道路、构筑物等)、自然边界(河流、绿化等)等围合而成的具有一定的社会生活功能和主题思想的城市公共活动空间，广场区域由多种软硬质景观构成，以步行交通为主。因此，城市广场是城市公众生活的中心，是集中反映社会文化和艺术面貌的公共空间，人们可在此进行集会、游览及休息等户外活动。

7.1.3 城市广场的类型

城市广场从性质与功能上，可以分为市政广场、纪念广场、商业广场、文化休闲广场、交通广场和集散广场六种类型。

1. 市政广场

市政广场是用于政治集会、庆典、游行、检阅、礼仪、传统民间节日活动的广场。大城市中，市政广场及其周围以行政办公建筑为主；中小城市的市政广场及其周围可以集中安排城市的其他主要公共建筑物。市政广场具有强烈的城市标志作用，例如罗马市政广场(图7.1)。

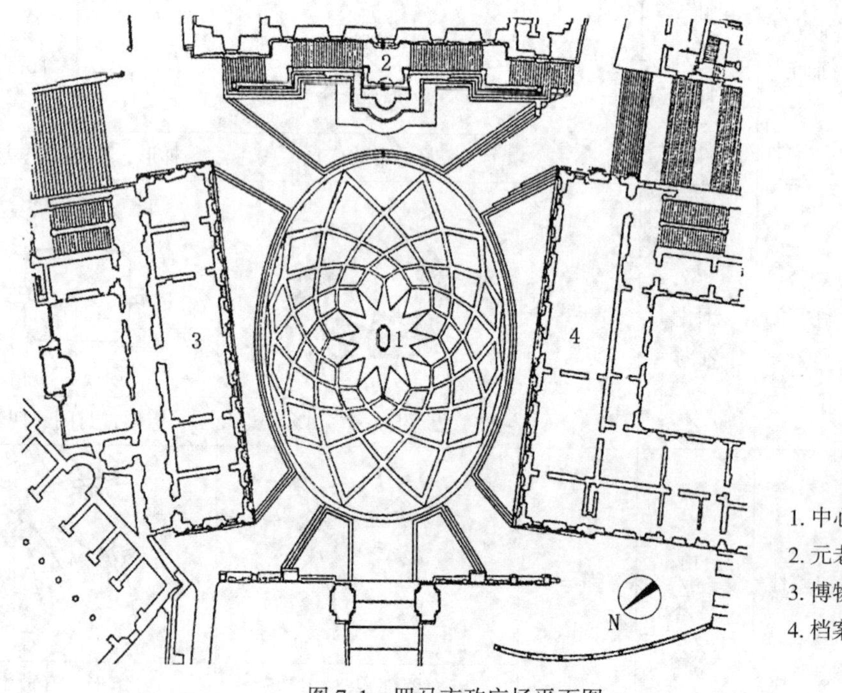

图7.1 罗马市政广场平面图

2. 纪念广场

纪念广场是用于纪念某些重大事件或重要人物的广场。纪念广场中心常以纪念雕塑、纪念碑、纪念性建筑作为标志物。纪念广场要求突出纪念主题，此类广场应既便于瞻仰，又不妨碍城市交通。例如美国9·11纪念广场(图7.2)。

3. 商业广场

商业广场是指专为商业贸易建筑而建，供居民购物或进行集市贸易活动的广场。商业广场大多数与步行街相结合，使商业活动集中，它既方便顾客购物，又可避免人流与车流的交叉，还可供人们休憩、交流、饮食等使用。例如上海浦东证大大拇指广场(图7.3)。

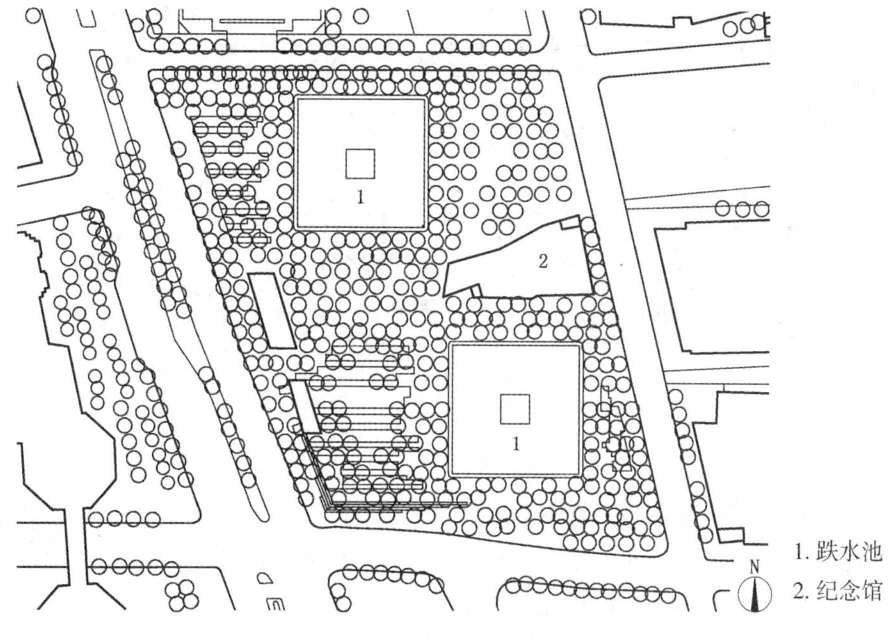

图 7.2　美国 9・11 纪念广场平面图

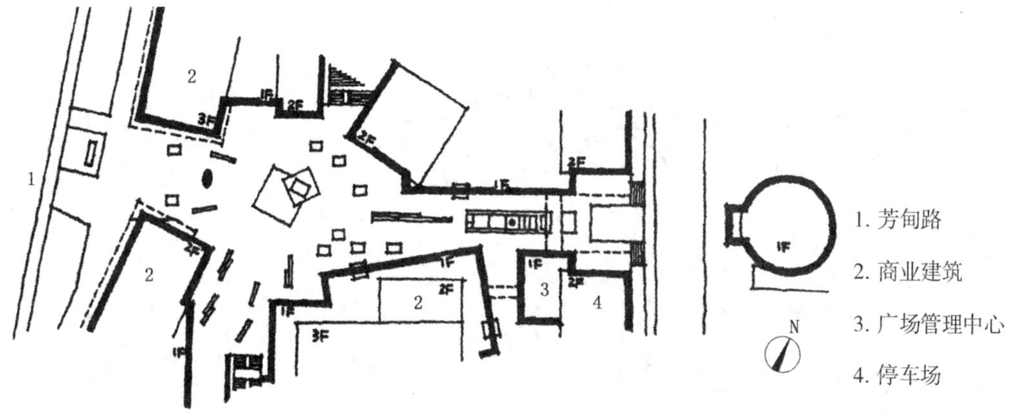

图 7.3　上海浦东证大大拇指广场平面图

4. 文化休闲广场

文化休闲广场主要为市民提供良好的户外活动空间，满足人们节假日休闲、交往、娱乐的功能要求，兼有代表一个城市的文化传统、风貌特色的作用。此类广场是城市中分布最广泛、形式最多样的广场，例如济南泉城广场(图 7.4)。

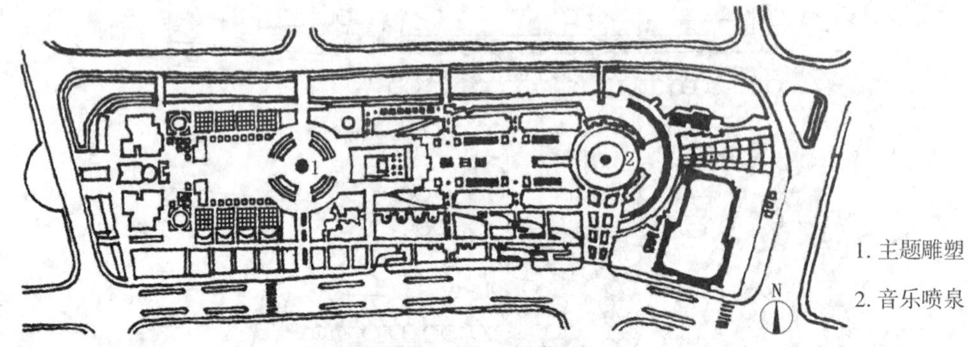

图 7.4　济南泉城广场平面图

5. 交通广场

交通广场是指有数条交通干道的较大型的交叉口广场。其主要功能是组织和处理广场与其所衔接的道路的关系，同时可装饰街景。交通广场是城市中必不可少的设施，它的主要功能在于其交通性，例如大连中山广场(图 7.5)。

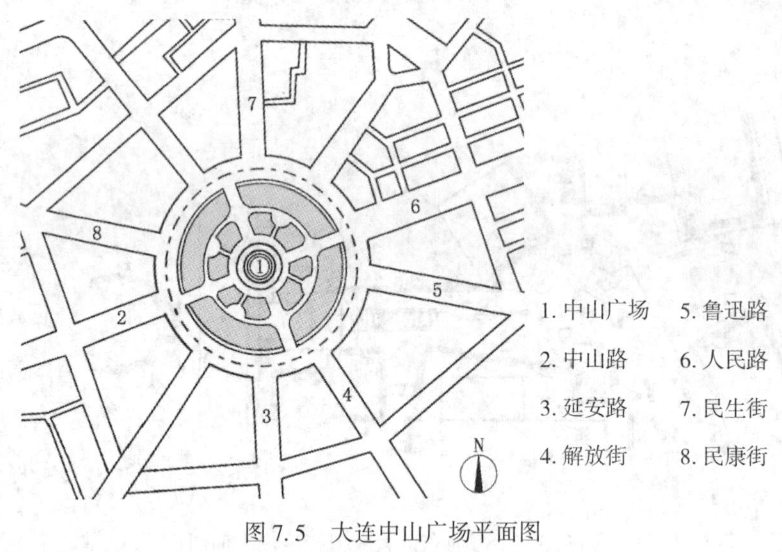

图 7.5　大连中山广场平面图

6. 集散广场

集散广场是城市中主要人流和车流集散点前面的广场。其主要作用是为人流、车流提供足够的集散空间，具有交通组织和管理的功能，同时还具有修饰街景的作用。集散广场绿化可起到分隔广场空间以及组织人流与车流的作用，同时为人们创造良好的遮荫场所，提供短暂逗留休息的适宜场所。集散广场也是一种将实用与美观融为一体的广场，例如上海新客站南广场(图 7.6)。

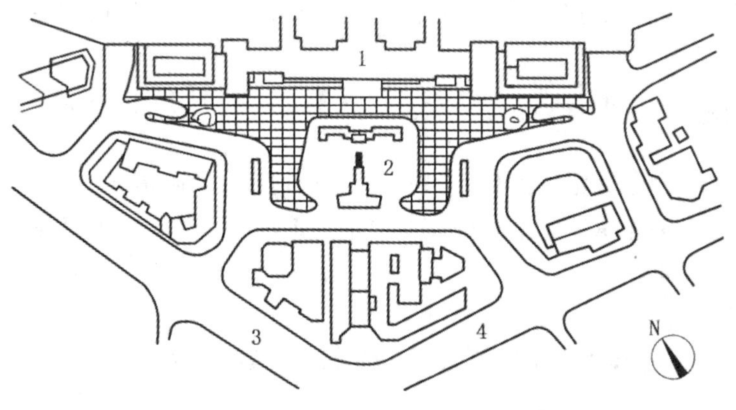

图 7.6　上海新客站南广场平面图

7.2　城市广场景观规划设计原则

7.2.1　整体性原则

城市广场作为城市景观的一部分，首先要做到与城市整体环境风格相协调，体现和展示城市的形象和个性；其次要做到功能的整体性，要有明确的方向性和方位的可判断性，明确广场在城市整体景观中的地位和作用。

7.2.2　规模适当原则

在设计城市广场时，应该根据它的地理位置、主题要求、使用功能等来赋予广场合适的规模。宜大则大，宜小则小，不能贪大求全，否则会造成设计不科学、不切实际甚至是铺张浪费的后果。

7.2.3　地方特色原则

城市广场的地方特色包括社会特色和自然特色。一方面，城市广场的建设应继承城市当地的历史文脉、民俗文化，突出地方特色，融入民间活动；另一方面，城市广场还应突出其地方自然特色，即适应当地的地形地貌和地方气候等，体现地方山水特色。

7.2.4　以人为本原则

在城市广场设计中提倡以人为本，主要是从人的角度出发，重视人在广场中活动的体验和感受，突出对使用主体的关怀、尊重，创造出满足多样化需求的理想空间，以满足不同人群的生理和心理需求。

7.2.5　方便性、可达性原则

城市广场的步行环境宜无机动车干扰，无视线盲区，夜间有足够照明，满足使用者的方便性需求。城市广场的交通流线组织要以城市规划为依据，处理好与周边道路的连接关系，增加其可达性。

7.2.6 生态性原则

城市广场的建设在设计阶段就应该通盘考虑，结合规划地的实际情况，从土地利用到绿地安排，都应当遵循生态规律，尽量减少对自然生态系统的干扰，或通过规划手段恢复、改善已经恶化的生态环境。

7.3 城市广场景观规划设计内容与方法

城市广场景观的规划设计首先要明确广场的性质与选址，然后在此基础上进行广场的空间与交通组织。在明确广场的空间结构和交通关系后，再对广场内的雕塑、铺装、水景、植物等景观进行细部设计。

7.3.1 城市广场定性与选址

1. 确定广场性质与主题

进行城市广场设计时首先要给广场定性，即判断其属于市政广场、纪念广场、商业广场、文化休闲广场、交通广场和集散广场中的哪一类。

广场的性质受周围建筑功能的影响，例如在政务中心区附近就会有市政广场，带有一定象征意义；在商业中心区附近就会有商业广场，为购物者提供休憩空间；在居住区附近也会有小型的居住区广场，为居民提供方便的交往空间。因此，在广场设计前要先对广场周围的环境进行一定的了解，使广场与周围环境相协调，以此提升吸引力。各类广场自身的性质与功能不同决定其布局特征的不同，详见表 7-2。

表 7-2　**不同类型广场的布局特征**

广场类型	布局特征
市政广场	常被安排在城市中心地带，或者布置在通往市中心的城市轴线道路节点上，应按集会人数计算场地规模，并根据大量人流迅速集散的要求进行外部交通组织。此类广场布局形式一般为规则式，较多为中轴对称式，标志性建筑常常位于轴线上。广场上一般不安排娱乐性、商业性很强的设施和建筑，以加强广场庄重严整的气氛。
纪念广场	规划设计大多采取中轴对称的布局，并注意等级序列关系以及用相应的标志、石碑、纪念馆等，创造出与纪念主题一致的环境氛围，目的是强化纪念意义以及给人们带来感染力。
商业广场	大多位于城市商业区，由于大型商业中心人流众多，交通拥挤，往往采取人车分流的规划设计。广场以步行商业广场和步行商业街的形式居多，同时也出现了各种露天集市广场形式。

续表

广场类型	布局特征
文化休闲广场	空间具有层次性，常利用地面高差、绿化、建筑小品、铺装色彩和图案等多种空间限定手法对内部空间作限定，以满足各个年龄段市民不同的空间要求。此类广场常利用具有鲜明城市文化特征的花草树木、雕塑及具有传统文化特色的各种装饰小品烘托广场的地域文化特色。
交通广场	以交通疏导为主，应避免在此处设置多功能、容纳市民活动的广场空间，且四周不宜布置具有大量人流出入的大型道路。此外，应在广场周围布置绿化隔离带，以保证车辆、行人顺利安全地通行，同时应采用平面立体的绿植吸尘减噪。
集散广场	此类广场应做到交通便利以确保车流通畅和行人安全，并应根据实际需求安排机动车和自行车的停车场以及其他服务设施。广场的布局应与主体建筑相配合，广场风格应与周围建筑形式相协调，并布置适当绿化。

同时，还要根据广场的类型来选择一个明确的主题。虽然现在的城市广场空间呈现出多样化、复合化的功能特征，但是有一个明确的主题是广场成功的要点之一，每个广场应根据其自身的地理方位、形状和交通状况等确定各自的主题。虽然广场在使用时，功能不仅仅局限于它的主题，但是明确的主题能够帮助体现广场自身的特色，避免使它们流于平庸和雷同。

2. 广场的选址

广场性质和广场的选址是相互影响的，所以，广场的定性和选址实际上是交叉进行的，并没有绝对的先后次序。广场的选址布局有些普遍适宜的考虑原则及依据。

(1)“微偏心”原则。尽管广场的位置是由城市的发展变化而定的，但观察城市的发展进程之后发现，广场始终位于城市的核心位置，城市级中心广场位于全市的核心区域，而区级中心广场则定位于区中心。

大型广场定位于城市的核心区域，并不意味着一定要占据城市核心区域的绝对中心，而是要结合旧城的状况，遵循一种“微偏心”的原则：适当避让旧城中心，使中心昂贵的地价得以更充分的发挥。同时，广场的选址又不宜距之过远，应位于绝对中心的一侧或边缘，形成与中心商圈既分又和、功能上相互支持补益、空间上相互对比均衡的格局。如上海人民广场偏置于城市中最繁华的南京路、外滩、豫园一带的西侧(图 7.7)，位置恰如其分，正吻合了“微偏心”的原则。

(2)“吸引点”原则。一般来说，广场并不是依靠场地自身而吸引人，它的吸引力来自周围建筑和附属物等形成的能够聚集人气的魅力。城市中存在着一些以不同功能和特色来吸引人流的场所或区域，可称之为“吸引点”，这些“吸引点”包括城市的商圈、文娱中心、行政中心、风景区以及其他具有活力的空间。在这些“吸引点”附近兴建的广场会因为周围环境而吸引更多的人加入广场中。

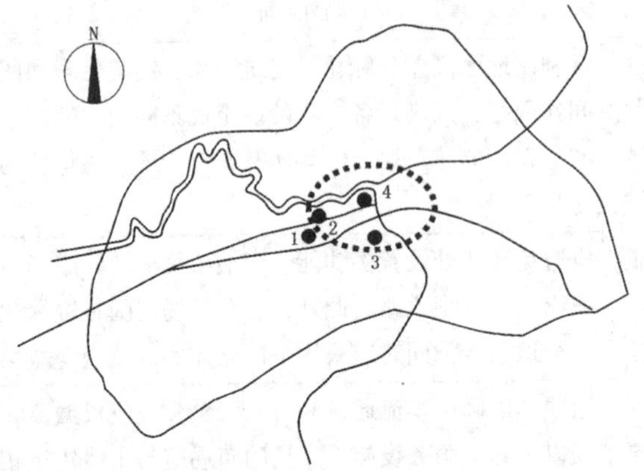

图 7.7 上海人民广场位置关系图

(3)广场可达性。可达性会直接影响广场的使用频率，因此在进行城市广场选址时应当充分考虑广场建成之后的外部交通状况，以确保其具有良好的可达性。高度可达性依赖于完善的交通设施，应当优先解决地面交通、地下交通的组织及其转换，同时明确广场周围的人流、车流之间的关系，做好分流规划。此外，为增加广场的可达性，还应充分利用公共交通，以缓解广场周围的交通压力。

随着城市的汽车拥有量日益增大，在进行城市广场选址时还需要充分考虑到大量的停车需求，这也在一定程度上影响着广场的使用频率，停车需求得不到满足，人们就会减少对该广场的使用。由于广场地面空间有限，可以采用地下停车场的方式，充分利用地下空间，提升整体空间的利用效率。

(4)广场防灾性。为了应对自然灾害和社会灾害这类城市灾害，城市中设立了越来越多的避灾防灾系统，而城市广场是其中的主要场所之一，在进行城市广场选址的阶段就应当考虑到其作为避灾场地这一功能。

当城市广场作为一级避灾场地时，其将成为灾害发生时居民第一时间紧急避难的场所，其服务半径不小于 500m，场地面积应不小于 5000m^2。在选址时，必须保证它与一条以上的疏散通道相连接。

当城市广场作为二级避灾场地时，其将成为灾害发生后用于避难、救援、恢复等建设活动的基地，往往是灾害发生后相对时期内避灾难民的生活场所，其服务半径不小于 2.5km，并能在一小时内到达，场地面积不应小于 50000m^2。在选址时，必须保证其在各个方向上都有一条疏散通道，并且至少有一条二级以上的疏散通道与之相邻。

总之，广场要选择在一个方便、使用率高并且舒适宜人的公共空间环境中，以延长人们的户外活动时间，提高户外活动舒适程度，满足人们休闲、娱乐、交往的需求，使人们获得更多的人文关怀。

7.3.2　城市广场空间组织

城市广场的形成首先是要明确其空间范围，然后是在该明确的空间范围里进行细化设计。城市广场的空间设计是由不同次序、不同程度的空间组织来完成的。首先是形成广场的整体空间，包括限定广场空间和控制广场比例尺度；然后在此基础上对广场的内部空间进行细化设计，也就是对广场的“子空间”作出限定和划分。

1. 城市广场空间的形成

广场整体空间的形成是由广场周边要素的限定完成的，人们对城市广场的空间感知主要来自广场的空间限定和比例尺度这两个方面。

1)城市广场的空间限定

限定广场空间的要素包括建筑、道路、植物、自然山水等。大部分欧洲的传统城市广场，其空间范围是用建筑围合而成的，如圣马可广场、圣彼得大教堂广场等。而现代广场更强调空间的开放性，其边界大多是道路和植物等，弱化了广场空间的围合度，如上海人民广场、莫斯科胜利广场等。

(1)广场与周边道路的关系。城市道路的规划将直接影响到广场的形态与边界，城市道路与广场的组合主要有如图 7.8 所示的四种方式。

(2)围合形式。广场的围合形式一般分为一面围合、两面围合、三面围合和四面围合这四类形式(图 7.9)。

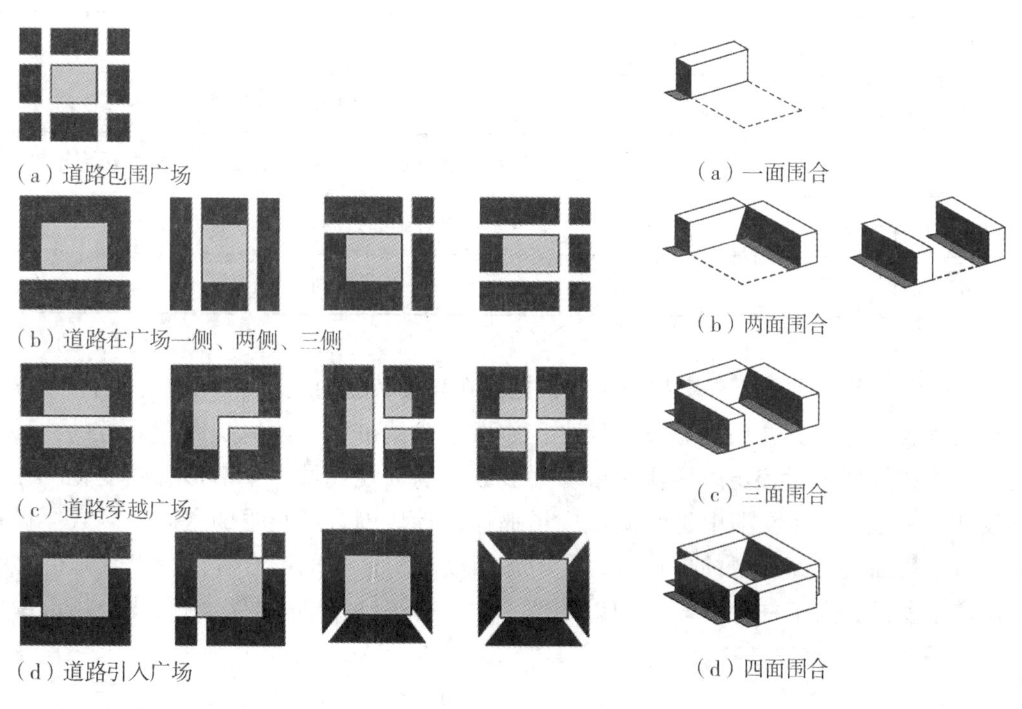

图 7.8　广场与周边道路的关系图

图 7.9　广场的围合形式

一面围合：仅一面围合的广场开放性较强，当规模较大时，可以考虑组织不同标高的二次空间，如局部上升或下沉。

两面围合：两面围合的广场空间限定较弱，常常位于大型建筑之间或道路转角处，空间具有一定的流动性，可起到城市空间的延伸和枢纽作用。

三面围合：三面围合的广场比前两者封闭感要强，而且具有一定的方向性和向心性。

四面围合：四面围合的广场封闭性极强，具有强烈的内聚力和向心性，尤其当这种广场尺度较小时。

广场的围合形式，并不能明确地比较出哪种围合效果好或不好。形式的采用是根据广场的功能、面积等具体情况而决定的，可以说它们各具特色。总体而言，三面围合和四面围合的广场是比较传统的，也是最常见的广场围合形式。古典城市广场的四周往往环绕着精美的建筑物。

(3)围合程度。城市中大多数广场都与周边的建筑和道路有着密切的联系。广场周边建筑的连续围合程度决定了广场的封闭程度。广场周边围合的建筑间距越大，进入广场的道路越多，广场的封闭性就越差，向心力就越弱；反之，则向心力越强。此外，广场的围合程度还受人的视野距离(d)、建筑超过人眼视点以上的高度(h)、观察视角(α)以及广场宽度和周边建筑高度比值(D/H)的影响，具体关系如表 7-3 所示。

表 7-3　**广场的围合程度**

d/h	α	D/H	围合程度
1	45°	2	广场的围合程度强
2	27°	4	人可以看到建筑整体和部分天空，且注意力开始分散
3	18°	6	可以看到远处的建筑群，注意力分散
4	14°	8	无空间的容积感

城市广场并不是围合程度越强越好，尤其在高楼林立的城市中，过强的围合程度容易给人造成一种置身井底的感觉。反之，如果一个城市广场四周是完全开敞的，那它的围合性和领域感就较弱。现代城市中大多数广场因现代城市生活形态的变化，在规划设计中，很少能像欧洲中世纪城市广场那样设计成围合度很强的空间，多数会设计成一面、两面或三面开敞的广场。为了增强当今城市广场的围合程度，设计师们往往利用道路和设置人工柱等手段来加以处理，并取得了良好的效果，例如波士顿市中心人工柱围合广场(图 7.10)。

图 7.10　波士顿市中心人工柱围合广场

2)广场比例尺度的控制

广场比例尺度并不是固定不变的，可以根据人们的视线感受和使用范围来进行具体设计。对广场比例尺度的控制主要包括广场自身的比例尺度和广场与周边建筑的比例关系两个方面。

(1)广场自身的比例尺度。为了防止广场的比例过度失调，美国一些城市对广场的尺度做了明确规定：城市广场的长宽比不得大于 3∶1，并且广场中至少有 70%的面积位于同一高度内，防止广场面积零散；街坊内的广场宽度最少应在 10m 以上，这样才能使阳光直射到草坪上，给人带来舒适感。

塞特认为："广场的长宽比以小于 3 为宜，当广场的宽度适宜，而广场的长度过于延长的话，就会失去广场的感觉，这也就是广场与林荫道的区别。"例如，法国巴黎拉德芳斯大道以及北京奥林匹克公园大道。

(2)广场与周围建筑的比例关系。著名城市设计师卡米洛·西特(Camillo Sitte)曾指出，广场的最小尺寸应等于它周围主要建筑的高度，而广场的最大尺寸以不超过它周围主要建筑高度的两倍为宜。当然这种比例关系也不是绝对的，可根据实际情况具体调整。广场与周边建筑的关系也影响着城市的尺度以及身处其中的市民的感受，具体如表 7-4 所示。

表 7-4　**广场与周围建筑的比例关系**

D/H	人的感受
<1	有紧迫感，建筑之间互相干扰过强
1~2	空间比较匀称、平衡，是最为紧凑的尺寸
>2	有远离感，广场的封闭性开始薄弱
>4	建筑间互相影响薄弱

注："D"表示广场的宽度，"H"表示周边建筑的高度。

广场的尺度关键在于与周边围合建筑物的尺度相匹配，以及与广场内人的观赏、行为活动的尺度相配合。广场的尺度要根据广场的规模、功能要求以及人的活动要求等方面因素而定。一个有足够美感的广场，应该是既有能使人感到开阔、放松的大空间，又有使人感到安全的封闭式小空间。假如广场过大并且与建筑界面关联感不强，就会给人模糊、大而空、散而乱的感觉，使空间可感知性微弱，缺乏吸引力。这时应该采取缩小广场空间等方法进行调整。

总之，良好的广场空间不仅要求周围建筑具有合适的高度和连续性，而且要求所围合的地面具有合适的水平尺度。当广场占地面积过大、与周围建筑的界面缺乏关联时，就不宜形成有形的、感知性较强的空间体系。许多失败的城市广场都是由于广场的比例失调造成的，比如地面太大，周围建筑高度过小，从而造成墙界面与地面的分离，难以形成封闭的空间，缺乏作为一个露天客厅的特质。

2. 城市广场的内部空间组织

当广场空间尺度较大时，为了避免人在其中产生空旷、冷漠的感受，就应该对广场的空间进行划分，形成一系列相互联系的“子空间”，这样既可改善人们在广场中的空间体会，也可提升广场的利用率。

1)广场“子空间”的限定

广场“子空间”的限定应当使其与广场整体空间形成既分又和、灵活多变的关系。“子空间”若过于封闭，则广场的空间整体性、连贯性丧失，使用者感到局促压抑，广场中的群体与群体、活动与活动之间的交流被阻隔。因此，不能够简单采用大尺度硬质界面围合的方式。广场的“子空间”的具体限定要素有以下几种：

(1)建筑物或其他人工设置物：包括广场中的建筑物以及亭、廊、柱列、标志物等。对此类设置物的布局不仅要考虑其在广场中的功能作用，还应着重分析其布局位置对于“子空间”限定的积极或消极作用。对广场来说，一个边界很规整的空间并不是很理想的用地形状，但是通过空间的划分，使它转变成多个互相联系的小空间，使每个空间都有各自“凹凸”的边界，空间就会变得丰富多彩。

(2)乔木、灌木、矮墙与花池：植物与建筑不同，是一种软质的界面，用其分隔、围合空间会有自然、通透、悦目的效果。乔木最为高大，其茂密的树冠对于广场“子空间”可以形成良好的控制。灌木、矮墙与花池较为低矮，可以有效地限定空间、阻隔人的行动，但不遮挡人的视线，能够增加广场园林式的意境。不同类型、不同高度的植物在广场的空间组织上起着不同的作用，详见表 7-5。

表 7-5　**不同植物在空间组织中的作用**

序号	植物类型	植物高度	植物与人体尺度关系	作用
1	草坪	<15cm	踝高	作基面
2	地被植物	<30cm	踝膝之间	丰富基面
3	低篱	40~45cm	膝高	引导人流
4	中篱	90cm	腰高	分隔空间

续表

序号	植物类型	植物高度	植物与人体尺度关系	作用
5	中高篱	1.5m	视线高	有围合感
6	高篱	1.8m	人高	全封闭
7	乔木	5~20m	人可以在树冠下活动	上围下不围

(3)广场水平界面的升与降。水平界面的下沉使空间形态独立、四角严实、边界明确，具有典型的"图形"性质。其独特的界定方式增强了空间的围合感、场所的领域性，并使其从广场空间的系统中显著地分离出去，免受视线与人流交通的干扰，从而提升了空间的品质。水平界面的抬升虽然不能使空间直接获得围合，但抬升部分的侧界面对其周围空间实现了间接的限定。

2)广场"子空间"的内部划分

广场"子空间"的内部划分是一种空间的弱限定，由广场中的铺装图案、草坪、水面等平面构图要素完成。此外，还可以在"子空间"中通过行为活动的安排、个人空间的组织、特定功能主题的设置，来起到进一步占有、控制、限定或划分空间的作用。在"子空间"内部设计时要注意空间划分适当，不宜琐碎，并且与大空间之间要有联系，应以"块状空间"为主，"线状空间"不适宜活动的展开。

7.3.3　城市广场交通组织

广场的交通有多个相关影响因素，除了要满足广场选址时所提到的对广场外部交通的可达性、防灾性要求之外，还应考虑广场内部的交通组织，合理进行广场内的人车分流和人流疏散。

1. 人车分流

在进行广场内部交通组织时应尽量不设车流，或少设车流。但随着城市交通不断发展，有时为了缓解广场周边的交通压力，不得不让车辆穿越广场。因此，我们需要对广场内的人流、车流进行组织，在不影响城市交通的情况下，保证广场中人的活动。为了达到这一目的，可采用以下三种设计方法：

第一，使车流通过广场部分的道路下沉，将广场空间还给步行者。这种设计可以使广场的整体感不被破坏，更利于形成广场的整体景观效果。

第二，在人行道与机动车道的交汇处，将人行道局部下沉，避让机动车。这种设计方法不利于保证广场的整体感，容易使广场的使用面积比实际面积看起来小一些，并且在一定程度上割裂了广场中机动车道两侧行人的沟通与互动。但是，在机动车道在广场附近交汇较多的情况下，这种设计方法可以使交通更加顺畅。

第三，建人行天桥。人行天桥的局部可以扩大形成景观平台的效果，使之功能多样化，让游人视野更开阔，可以俯视更远的空间，同时也使空间层次更加丰富。

2. 人流疏散

广场内部人流的疏散应考虑以下四个方面。首先，要设立明确的标识系统，使人群在进入广场之后容易找到出口方位。其次，通往各个出口的交通要顺畅。在人流较大较急的方位可适当加宽通道，以缓解短时间内产生巨大人流量造成的交通压力。再次，在距离入口稍微远一些的地方可以设置一些休息、停留的设施，并同时放置一些明显可辨的标志物，这样既可以作为人们的休息空间，又为在城市广场入口处不慎失散的行人提供一个较为便利的相聚点。最后，在广场附近设立便利的公共交通站点，快速疏导人群，防止人群在广场中的过多聚集。

7.3.4 城市广场景观的细部设计

1. 广场色彩设计

色彩是人类视觉审美的核心，作为城市公共空间的广场，色彩是用来表现城市广场空间的性格和气氛、创造良好空间效果的重要手段之一。同时，广场色彩不仅与周边建筑、环境相协调，还与城市的文化、地域特色息息相关。恰当的色彩处理可以使空间获得和谐、统一的效果，有助于加强空间的整体感、协调感。

1) 色彩构成要素

城市广场的色彩要素很多，有植物、建筑、铺装、水体、人物、雕塑、小品、灯饰、天空等。例如植物景观的设计，以观赏为主的则要注意树木四季色彩变化，如春季观花、秋季观叶的色彩搭配；以衬托背景为主的则以一种色调为主即可。再如广场照明的设计，光源的选择应考虑季节的变换，冬天宜采用橘红色的光，使广场带有温暖感；夏天宜采用高压水银荧光灯，使广场带有清凉感，等等。

2) 色调选择

根据色彩学相关研究，色彩与人的特定心理反应具有一定关系，不同的色彩给人以不同的心理感受和相关联想，详见表 7-6。在进行广场的色调选择时，需考虑不同色彩给人带来的心理感受与该广场的功能、性质等是否相符合。

表 7-6　**不同色彩给人的心理感受与相关联想**

色彩	心理感受	相关联想
红	热情、活力、喜悦	火、血、太阳
橙	温和、欢喜、嫉妒	火、橘子、秋叶
黄	光明、快活、平凡	光、柠檬、肠胃
绿	和平、生长、新鲜	草、叶、树木、森林
蓝	平静、理智、深远	海洋、天空、水
紫	优雅、高贵、神秘	紫丁香、葡萄
白	洁白、神圣、清雅	雪、白云、雾

从空间整体感受上，在纪念性广场中不能有过分强烈的色彩，否则会冲淡广场的严肃气氛。如南京中山陵纪念广场，以蓝色的建筑屋面、白色的墙体、深绿色的苍松翠柏为背景，肃穆、庄重而又不失典雅、明快。商业性广场及休闲娱乐性广场则可选用较为温暖而热烈的色调，使广场产生活跃与热闹的气氛，加强广场的商业性和生活性。如上海南京路步行街商业广场，布置酱红色的大理石铺地、座椅，蓝色的指示牌和电话亭，色彩鲜艳，简洁明快，活跃了广场的气氛。

在空间层次处理上，下沉式广场采用暗色调，上升式广场采用较高明度与彩度的轻色调，可有沉得更沉、升得更升的感觉。在广场色彩设计中，如何协调和搭配众多的色彩元素，不至于色彩杂乱无章，造成广场的色彩混乱，失去广场的艺术性，是很重要的。

2. 广场雕塑设计

雕塑是供人们进行多方位视觉观赏的空间造型艺术。古今中外，著名的广场上面都有非常精彩的雕塑设计。有的广场是因为雕塑而闻名的，甚至有的雕塑成了整个城市的标志和象征，可见雕塑在城市广场景观设计中的重要地位和作用。它不仅依靠自身形态使广场有明显的识别性，增添广场的活力和凝聚力，而且对整体空间环境起到烘托、控制作用。

广场雕塑一般是永久性的，大多数使用大理石等石材和青铜等永久性材料制作。广场雕塑是一个时代精神的体现，其留存时间少则数百年，多则上千年。其内容一般都与历史人物、特殊时间有所关联，具有一定的纪念性。另外，广场雕塑的风格应该与广场周围的建筑环境相一致。根据广场雕塑的不同功能和作用，可将其分为纪念性广场雕塑、主题性广场雕塑、装饰性广场雕塑和陈列性广场雕塑。

广场雕塑的设计包括视觉要求、平面布置和材料选择三个方面。

首先，在视觉要求方面，由于广场雕塑是固定陈列在广场之中的，它限定了人们的观赏条件，所以一个广场雕塑的最佳观赏效果必须事先经过预测分析，特别是尺度和体量的研究、最佳观赏角度的选择以及透视变形和错觉的矫正。较好的观赏位置一般在距观察对象高度的 2~3 倍远的地方，如果要将对象看得细致些，则应前移至距对象 1 倍高度的位置(图 7. 11)。

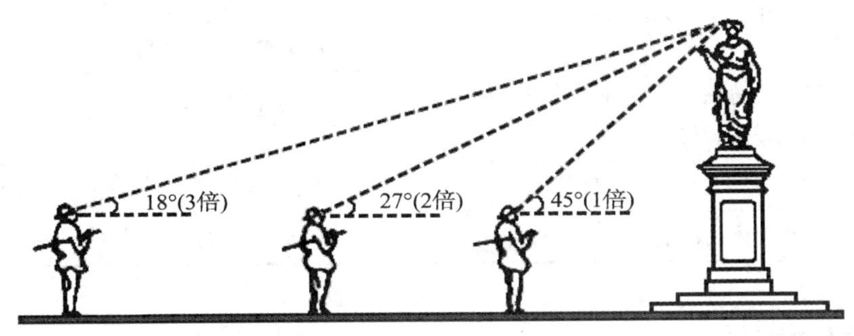

图 7. 11　人眼观看雕塑的视距示意图

其次，广场雕塑在平面布置上包括中心式、丁字式、通过式、对位式、自由式和综合式 6 种形式(图 7. 12)，设计中应根据需求选择合适的布局形式。

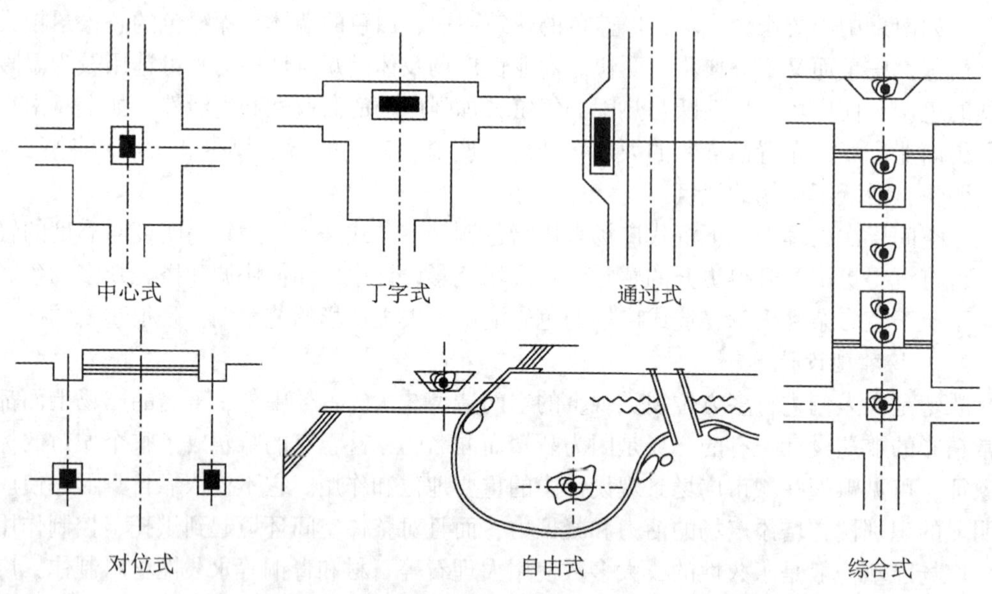

图 7.12　广场雕塑的平面布局形式

最后，广场雕塑在材料的选择上，要考虑其与广场环境的关系，注意相互协调和对比关系，因地制宜，选择最合适的材料达到良好的艺术效果。广场雕塑的材料一般分为 5 大类，如表 7-7 所示。

表 7-7　　广场雕塑的材料分类

材料类型	常见材料	材料特性
天然石材	花岗岩、大理石、砂岩、板岩等天然石料	质地坚固，常用于永久性的雕塑。
人造石材	混凝土等人造合成材料	可塑性较强，可模拟出多种材质效果，一般不太适合做永久性广场雕塑。
金属材料	铸铜、铸铁、不锈钢、合金等锻造浇铸而成的金属制品	延展性较强、光泽好，广泛运用于现代雕塑。
高分子材料	树脂塑形的材料，如玻璃钢	易加工，在现代雕塑选材中运用得比较多。
陶瓷材料	运用陶土高温烧制而成的材料	光泽好、抗污力强，但易碎，坚固性较差。

3. 广场铺装设计

对城市广场而言，有别于城市公园绿地的一个最重要的特征，即城市广场的硬质景观较多(约占广场面积的一半，甚至更多)，因此，广场铺装是广场景观设计的一个重点，是广场的基础。广场铺装最基本的功能是为市民的户外运动提供场所，并通过不同的形状、尺度、材料、色彩、肌理、功能等设计对广场进行美化装饰和空间界定等，从而适应市民多种多样的活动需要。

1) 铺装形式

广场铺装一般分为复合功能场地铺装和专用场地铺装两种形式。复合功能场地是广场铺装的主要部分，一般不需要配置专门的设施，也没有特殊的设计要求。专用场地是有某种特殊功能的场地，比如儿童游乐场、露天表演场地等，要使用适宜儿童游戏、活动或露天场所使用的材质、色彩进行铺装，在设计或设施配置上往往都有相应的要求。

2) 铺装材料

广场铺装的材料较多，比较常用的有花岗岩、广场砖、青石、平面板铺地石、毛面铺地石、磨砂亚光铺地石、鹅卵石、砂子、混凝土等，要根据广场空间的具体功能和特征选用合适的材料进行铺装。尽量选用透水性较强的材料，以减少地面径流。广场铺装还要考虑到防滑、耐磨以及有良好的排水性等因素。

3) 设计要点

广场铺装的设计包括功能需求和视觉要求两个方面。

从广场的功能来看，其主要是供人们行走、休息、活动、观赏的场地。如供行走的广场铺装形式以引导人的流动方向为主，具有一定的导向性(图 7.13)，常以条状、块状石块铺设；供活动、观赏、休息的地面铺装则考虑人们在其中的活动需求(图 7.14)，铺装以平坦的方式铺设。另外，广场铺装还要同时满足排水坡度的要求，以便顺利地将广场上的雨水排出，保证地面的干净整洁。

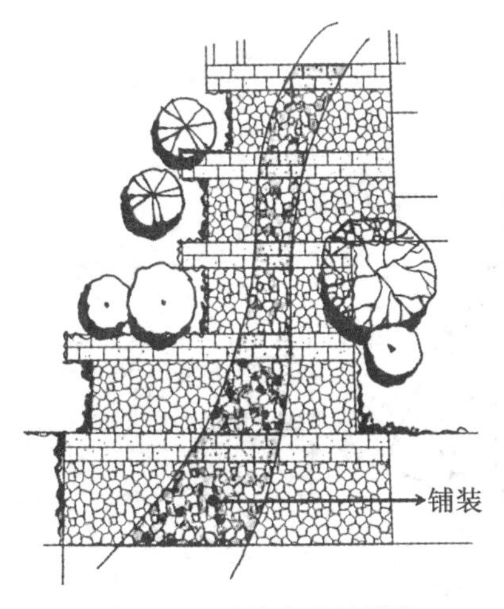

图 7.13　引导人流的铺装

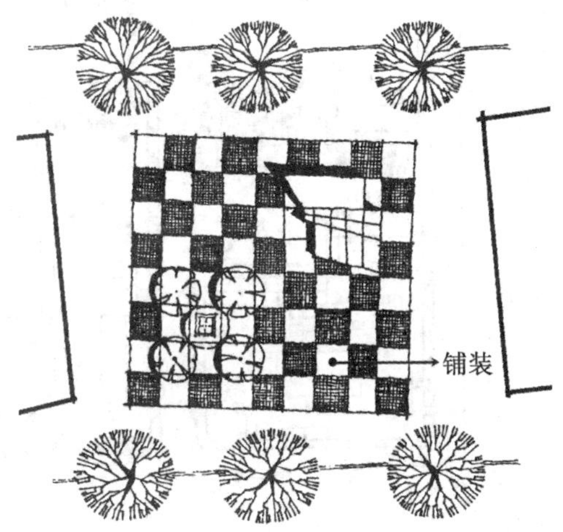

图 7.14　提供活动区域的铺装

从视觉角度出发，广场铺装主要考虑美观，以铺设图案为主，常可以将整个广场或广场中某个空间作为整体来进行图案设计，切记在一个广场中不要有多个不同的且过于复杂的图案，那样容易造成由多个广场拼接组合的感觉而失去广场的凝聚性。铺装图案宜简洁，重点区域稍加强调，便于统一广场的各要素和增强广场空间感。有时同一图案重复使用也可取得一定的艺术效果，但在面积较大的广场中亦会产生单调感，这时可适当插入其他图案，或用小的重复图案再组织起较大的图案，使铺装图案更为丰富。

4. 广场水景设计

水是自然景观中“最典型的要素”。人类对水有特殊的感情，在城市广场中布置水景，不论是从人的感受还是从环境改善角度以及从空间构成角度都具有很大作用。水是一种特殊的材料，它既不同于绿化的软，也不同于铺装的硬。宋郭熙在《林泉高致》中指出：“水，活物也，其形欲深静，欲柔滑，欲汪洋，欲回环，欲肥腻，欲喷薄……”因此，水体是城市广场景观设计元素中最具吸引力的一种，它极具可塑性，并有可静止、可活动、可发音、可映射周围景物等特性。概括起来可分为以下两种形式：

一种是以观赏水的各种姿态为主，其他一切设施均围绕水体展开。如美国旧金山莱维广场(图 7.15)由美国设计师哈普林于 1980 年设计，将水的各种动态景观组合到广场中，喷泉由一系列高低错落的种植池和水池组合而成，水在各层之间跌落、流淌，一条汀步引导人们参与其中。整套水景组织了静水、流水、落水、跌水、涌泉与喷泉等多种水景，既丰富了空间景观又串联了多个空间领域，使整个广场显得生气勃勃。

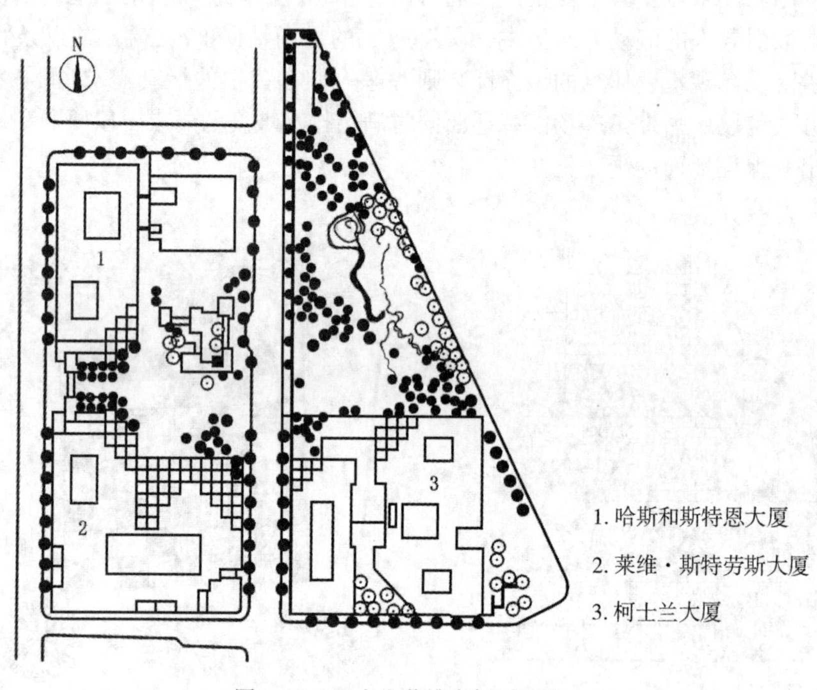

图 7.15　旧金山莱维广场平面图

除了场地内设计的水景，也可将场地周边的水景作为构成广场要素的内容之一。国内外有许多广场是利用地形地貌修建而成的，有滨海广场、滨江广场、滨湖广场等。如大连星海广场，与大海连为一体，使人感到面临大海，心胸开阔；沈阳五里河公园广场将广场一侧引入河水中，给人以触手可及的感觉。再如意大利圣马可广场(图 7.16)，该广场一侧紧邻威尼斯大运河，为人们提供了亲水的极佳环境。

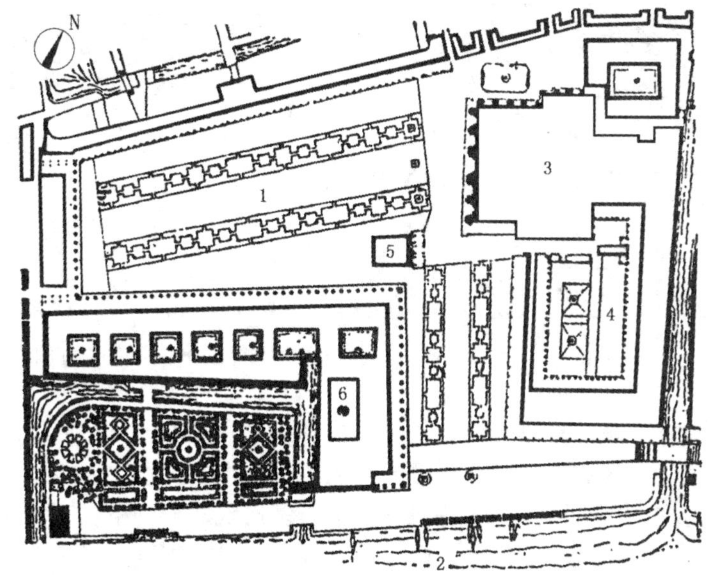

图 7.16 圣马可广场平面图

5. 广场植物景观设计

植物景观是城市生态环境的基本要素之一。作为软质景观，植物是城市空间的柔化剂，是改善城市环境最方便、最快捷的方式之一。通过植物景观种植设计所创造出的纹理、密度、色彩、声音和芳香效果的多样性，可以极大地促进广场的使用效果。

城市广场的植物景观设计要综合考虑广场的性质、功能、规模和周围环境，在综合考虑广场功能空间关系、游人路线和视线的基础上，形成层次丰富、观赏性强、易成活、好管理的植物景观空间。

1)植物景观的比例与布局

广场的绿化比例随广场的性质不同而有所不同。一般来说，公共活动广场周围宜栽种高大乔木，集中成片的绿地不小于广场总面积的 25%，并且绿地设置宜开敞，植物配置要通透疏朗。车站、码头、机场的集散式广场宜种植具有地方特色的植物，集中成片绿地不小于广场总面积的 10%。纪念性广场的植物景观应该有利于衬托主体纪念物。

植物景观布局时应考虑广场的性质与区域。商业广场多以规则式种植并采用大块面的布置方法(图 7.17)，如大草坪、大树阵。而休闲娱乐广场则可采用自然式、组合式等布局方法(图 7.18)。除此之外，广场周边的自然元素也影响到植物景观的布局，如外围有影响视觉的元素(杂乱的货场等)，则应在其相邻的区域布置密林以遮挡；当有良好的景观资源时，则以开敞为主，以起到借景的效果。

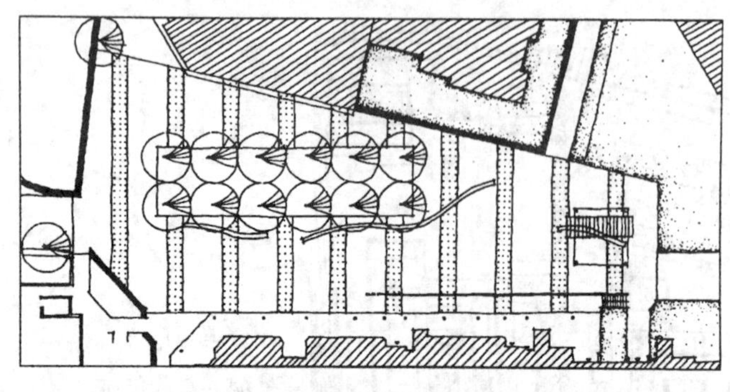

图 7.17　规则式种植的广场

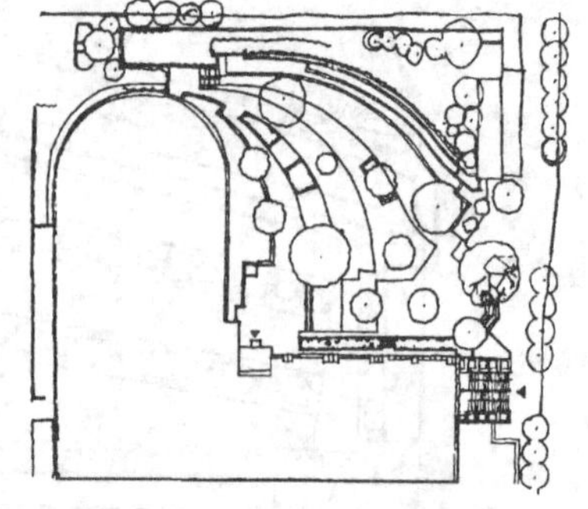

图 7.18　自然式种植的广场

此外，由于我国位于北半球，四季分明，为使广场做到冬暖夏凉，应在广场的西北处布以密林，以遮挡冬日的西北风，东南则以低矮开敞的树木为主。广场内部植物的种植应从功能上考虑，起空间分隔和围合作用的植物景观可进行多层次复合种植；小空间植物种植可考虑运用季相多变、色彩艳丽的乔灌木，吸引人们驻足休息。下沉广场多选择分枝点较高的树木，人们穿过时能看到广场的不同部分。

2）广场的植物选择

植物选择首先应遵从适应性、乡土性原则。广场大多在城市中心或区域中心，车多，污染严重，选择适应性强的乡土树种，利于生长；其次考虑以乔木、灌木为主，藤本、花卉为辅的原则，通过组合搭配增加植物景观的种植结构；再次是选病虫害少、污染少的树种，如悬铃木树冠虽好，但其产生的飞絮污染环境，应尽量减少在城市中使用；最后，在树种选择上还应遵循速生树与慢生树结合、落叶树与常绿树结合、季相变化与多样性原则。

6. 广场配套设施

广场并不仅仅只是一个空旷的场地，为了使人们有一个良好的户外交往空间，使广场能够达到预计的使用效果，必要的配套设施也是必不可少的。这其中包括休息设施、标识系统、照明设施、服务设施和无障碍设计等。

1）休息设施

休息设施对于人们驻足休息、交谈、观望、观演、棋牌、餐饮等休闲活动是必不可少的。要创造良好的公共休憩环境，最简单的办法就是为人们提供更多更好的“坐”的场所和条件，设计时详尽分析场所空间质量和功能要求是我们安排“坐”的基础。休息设施的设计要满足以下三个要求：

一是利用“边缘效应”，人们普遍喜欢坐在空间的边缘而不是中间，因此应在边界处适当位置设计休息和观光的空间。二是提供交往空间，座椅的设计不仅要便于人们休憩，同时还要为人们提供一种交往的可能。三是提供景观空间，视野在人们选择“坐”的位置时也起着重要作用，无阻挡视线以观察周围活动是人们选择的决定因素之一。如图 7.19 所示。

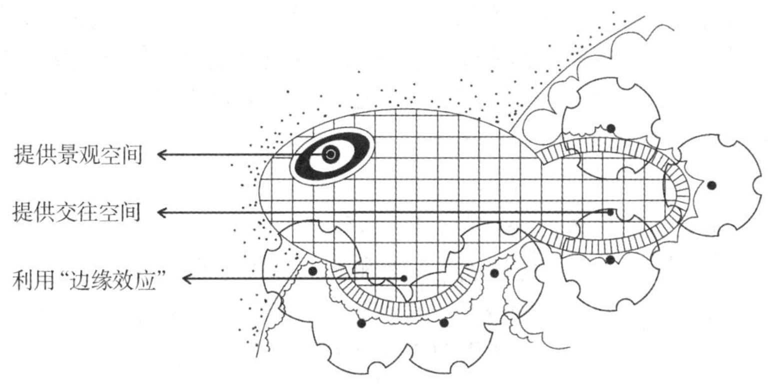

图 7.19　休息设施设计示意图

2)标识系统

标识系统的主要功能是迅速、准确地为人们提供各种环境信息，帮助人们识别环境空间，它是广场中传达信息的重要工具。广场中出现的标识主要有：指示标志(如方向、场所的引导标志)、警告标志(如危险等标志)、禁令标志(如禁烟、禁烟火等标志)、生活标志(如电话亭等)、辅助标志(如停车场的“P”和厕所的“WC”标志)等。如图 7.20 所示。

图 7.20　广场标识系统

3)照明设施

夜间照明设施对于延长广场的使用时间、提高广场的使用率有着十分重要的意义。在进行照明设计时，要注意灯光选择要根据不同的照射物(如小品、雕塑、喷泉等)而有所不同。绚丽明亮的灯光可使环境气氛更为热烈、生动、欣欣向荣、富有生气；柔和轻松的灯光则可使环境更加宁静、舒适、亲切宜人。应配置光源时，应避免使光线直接进入人们的视线范围。同时，为避免产生侧光炫目，可选择可控制眩光的灯具或挑选合理的布光角度。另外，要根据环境特点设置光照强度，以此决定灯的功率和灯柱高度。在设计中可根据灯具的具体用途来控制使用时间，照明设备应设置开关。

4)服务设施

广场内的服务设施主要包括服务亭、公厕等。

(1)服务亭。服务亭可分为商业性服务亭和公共性服务亭，具有方便人们需求、占地面积少、移动灵活等特点。一般服务亭应设在广场中的明显位置，但不能妨碍行人通行。服务亭的造型要别致，在一定程度上要具有提示性作用。

(2)公厕。广场公共厕所建筑面积规划指标为：每千人(按一昼夜最高聚集人数计)建筑面积 15~25m^2。广场中的公厕可以是固定型的也可以是临时型的。公厕选址在路线设计上要保证其易于到达，路线不应变化太多，并且道路要平坦，要有一定宽度以便老年人及残疾人的使用。外观上要易于识别，周围配置一定的植物，使其不会显得过于突兀。

(3)其他服务设施。为了便于开展各种观演活动，有的广场还会设置永久性的或临时性的舞台、乐台，这类活动需要控制背景噪声和干扰噪声，同时自身也不能成为周边地区的噪声源。应该通过竖向、建筑、绿化等的合理设计，围合一定的僻静区域。舞台的朝向应该避开居民区和其他敏感区域，观众区最好是碗状地形的草地，后部筑绿化土堤隔声(图 7.21)。

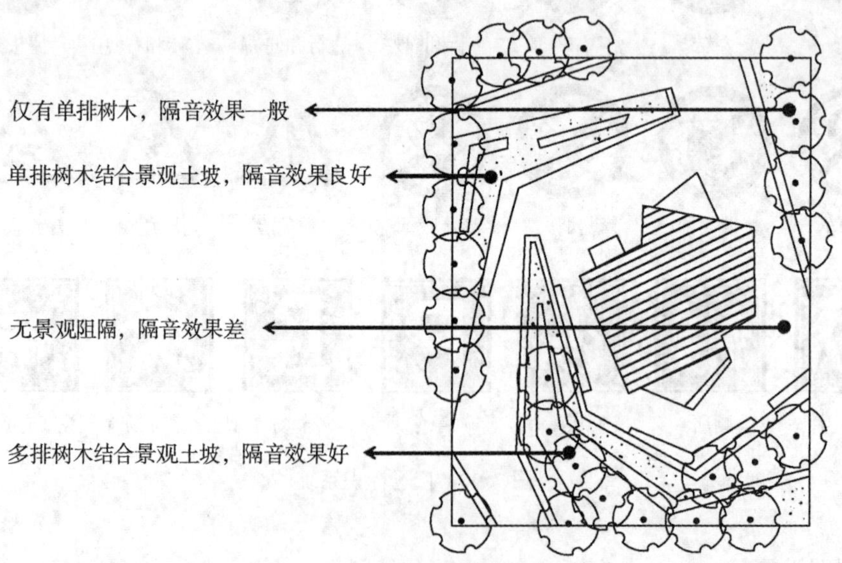

图 7.21　景观降低噪声程度示意图

5) 无障碍设计

无障碍设计是现代设计体现人性化的重要内容之一。障碍是指实体环境中残疾人和丧失能力者不便及不能利用的物体和不能通行的部分区域，无障碍设计即为残疾人和丧失能力者提供和创造方便、安全、舒适生活条件的设计。无障碍环境包括物质环境、信息环境和交流环境，因此，无障碍设计主要是从以下四个方面展开设计：

(1) 针对视像信息障碍：对于盲人及视力低下的人群，应简化广场中的行动线，保证人行空间内无意外变故或突出物。强化听觉、嗅觉和触觉信息环境，以利于引导行为(如扶手、盲文标志、音响信号等)。加大标志图形，加强光照，有效利用反差，强化视觉信息。

(2) 针对听觉障碍：患有听觉障碍的人群一般无行动困难，但是对他们而言常规的音响系统无法起到提示效果，设计时可采用传统的各类标识牌作为辅助，在有条件的地方还可以使用电子显示屏。

(3) 针对肢体残障造成的障碍：设计时需要加大道路尺寸以满足通行所需的宽度，要求地面平坦、坚固、防滑、不积水，无缝隙及大孔；在有高差的地方需设置坡道来实现无障碍交通。同时洗手间的设计也要在形式、规格上符合乘轮椅者和拄拐杖者的使用要求。

(4) 针对老、幼、弱、孕等人行动时的障碍：设计时尽量消除不必要的高差，在有高差处要使高差明显化、易辨认，地面铺装要注意防滑。

本章小结

(1) 广场作为城市的公共活动空间，承载人类的休闲、娱乐、交际、集会等活动。经历了不同时期的发展演变，城市广场逐步发展为多样、专项的空间功能和开放、自由的空间形式。

(2) 城市广场从性质与功能上，可以分为市政广场、纪念广场、商业广场、文化休闲广场、交通广场和集散广场六种类型。

(3) 城市广场景观规划设计原则主要包括整体性原则、规模适当原则、地方特色原则、以人为本原则、方便性与可达性原则、生态性原则。

(4) 城市广场景观规划设计主要包括城市广场定性与选址、城市广场空间组织、城市广场交通组织以及城市广场景观的细部设计等方面内容。

思考题

1. 城市广场的定义是什么？
2. 简述城市广场的分类。
3. 城市广场景观规划设计的工作步骤包括哪几方面内容？
4. 广场的选址要遵循哪几个基本原则？
5. 城市广场空间组织与交通组织包括哪些基本内容？

第 8 章　综合公园景观规划设计

综合公园作为城市公共空间的重要组成部分，其建设规模、质量等对居民的生活品质、日常活动有着显著影响。本章介绍了综合公园的发展历程、概念、类型及功能，并结合有关文献和国家规范，对综合公园的景观设计要点，包括公园选址、规模确定、总体布局、出入口设计、功能分区、交通组织、植物景观设计、公园景观建筑等的具体设计方法进行介绍，帮助相关从业人员掌握综合公园景观设计的一般方法。

8.1　综合公园概述

综合公园作为现代城市公园中的一种重要类型，学习了解其发展历史对于加深对公园设计的理解十分必要。本节主要对国内外综合公园的发展历史、概念以及分类等进行介绍。

8.1.1　综合公园发展史

综合公园的发展历程和园林艺术与历史进程息息相关。在人类六千多年的造园历史中，每个国家和地区都形成了自己独特的园林艺术。但是纵观园林的建设与发展，会发现他们多数是由帝王贵族、富商巨贾投资建造，服务对象也只是少数特权阶层。市民的游园娱乐活动则多集中于寺庙附属园林以及城郭之外风景优美的公共游乐地，城市中几乎没有公共性场所。

现代城市公园是随着城市逐渐发展，近一两百年才开始出现的。而综合公园更是现代城市公园发展细分的结果，因此，历史上初期发展阶段的城市公园等同于当今的综合公园。理解这一点对接下来介绍国内外综合公园的发展历史至关重要。

1) 国外综合公园发展史

国外的综合公园发展伴随工业革命的开始和资产阶级的兴起而展开，主要起源于欧洲，兴盛于美国，经历了如表 8-1 所示的一些发展阶段。

2) 中国综合公园发展史

中国在封建社会并没有综合公园的概念，寺观园林和一些自然风景地主要承担为公众提供公共休闲场所的作用。中国综合公园的发展是由西方殖民侵略者带来的，在民国时期和新中国成立之后经历了不同的发展阶段，总结起来如表 8-2 所示。

表 8-1　**国外综合公园发展历史回顾**

时间	发展		代表作品
	历史背景	发展特点	
17 世纪中叶	英法相继发生了资产阶级革命，在“自由、平等、博爱”的口号下，新兴的资产阶级统治者没收了封建地主及皇室的财产，把大大小小的宫苑和私园向公众开放，并统称为公园(Public Park)，这为 19 世纪欧洲各大城市产生一批数量可观的公园打下了基础。	城市公园是从西方工业革命以后在欧美国家中产生并推广到全世界的。工业革命一方面促进了生产力的极大提高，另一方面也造成了城市环境的破坏和日趋恶化。人们迫切需要找回心目中的世外桃源——自然原野和田园牧歌。	
18 世纪中叶	工业革命开始后，资本主义迅猛发展使城市结构发生了巨大的变化，人口的快速增加、城市用地的不断扩大，导致居民的生活环境急剧恶化，居民的身体健康遭到极大损害。	在此背景下，英国议会讨论通过了一系列关于工人健康的法令。这些法令规定：允许使用公共资金如税收改善城市的下水道、环境卫生系统及建设公园。	
19 世纪	欧美国家处于资本主义繁荣初期，财富迅速聚集，城市快速发展，为了保护城郊的自然风貌，避免由于城市开发建设的不当造成环境的破坏，美国的许多城市相继制定了城市发展蓝图，其中重要的一个方面就是建立城市公园系统。	从历史上看，最早的城市公园出现在英国，建于 1812 年的伦敦摄政公园是以富裕市民为服务对象的，而建于 1847 年的海德公园是以工人阶级为服务对象的，这些公园是现代城市的萌芽。 美国的观赏公园与城市的关系相比较而言更侧重于有机性与和谐性，更注重城市区域连续景观的美感。与早期的大型城市公园建设有所不同的是，城市公园系统中补充了小型公园的分布，城市公园系统更具科学性、系统性。	摄政公园 海德公园 纽约中央公园
20 世纪	在苏联十月革命胜利后，政府除了将宫廷和贵族所有的园林全部没收为劳动人民使用外，还采取了保护和扩大城市绿化的全面措施。	1921 年，苏联公布了关于保护名胜古迹和园林的第一道国家法令，出现了城市公园的新形式——能满足大量游人多种文化生活需要的、真正属于人民的文化休息公园以及专设的儿童公园。	高尔基文化休息公园

表 8-2　中国综合公园发展历史回顾

时间	发展		代表作品
	历史背景	发展特点	
鸦片战争以前	清朝政府统治期间，施行闭关锁国政策，封建思想至上。	封建时期不提倡集会活动，公共集会等活动主要在寺观园林中进行。	
1840 年鸦片战争以后	在中国的西方殖民者为了满足自己的游憩需求，在租界兴建了一批公园。	最早的是 1868 年在上海公共租界建成开放的外滩公园(当时名为 public garden 及 bund garden，译作“公花园”)。全园面积 2.03 公顷，并成立了一个花园管理委员会。作为中国的第一座城市公园，竟然在 60 年过去后才对华人开放。因此从严格意义上讲，外滩公园只能算是为少数人服务的绿地花园，并不是严格的现代城市公园。	外滩公园(public garden 及 bund garden，清朝人译作“公花园”)
1911 年辛亥革命以后	辛亥革命之后，民主思想得以在全国范围内进一步扩散，全国各地出现了一批新的城市公园。	在中国的主要城市，如北京、广州、南京等革命思想集中的地方，率先掀起公园建设的浪潮。	北京城南公园，广州中央公园、黄花岗公园、越秀公园、动物公园、白云山公园，长沙天心公园，南京秦淮小公园、莫愁湖公园、五洲公园。
1949 年中华人民共和国成立后	城市公园的发展进入了一个高峰期，伴随着全国各个城市的旧城改造，各地开始大量兴建城市公园，同时又对古代园林古建筑或历史纪念地进行修缮改造。特别是改革开放以后，我国的经济有了较大的发展，城市公园的建设达到高潮。	城市公园在数量和质量上有了很大提高，呈现蓬勃发展的趋势。城市公园类型日趋多样化，除了历史园林，在城市中心、街道两旁、河道两旁、居民社区、新建小区甚至荒地、废弃地和垃圾填埋场上也建设了各种类型的城市公园。	各地、市人民公园、中山公园

8.1.2　综合公园的概念及分类

1)综合公园的概念

《城市绿地分类标准》(CJJ T85—2017)中，综合公园指内容丰富、适合开展各类户外活动、具有完善游憩和配套管理服务设施的绿地。具体而言，综合公园是指市、区范围内为居民提供良好休憩、文化娱乐活动的综合性、多功能、自然化的大型绿地。其用地规模一般较大，园内设施活动丰富完备，适合各阶层的居民进行一日之内的游赏活动。综合公园作为城市主要的公共开放空间，是城市绿地系统的重要组成部分，对于城市景观环境塑造、城市生态环境调节、居民社会生活起着极为重要的作用。

2)综合公园的分类

按照服务对象和管理体系的不同，综合公园可分为全市性公园和区域性公园两类，见表 8-3。

表 8-3　**我国综合公园分类**

分类	内　　容
全市性公园	为全市居民服务，用地面积一般为 10~100 公顷或更大，其服务半径为 3~5 千米，居民步行 30~50 分钟可达，乘坐公共交通工具 10~20 分钟可达。它是全市公园绿地中，用地面积最大、活动内容和设施最完善的绿地。大城市根据实际情况可以设置数个市级公园，中、小城市可设 1~2 处。
区域性公园	服务对象是市区内一定区域的居民。用地面积按该区域居民的人数而定，一般为 10 公顷左右，服务半径为 1~2 千米，步行 15~25 分钟可达，乘坐公共交通工具 5~10 分钟可达。园内有较丰富的内容和设施。市区各区域内可设置 1~2 处。

8.1.3　综合公园的功能

综合公园除具有绿地的一般作用外，在丰富居民的文化娱乐生活方面承载着更为重要的任务：

(1)娱乐休憩功能——为增强人民身心健康，设置游览、娱乐、休息的设施。要全面地考虑年龄、性别、职业、习惯等影响因素的不同要求，尽可能使来到综合公园的游人各得其所。

(2)文化节庆功能——举办节日游园活动、国际友好活动，为少年儿童的组织活动提供场所。

(3)科普教育功能——为宣传政策法令，介绍时事新闻、科学技术新成就，普及自然人文知识提供展示空间。

8.2　综合公园规划设计原则

综合公园是城市绿地系统的重要组成部分，在综合公园规划设计中要综合体现功能性、景观性、因地性、游览性、特色化等原则。

8.2.1　功能性原则

满足功能，合理分区。综合公园的规划布局首先要满足功能要求。综合公园有多种功能，除调节温度、净化空气、美化景观、供人观赏外，还可使居民通过游憩活动接近大自然，达到消解疲劳、调节精神、增添活力、陶冶情操的目的。

8.2.2 景观性原则

园以景胜，巧于组景。综合公园以景取胜，由景点和景区构成。景观特色和组景是综合公园的规划布局之本，即所谓“园以景胜”。就综合公园规划设计而言，组景应注重意境的创造，处理好人与自然的关系，充分利用山石、水体、植物、动物、天象之美，塑造自然景色，并把人工设施和雕琢痕迹融于自然景色之中。将综合公园划分为具有不同特色的景区，即“景色分区”，是规划布局的重要内容。景色分区一般随着功能分区不同而不同，同时景色分区往往比功能分区更加细致，即同一功能分区中，往往规划多种小景区，左右逢源，既有统一基调的景色，又有各具特色的景观，使动观静观均相适宜。

8.2.3 因地性原则

因地制宜，注重选址。综合公园规划布局应该因地制宜，充分发挥原有地形和植被优势，结合自然，塑造自然。为了使综合公园的造景具备地形、植被和古迹等优越条件，综合公园选址具有战略意义，务必在城市绿地系统规划中给予重视。因综合公园处在人工环境的城市里，但其造景是以自然为特征的，故选址时宜选有山有水、低地洼地、植被良好、交通方便、利于管理之处。有些综合公园在城市中心，对于平衡城市生态环境有重要作用，宜完善充实。

8.2.4 游览性原则

组织导游，路成系统。综合公园园路的功能主要是作为导游观赏之用，其次才是提供运输和人流集散。因此，绝大多数的园路都是联系综合公园各景区、景点的导游线、观赏线、动观线，所以必须注重景观设计，如园路的对景、框景、左右视觉空间变化，以及园路线形、竖向高低给人的心理感受等。

8.2.5 特色化原则

突出主题，创造特色。综合公园规划布局应注重突出主题，使其各具特色。主题和景观特色除与综合公园类型有关之外，还与园址的自然环境和人文环境(如名胜古迹)有密切关系，要巧于利用自然和善于结合古迹。一般综合公园的主题因园而异，为了突出公园主题，创造特色，必须要有相适应的规划结构形式。

8.3 综合公园景观规划设计内容与方法

综合公园作为城市公园中的重要组成，是居民日常活动和公共休闲的主要场地，对构建城市公共空间具有重要意义。本节主要对综合公园的景观规划设计内容与方法依照从规划到设计的逻辑顺序，依次对公园选址、规模选择、总体布局、出入口设计、功能分区、交通系统、植物景观、公园建筑等内容进行介绍。

8.3.1　综合公园的选址

综合公园在城市中的位置，应在城市绿地系统规划中确定。在城市规划设计时，应结合河湖系统、道路系统及居住用地的规划综合考虑。

在选址时应考虑：

(1)综合公园的服务半径应使生活居住用地内的居民能方便地使用，并与城市主要道路有密切的联系。

(2)利用不宜于工程建设及农业生产的复杂破碎的地形，起伏变化较大的坡地。充分利用地形，避免大动土方，既节约了城市用地和建园的投资，又有利于丰富园景。

(3)可选择在具有水面及河湖沿岸景色优美的地段，充分发挥水面的作用，有利于改善城市小气候，增加公园的景色，开展各项水上活动，还有利于地面排水。

(4)可选择在现有树木较多和有古树的地段。在森林、丛林、花圃等原有种植的基础上加以改造，建设公园，投资省、见效快。

(5)可选择在有绿地的地方。将现有的工业建筑、名胜古迹、革命遗址、纪念人物事迹和历史传说的地方，加以扩充和改建，补充活动内容和设施。在这类地段建园，可丰富公园的内容，有利于保护文化遗产，起到进行爱国及民族传统教育的作用。

(6)综合公园用地应考虑将来有发展的余地。随着国民经济的发展和人们生活水平的不断提高，对综合公园的要求也会增加，故应适当保留发展的备用地。

8.3.2　综合公园规模的选择

综合公园的规模选择需要参照相关的科学依据以及国家规范和上位规划的要求，如面积和游人容量的计算、公园内部用地比例等。

1)确定综合公园的面积和游人容量

(1)确定公园面积。

综合公园一般包括有较多的活动内容和设施，故用地需要有较大的面积，一般不少于10 公顷。在节假日，游人的容纳量约为服务范围居民人数的 15%~20%，每个游人在公园中的活动面积为 10~50 米^2/人。在 50 万以上人口的城市中，全市性公园至少应能容纳全市居民中 10%的人同时游园。综合公园的面积还应结合城市规模、性质、用地条件、气候、绿化状况及公园在城市中的位置与作用等因素全面考虑来确定。

(2)计算游人容量。

公园游人容量是确定内部各种设施数量或规模的依据，也是公园管理上控制游人量的依据，通过游人数量的控制，可避免公园超容量接纳游人。综合公园的游人量随季节、假日与平日、一日之中的高峰与低谷而变化，一般节日最多，游览旺季周末次之，旺季平日和淡季周末较少，淡季平日最少，一日之中又有峰谷之分。确定公园游人容量以游览旺季的周末为标准，这是公园发挥作用的主要时间。

公园游人容量按下式计算：

$$C = A/A_m$$

式中：C—— 公园游人容量(人)，A—— 公园总面积(平方米)，A_m—— 公园游人人均占地面积(米^2/人)。

综合公园游人人均占地面积应根据游人在公园中比较舒适地进行游园来考虑。在我国，综合公园游人人均占有公园面积以60m^2 为宜；近期公园绿地人均指标低的城市，游人人均占有公园面积可酌情降低，但最低游人人均占有公园的陆地面积不低于15m^2。风景名胜区公园人均占有公园面积宜大于100m^2。

在某些特定条件下，例如水面面积与坡度大于50%的陡坡山地面积之和超过总面积50%的公园，游人人均占有公园面积还应适当增加，其指标应符合下列规定(表8-4)：

表8-4　　**水面和陡坡面积较大的综合公园游人人均占有面积指标表**

水面和陡坡面积占总面积比例(%)	0~50	60	70	80
近期游人占有公园面积(米^2/人)	≥30	≥40	≥50	≥75
远期游人占有公园面积(米^2/人)	≥60	≥75	≥100	≥150

2)综合公园内部用地比例及其影响因素

(1)设置内容及其影响因素。

综合公园应设置的具体项目内容，如园路及铺装场地，管理建筑，游览、休憩、服务、公用类建筑，绿化用地，等等，其影响因素如下：

①居民的习惯喜好。综合公园内可考虑按当地居民所喜爱的活动、风俗、生活习惯等地方特点来设置项目内容。

②综合公园的地理位置。内容设置应考虑整个城市的规划布局、城市绿地系统对该公园的要求。位置处于城市中心地区的公园，一般游人较多，人流量大，要考虑他们的多样活动要求；在城市边缘地区的公园则更多考虑安静观赏的要求。

③综合公园附近的城市文化娱乐设置情况。综合公园附近已有的大型文娱设施，公园内就不一定重复设置。假如附近有剧场、音乐厅，则公园内就可不再设置这些项目。

④综合公园面积的大小。大面积的公园设置的项目多、规模大，游人在园内活动时间一般较长，对服务设施有更多的要求。

⑤综合公园的自然条件情况。在具有风景、山石、岩洞、水体、古树、树林、竹林、较好的大片花草、起伏的地形等自然条件下，可因地制宜地设置活动项目。

(2)综合公园用地类型比例。

综合公园内部用地比例应根据公园类型和陆地面积确定。其绿化、建筑、园路及铺装场地等用地的比例应符合《公园设计规范 》(GB 51192—2016)的规定，见表8-5。

表 8-5　　**综合公园内部用地比例要求**

陆地面积（hm^2）	用地类型	综合性公园（%）
5~10	I 园路及铺装场地	10~25
	II 管理建筑	<1.5
	III 游览、休憩、服务、公用建筑	<5.5
	IV 绿化用地	>65
10~20	I 园路及铺装场地	10~25
	II 管理建筑	<1.5
	III 游览、休憩、服务、公用建筑	<4.5
	IV 绿化用地	>70
20~50	I 园路及铺装场地	10~22
	II 管理建筑	<1.0
	III 游览、休憩、服务、公用建筑	<4.0
	IV 绿化用地	>70
50~<100	I 园路及铺装场地	8~18
	II 管理建筑	<1.0
	III 游览、休憩、服务、公用建筑	<3.0
	IV 绿化用地	>75
100~<300	I 园路及铺装场地	5~18
	II 管理建筑	<0.5
	III 游览、休憩、服务、公用建筑	<2.0
	IV 绿化用地	>80
>300	I 园路及铺装场地	5~15
	II 管理建筑	<0.5
	III 游览、休憩、服务、公用建筑	<1.0
	IV 绿化用地	>80

表中 I、II、 III 三项上限与 IV 的下限之和不足 100%，剩余用地应供以下情况使用：一般情况增加绿化用地的面积或设置各种活动用的铺装场地、院落、棚架、花架、假山等构筑物；公园陆地形状或地貌出现特殊情况时园路及铺装场地的用地比例适当增加。

当公园平面长宽比值大于 3，以及公园面积一半以上的地形坡度超过 50%或者水体岸线总长度大于公园周边长度时，公园内园路及铺装场地用地可在符合上述条件之一时按规定值适当增大，但增值不得超过公园总面积的 5%。

8.3.3　综合公园的总体布局

在进行综合公园总体布局时，应先选择其布局形式，并在此基础上确定构图中心，以确保公园结构完整有序。

1）综合公园布局形式

按照平面形态不同，可将综合公园规划布局形式分为规则式、自然式和混合式三种，见表8-6。

表8-6 **综合公园平面布局形式**

布局形式	影响要素	布局效果示意
规则式布局	规则的布局强调轴线的对称，多用几何形体，比较整齐，有庄严、雄伟、开阔的感觉。当公园设置的内容需要形成这种效果而且有规则地形或平坦地形的条件时，公园平面适于用这种布局的方式。	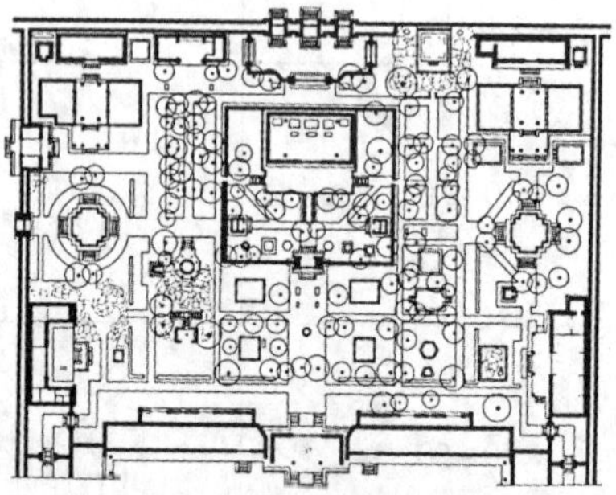
自然式布局	自然式布局是完全结合自然地形、原有建筑、树木等现状的环境条件或按美观与功能的需要灵活地布置的，可有主体与重点，但无一定的几何规律。有自然、活泼的感觉，在地形复杂、不规则的现状条件的情况下可采用自然式布局，形成富有变化的风景视线。	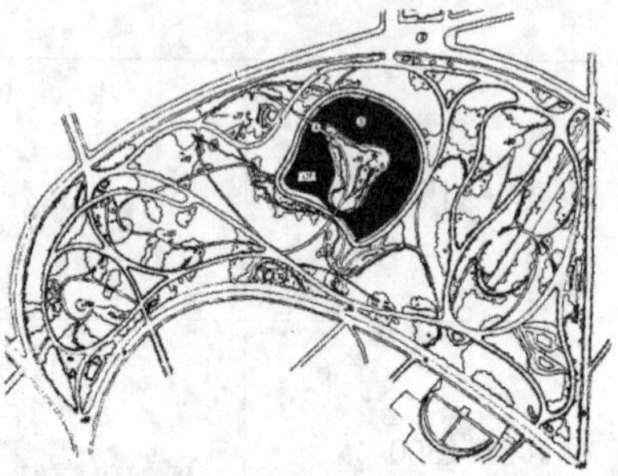
混合式布局	混合式布局是部分地段为规则式、部分地段为自然式，在用地面积较大的公园内常采用，可按不同地段的情况分别处理。例如在主要出入口处及主要的园林建筑地段采用规则式布局，安静游览区则采用自然式布局，以取得不同的园景效果。	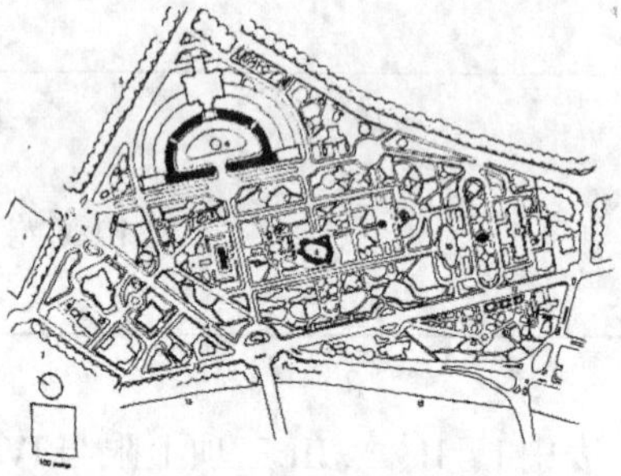

2)综合公园构图中心

综合公园的景色布点与活动设施的布置，要有机地组织起来，形成公园中的构图中心。在平面布局上起游览高潮作用的主景，常为平面构图中心。在立体轮廓上起观赏视线焦点作用的制高点，常为立面构图中心。平面构图中心与立面构图中心可以分为两处，也可以合为一处(图8.1)。

平面构图中心的位置，一般设在适中的地段，较常见的是由建筑群、中心广场、雕塑、岛屿、园中园及突出的景点组成，全园可有一两个平面构图中心。当公园的面积较大时，各景区可有次一级的平面构图中心，以衬托补充全园的构图中心。两者之间既有呼应与联系，又有主从的区别。

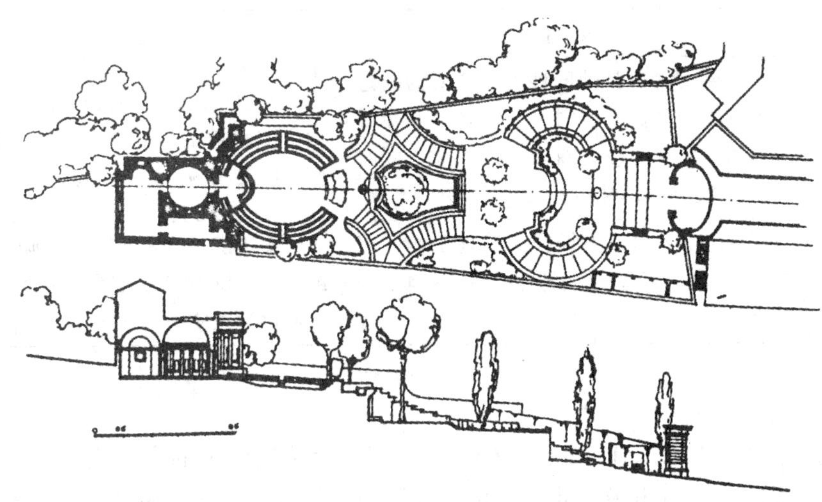

图 8.1　意大利台地园平面构图中心和立面构图中心

立面构图中心较常见的是由雄峙的建筑和雕塑、耸立的山石、高大的古树及标高较高的景点组成，如颐和园以佛香阁为立面构图中心。立面构图中心是公园立体轮廓的主要组成，对公园内外的景观都有很大的影响，是公园内观赏视线的焦点，是公园外观的主要标志，也是城市面貌的组成部分。

8.3.4　综合公园出入口设计

综合公园出入口的设计具有重要的意义，出入口与周边交通的联系决定了公园的可达性，出入口广场需要满足游人必要的集散、停留、休闲等需求。出入口设计应根据城市规划和公园内部布局要求，确定游人主、次出入口及专用出入口的位置，并设置出入口内外集散广场、停车场、自行车存车处等。

1) 出入口分类及位置选择

出入口包括主要出入口、次要出入口、专用出入口三种类型，见表 8-7。每种类型出入口的数量与具体位置应根据公园的规模、游人的容量、活动设施设置、城市交通状况安排，一般主要出入口设置一个，次要出入口设置一个或多个，专用出入口设置一到两个。

表 8-7　**综合公园出入口类别**

出入口类别	主要功能	位置选择
主要出入口	主要出入口应与城市主要交通干道、游人主要来源方位以及公园用地的自然条件等诸因素协调后确定。	主要出入口应设在城市主要道路和有公共交通的地方，同时要使出入口有足够的人流集散用地，与院内道路联系方便，居民可方便快捷地到达公园内。

续表

出入口类别	主要功能	位置选择
次要出入口	次要出入口是辅助性的，主要为附近居民或城市次要干道的人流服务，避免公园周围居民需要绕大圈子才能入园，同时也为主要出入口分担人流量。	次要出入口一般设在公园内有大量集中人流集散的设施附近。如园内的表演厅、露天剧场、展览馆等场所附近。
专用出入口	专用出入口是根据公园管理工作的需要而设置的，应满足管理和不妨碍园景的需要。	专用出入口多选择在公园管理区附近或较为偏僻不宜为人所发现处，专用出入口不供游人使用。

2）出入口细节设计

《公园设计规范》（GB 51192—2016）规定，沿城市主次干道的市区级公园主要出入口的位置，必须与城市交通和游人走向、流量相适应，根据规划和交通的需要设置游人集散广场。同时还规定：市、区级公园的范围线应与城市道路红线重合，在条件不允许时，必须设通道使主要出入口与城市道路衔接。公园沿城市道路部分的地面标高应与该道路路面标高相适应，并采取措施，避免地面径流冲刷、污染道路和公园绿地。出入口设计要充分考虑到它对城市街景的美化作用以及对公园景观的影响，出入口作为公园给游人的第一印象，其平面布局、立面造型、整体风格应根据公园的风格和内容来具体确定。一般公园大门造型应与其周围的城市建筑有较明显的区别，以突出其特色。

综合公园出入口所包括的建筑物、构筑物有：公园内外集散广场、公园大门、停车场、存车处、售票处、小卖部、休息廊、问讯处、公用电话亭、寄存物品、导游牌、陈列栏、办公室等。园门外广场面积大小和形状要与下列因素相适应：公园的规模、游人量、园门外道路等级、宽度、形式、是否存在道路交叉口、临近建筑及街道立面的情况等。根据出入口的景观要求及服务功能要求、用地面积大小，可以设置丰富的水池、花坛、雕像、山石等景观小品。

此外，公用出入口及主要园路宜便于残疾人使用轮椅，其宽度及坡度的设计应符合《无障碍设计规范》（GB 50763—2012）中的有关规定。公园游人出入口宽度应符合表 8-8 中的规定。单个出入口最小宽度 1.8 米，举行大规模活动的公园应另设安全门。

表 8-8　**综合公园游人出入口总宽度下限**

游人人均在园停留时间	售票公园	不售票公园
>4h	8.3m/万人	5.0m/万人
1~4h	17.0m/万人	10.2m/万人
<1h	25.0m/万人	15.0m/万人

注：单位“万人”指公园游人容量。

8.3.5　综合公园的功能分区

综合公园的功能分区通常根据各功能区自身特点和它们之间的相互关系进行划分，并依据综合公园所在地的自然条件(地形、土壤、水体、植被、古迹、文物等)以及公园与周边环境的相互关系进行分区设置。一般来讲，综合公园可划分为安静游览区、文化娱乐区、儿童活动区、综合服务区园务管理区等功能区。

(1)安静游览区

安静游览区是提供游览、观赏、休息、陈列的分区，一般游人较多，但要求游人的密度较小，故需大片的绿化用地。安静游览区内每个游人所占的用地定额较大，约为 $100m^2$/人，因而其在综合公园内占地面积比例亦大，是公园的重要部分。安静游览区的设施应与喧闹的活动隔离，以防止活动时受声响的干扰；又因这里无大量的集中人流，所以离主要出入口可以远些，用地应选择在原有树木最多、地形变化最复杂、景色最优美的地方。

(2)文化娱乐区

文化娱乐区是进行较热闹、有喧哗声响、人流集中的活动的区域。其设施有：俱乐部、游戏场、技艺表演场、露天剧场、电影院、音乐厅、跳舞池、溜冰场、戏水池、陈列展览室、画廊、演说报告座谈会场、动植物园地、科技活动室等。园内一些主要建筑往往设置在这里，因此常位于公园的中部，成为全园布局的重点。布置时要注意避免区内各项活动之间的相互干扰，要使有干扰的活动项目相互之间保持一定的距离，并利用树木、建筑、山石等加以隔离。

公众性的娱乐项目常常人流量较大，而且集散的时间集中，所以要妥善地组织交通，位置需接近公园出入口或与出入口有方便的联系，以避免不必要的园内拥挤，要求用地达到 $30m^2$/人。如果区内游人密度大，需考虑设计足够的道路广场和生活服务设施。因全园的主要建筑往往设在该区，因而要有必需的平地及可利用的自然地形。例如，适当的坡地可用来设置露天剧场，较大的水面可设置水上娱乐活动，等等。建筑用地的地形、地质条件要有利于进行基础工程建设，节省填挖的土方量和建设投资。

(3)儿童活动区

儿童活动区的规模由公园用地面积的大小、公园的位置、少年儿童的游人量、公园用地的地形条件与现状等因素决定。

公园中的少年儿童常占游人量的 15%~30%，这个百分比与综合公园在城市中的位置关系较大，在居住区附近的公园，少年儿童人数比重大，离大片居住区较远的公园儿童人数比重小。

在该区域内可设置学龄前儿童及学龄儿童的游戏场、戏水池、少年宫或少年之家、障碍游戏区、儿童体育馆、运动场、集会和小组活动场、少年阅览室、科技活动园地等，用地规模 $50m^2$/人，并按用地面积的大小确定设置内容的多少。规模大的场地设施与儿童公园类似，规模小的场地只设游戏场，游戏设施的布置要活泼、自然，最好能与自然环境结合。不同年龄的少年儿童，如学龄前儿童与学龄儿童，要分开进行游憩活动。对于儿童活动区的景观要素，有如表 8-9 所示的一些设计要求。

表 8-9　　综合公园儿童活动区景观要素设计要求

景观要素	设计要求
建筑小品	要能吸引少年儿童的兴趣，富有教育意义，可有童话、寓言的色彩，使少年儿童心理上有新奇、亲切的感觉。区内道路的布置要简洁明确，容易辨认，主要道路要能通行童车。
植物种植	花草树木的品种要丰富多彩，颜色要鲜艳，能引起儿童对大自然的兴趣。不要种有毒的、有刺的、有恶臭的浆果植物，不用铁丝网。为了布置不同的活动内容，场地地形最好兼备平地、山地、水面等类型。

(4)综合服务区

服务中心是为全园游人服务的，应结合综合公园活动项目的分布，设在游人集中较多、停留时间较长、地点适中的地方。服务中心的设施功能有：饮食、休息、电话、问询、摄影、寄存、租借和购买物品等。服务点是为园内局部地区的游人服务的，应该按照服务半径的要求在游人较多的地方设服务点，可设置饮食小卖、休息座椅等设施，并且根据各区活动项目的需要设置相应的服务设施。如钓鱼活动的地方需设租借渔具、购买鱼饵的服务设施。

(5)园务管理区

园务管理区是为满足公园经营管理的需要而设置的内部专用场地。可设置办公、值班、广播室、工具间、仓库、堆物杂院、车库、温室、棚架、苗圃、水、电、煤、电信等管线工程建筑物和构筑物等。按功能使用情况，区内可分为：管理办公部分、仓库工场部分、花圃苗木部分、生活服务部分等，这些内容根据用地的情况及管理使用的方便，可以集中布置在一处，也可分成数处。

园务管理区要设置在既便于执行公园的管理工作、又便于与城市联系的地方，四周要与游人有隔离，对园内园外均要有专用的出入口，不应与游人混杂。要有车道与该区域相通，以便于运输和消防。本区要隐蔽，不要暴露在风景游览的主要视线上。温室、花圃、花棚、苗圃是为园内四季更换花坛、花饰、节日用花、小卖部出售鲜花、花盆及补充部分苗木使用。为了公园种植的管理方便，面积较大的公园里，在园务管理区外还可分设一些分散的工具房、工作室，以便提高管理工作的效率。

8.3.6　综合公园交通系统设计

交通系统是公园里引导游人参观游览的主要路径，也是将各个景观节点有机联系起来的主要方式。园路的设计对于游人的游览感受、游览次序、公园的交通组织有着至关重要的作用。交通组织应根据公园的规模、各分区的活动内容、游人容量和管理需要，确定园路的路线、分类等级和园桥、铺装场地的位置和特色。

1. 综合公园园路分级

综合公园园路一般分为主路、支路和小路等三个级别，不同面积的公园对应不同的园路尺度，见表 8-10。主路是联系各景区的道路，应与主要出入口相连，一般呈环形布局，构成园路系统的骨架；支路是景区内连接各景点的通道；小路是景点内的便道(图 8.2)。

表 8-10　　**综合公园园路级别及宽度要求**

园路级别	陆地面积(hm^2)			
	2	2～10	10～50	≥50
主路(m)	2. 5～3. 0	2. 5～4. 5	3. 5～5. 0	5. 0～7. 0
支路(m)	1. 2～2	2. 0～3. 5	2. 0～3. 5	3. 5～5. 0
小路(m)	0. 9～1. 2	0. 9～2. 0	1. 2～2. 0	1. 2～3. 0

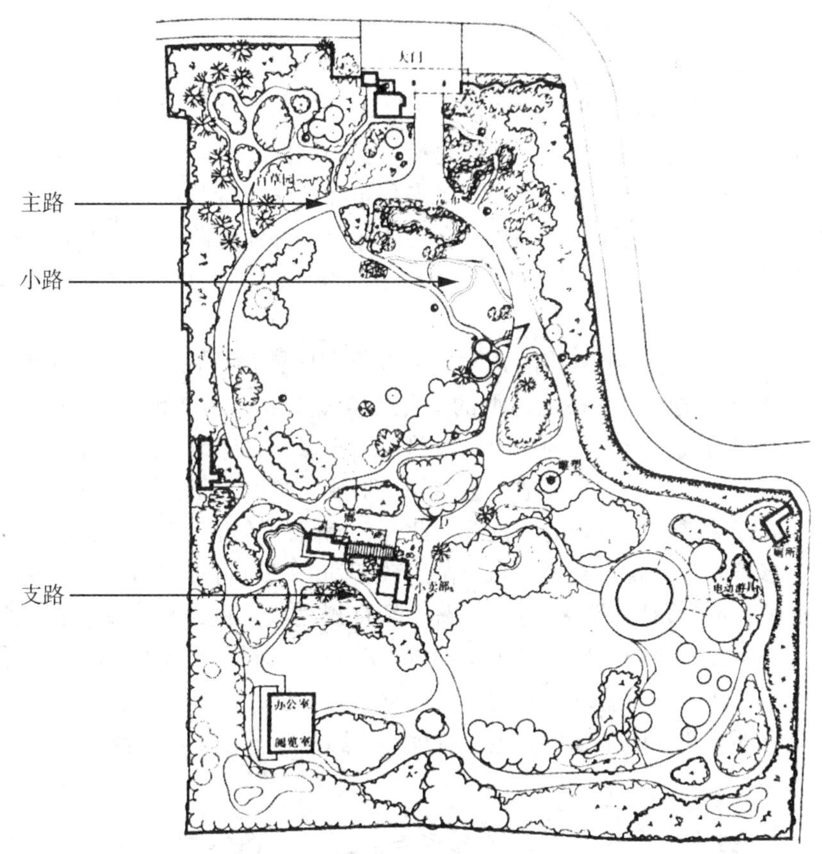

图 8. 2　园路布局骨架示意图

主路是联系分区的道路，其基本平面形式通常有环形、8 字形、F 形、田字形等，是构成园路系统的骨架。景点与主园路的关系基本形式有三种：一是串联式，它具有强制性；二是并联式，它具有选择性；三是放射式，它将各景点以放射形的园路联系起来。一般园路规划常常将以上三种基本形式混合使用，但以一种为主，把游人出入口和管理用的出入口组织成一个统一的园路系统。

在具体设计时，主路纵坡宜小于 8%、横坡宜小于 3%，粒料路面横坡宜小于 4%，纵、横坡不得同时无坡度。山地公园的园路纵坡应小于 12%，超过 12%应作防滑处理。

主园路不宜设梯道，必须设梯道时，纵坡宜小于36%。

支路是分区内部联系景点的道路，对主路起辅助作用，并与附近的景区相联系，路宽依公园游人容量、流量、功能及活动内容等因素而定。支路自然弯曲度大于主路，以优美舒展富有弹性的曲线构成有层次的景观。

小路是景点内的便道，是园路系统的末梢，是联系园景的捷径，是最能体现艺术性的部分。它以优美婉转的曲线构图成景，与周围的景物相互渗透。

在具体设计时，支路和小路，纵坡宜小于18%。纵坡超过15%的路段，路面应作防滑处理；纵坡超过18%，宜按台阶、梯道设计，台阶踏步数不得少于2级，坡度大于58%的梯道应作防滑处理，并设置护栏设施。

2. 综合公园园路规划

综合公园的园路规划主要从它的路网密度和平立面布置两个方面展开。园路路网密度是指单位公园陆地面积上园路的路长。它是衡量公园园路规划合理性的重要指标，其值的大小影响着园路的交通功能、游览效果、景点分布和道路及铺装场地的用地率。路网密度过高，会使公园分割过于细碎，影响总体布局的效果，并使园路用地率升高，挤占绿化用地；路网密度过低，则交通不便，造成游人穿踏绿地。园路的路网密度，宜在200～380m/hm^{2}之间.

园路的平立面布置是要把众多的景区景点进行有序连接。在平面布置上宜曲不宜直，尽量保持曲径通幽，立面上要根据地形的变化而高低起伏。各级园路应以总体设计为依据，确定路宽、平曲线和竖曲线的线形以及路面结构。在具体设计线形时，应与地形、水体、植物、建筑物、铺装场地及其他设施结合，形成完整的风景构图，还应创造连续展示园林景观的空间或欣赏前方景物的透视线。此外，园路的转折、衔接要通顺，应符合游人的行为规律。多条园路的相交应考虑将“节点”处理成一处可供使用的小广场；两条园路交叉不宜形成狭长的尖角区(图8.3)。园路要精良规划成环网结构，避免游人往返徒劳。主要园路应具有引导游览的作用，易于识别方向。游人大量集中地区的园路要做到明显、通畅、便于集散。通行养护管理机械的园路的宽度应与机械、车辆相适应。通向建筑集中地区的园路应有环形路或回车场地。生产管理专用路不宜与主要游览路交叉。

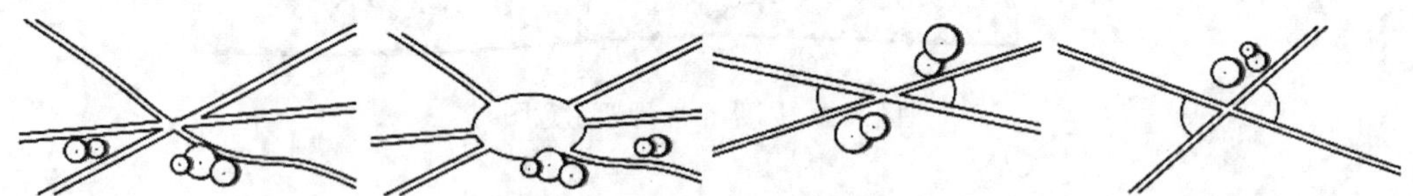

（a）多路相交形成狭长地带　（b）转化成集散广场　（c）两条园路相交过于尖锐　（d）调整相交角度

图8.3　道路交叉口设计要点

3. 综合公园游线组织

游线组织是综合公园布局的一项重要内容，若一个公园的游线没有经过有序的组织安排，即使各个景区设计都非常精致，游人也可能产生一种混乱无序感，难以形成总体印象。综合公园的布局要通过游线的设计，将不同的景致有机组织起来。

综合公园游线组织要结合景色变化来布置，按游人兴致曲线的高低起伏串联各个园景，使游人在游览观赏的时候，感受到一幅幅有节奏的连续风景画面。因此在设计游线时，要结合公园的景色，考虑其观赏的方式；何处以停留静观为主，何处以游览动观为主。静观要考虑观赏点、观赏视线，往往观赏与被观赏是相互的，既是观赏风景的点也是被观赏的点。动观要考虑观赏位置的移动要求，不同的距离、高度、角度、天气、早晚、季节可观赏到不同的景色。

游线组织中常用道路广场、建筑空间和山水植物的设置来吸引游客，按设计的艺术境界，循序游览，可增强造景艺术效果的感染力。例如，当要引导游人进入一个开阔的景区时，可先引导游人经过一个狭窄的地带，使游人从对比中，加强对这种艺术境界的理解。

游线应该按游人兴致曲线的跌宕起伏来组织(图 8.4)。从公园入口起，即应设有较好的景色，吸引游人入园。从游人进入公园起，以导游线串联各个园景，逐步引人入胜，到达主景，进入高潮，并在游览结束前以余景提高游人游兴，使得游人产生无穷的回味，在离园时对园区留下深刻的印象。通过在对游览过程中不同景点的游览感受的设计，可以使游人在游览过程中更富有情绪的起伏波动、对比感受，以加深游览印象，同时还可以通过特殊的安排，将设计师想要营造的景观感受传递给游人。

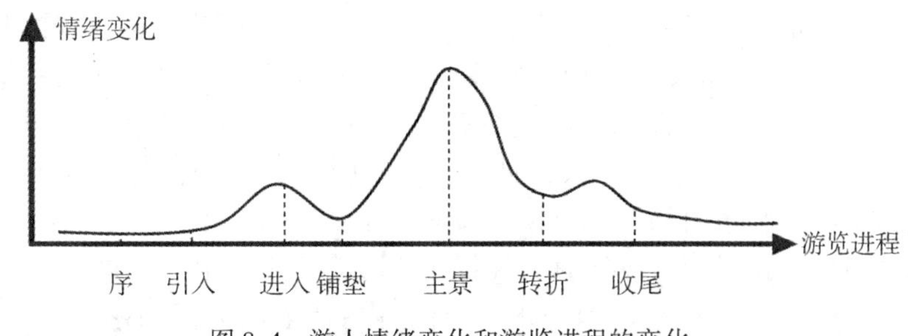

图 8.4　游人情绪变化和游览进程的变化

8.3.7　综合公园的植物景观设计

在《公园设计规范》(GB 51192—2016)中，综合公园的绿化用地的面积要求占到公园总面积的 65%以上。公园的绿化用地应全部用绿色植物覆盖，建筑物的墙体、构筑物可布置垂直绿化。植物景观设计应以公园总体设计对植物组群类型及分布的要求为依据，在设计时主要应考虑到以下几个方面。

1. 主调树种规划

全园主调树种：在树种选择上，应该有 1 个或两个树种作为全园的主调树种，分布于整个公园中，在数量上和分布范围上占优势；全园的植物种植用主调树种统一起来，形成多样统一的效果。

分区主调树种：应根据不同的景区突出不同的主调树种，形成不同景区差异化的植物主题，使各景区在植物配置上各有特色而不雷同。公园中可以设专类园，如牡丹园、月季园等，以提高观赏的季节性。

主调树种搭配：公园的绿化以速生树与慢生树、乡土树种和珍贵树种相结合，近期和远期相兼顾。全园的常绿树与落叶树比例适宜(图 8.5)。以华中地区为例，常绿树占比 50%~60%，落叶树占比 40%~50%，这样可做到四季景观各异、四季常青的景观效果。

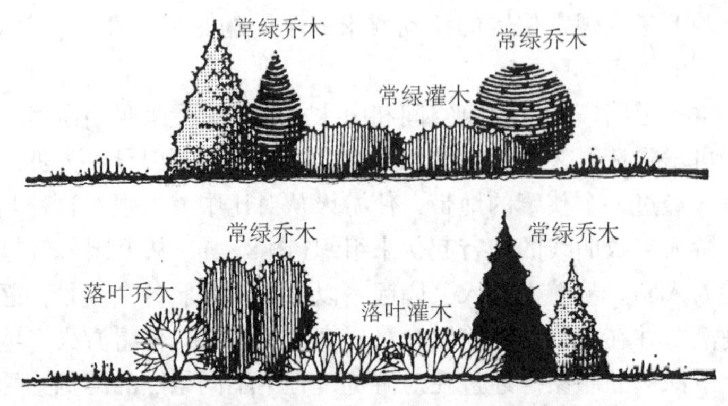

图 8.5　常绿和落叶树种的搭配增强景观变化

2. 种植层次设计

注重乔、灌、草的搭配使用，配置上注重上、中、下三层空间的组合，形成良好的景观效果和特色(图 8.6)。例如，大门前的停车场，四周可用乔、灌木绿化，以便夏季遮阳及隔离周围环境；在大门内部可用花池、花坛、灌木与雕像或导游图相配合，也可铺设草坪，种植花、灌木，但不应有碍视线，且需便利交通组织和游人集散。主要干道绿化可选用高大、荫浓的乔木和耐阳的花卉植物，在两旁布置花境。休息广场四周可植乔木、灌木，中间布置草坪、花坛，形成宁静的气氛。公园建筑小品附近可设置花坛、花台、花境。展览室、游艺室内可设置耐荫花木，门前可种植浓荫大冠的落叶大乔木或布置花台等。

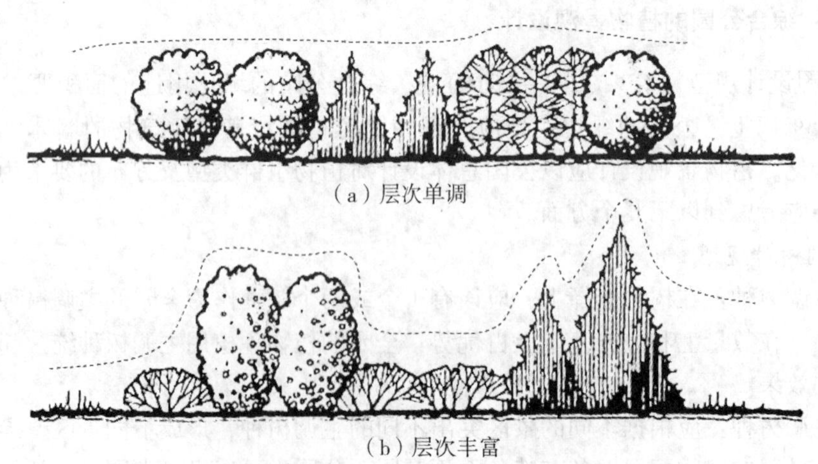

(a) 层次单调

(b) 层次丰富

图 8.6　乔灌木的植物搭配可以增强景观层次

3. 各类型场地的植物种植要求

不同的活动场地在具体的植物空间设计的植物配置上有不同的要求，见表 8-11。

表 8-11　**综合公园各场地类型种植要求**

场地类型	种植要求
游人集散场地	该场地植物选用应符合下列规定：在游人活动范围内宜选用大规格苗木；严禁选用危及游人生命安全的有毒植物；不应选用在游人正常活动范围内枝叶有硬刺或枝叶形状呈尖硬剑、刺状以及有浆果或分泌物坠地的种类；不宜选用挥发物或花粉能引起明显过敏反应的物种；应考虑交通安全视距和人流通行，场地内的树木枝下净空应大于 2. 2m。
儿童游戏场	该场地植物选用应符合下列规定：乔木宜选用高大荫浓的种类，夏季庇荫面积应大于游戏活动范围的 50%；活动范围内灌木宜选用萌发能力强、直立生长的中高型种类，树木枝下净空应大于 1. 8m。
露天演出场	该场地观众席范围内不应布置阻碍视线的植物，观众席铺栽草坪应选用耐践踏的种类。
停车场	停车场种植应符合下列规定：树木应兼具满足车位、通道、转弯、回车半径的要求；庇荫乔木枝下净空的标准：大、中型汽车停车场：大于 4m；小汽车停车场：大于 2. 5m；自行车停车场：大于 2. 5m；场内种植池宽度应大于 1. 5m，并应设置保护设施。
成人活动场地	该场地种植应符合下列规定：宜选用高大乔木，枝下净空不低于 2. 2m；夏季乔木庇荫面积宜大于活动范围的 50%。
园路	园路两侧的植物种植应注意通行机车车辆的园路，车辆通行范围内不得有低于 4m 高度的枝条；方便残疾人使用的园路边缘种植应符合下列规定：不宜选用硬质的丛生型植物；路面范围内，乔木枝下净空不得低于 2. 2m；乔木种植点距离回路边缘应大于 0. 5m。

4. 林地种植密度

林地种植密度主要通过郁闭度来衡量。郁闭度指乔木树冠在阳光直射下在地面的总投影面积(冠幅)与此林地(林分)总面积的比，它反映林地的密度。风景林中各观赏单元应另行计算，丛植、群植近期郁闭度应大于 0. 5；带植近期郁闭度宜大于 0. 6。风景林地应符合表 8-12 所示的要求。

表 8-12　**不同类型风景林郁闭度要求**

类型	开放当年标准	成年期标准
密林	0. 3~0. 7	0. 7~1. 0
疏林	0. 1~0. 4	0. 4~0. 6
疏林草地	0. 07~0. 20	0. 1~0. 3

8.3.8 综合公园的建筑设计

公园建筑是综合公园的组成要素，占用地的比例很小，一般为2%~8%，但在公园的布局和组景中却起到控制和点景的作用，即使在以植物造景为主的点景中，也有画龙点睛的效果，因而在选址和造型时务必慎重推敲。公园建筑造型，包括体量、空间组合、形式细部等，不能仅就建筑自身考虑，还必须与环境融洽，注重景观功能的综合效果。建筑体量一般要轻巧，不宜太大太重，空间要相互渗透。如遇功能复杂，体量较大的茶室、餐厅、游览馆等建筑，要化整为散，按功能不同分为厅室等，再以廊架相连，花墙分隔，组成庭院式的建筑，取得功能和景观两相宜的效果。

1. 综合公园建筑类型

综合公园建筑类型繁多，从功能角度出发主要分为文化宣传类建筑、文艺体育类建筑、服务性建筑、游览休憩类建筑和公园管理类建筑等，见表8-13。

表8-13 **综合公园建筑类型及建筑形式**

综合公园建筑类型	建筑形式
游览休憩类建筑	亭、廊、榭等点景游憩类建筑
公园管理类建筑	办公楼
服务性建筑	餐厅、茶室、小卖部、厕所
文艺体育类建筑	游艺室、弈棋室、露天剧场、溜冰场、游泳池、游船码头
文化宣传类建筑	展览馆、陈列室、阅览室

亭、廊、榭等是综合公园中常见的点景游憩类建筑，它既是风景的观赏点，同时又是被观赏的景点，通常位于有良好的风景视线和导游线的位置上。加之亭廊榭各自特有的功能和造型、色彩等，往往比一般山水、植物更能引人注意，易成为艺术构图的中心。

2. 综合公园建筑设计要点

综合公园的建筑形式依其屋顶、平面、功能、结构而分，类型极其繁多，个性比较突出，但就其设计的一般要求而言，仍有共性：既要适应功能要求，又要简洁大方，空透轻巧，明快自然，并需服从于公园的总体风格。建筑物的位置、朝向、高度、体量、空间组合、造型、材料、色彩及其使用功能，应符合综合公园总体设计的要求。

游览、游憩、服务性建筑物设计应该注意与地形、地貌、山石、水体、植物等其他造园要素统一协调，层数以一层为宜；起主题和点景作用的建筑，其高度和层数应服从景观需要；游人通行量较大的建筑室内外台阶宽度不宜小于1.5m，踏步宽度不宜小于30cm，踏步高度不宜大于16cm，台阶踏步数不小于两级，侧方高差大于1.0m的台阶应设护栏设施。

建筑内部和外缘，凡游人正常活动范围边缘临空高差大于1.0m处，均应设护栏设施，护栏高度应大于1.05m，高差较大处可适当提高。

有吊顶的亭、廊、敞厅，吊顶应采用防潮材料。亭、廊、花架、敞厅等供游人坐憩之处，不采用粗糙饰面材料，也不采用易刮伤游人肌肤和衣物的构造。游览、休憩建筑的室内净高不应小于 2.0m。亭、廊、花架、敞厅等的高度应考虑游人通过或赏景的要求。

本章小结

(1)综合公园是指市、区范围内为居民提供良好休憩、文化娱乐活动的综合性、多功能、自然化的大型绿地，其用地规模一般较大，园内设施丰富完备，适合各阶层的居民进行一日之内的游赏活动。综合公园分为全市性公园和区域性公园两类。

(2)综合公园的规划设计应该遵循功能性、景观性、因地性、游览性、特色化等原则。

(3)综合公园应依照从规划到设计的逻辑顺序，依次从公园选址、规模选择、总体布局、出入口设计、功能分区、交通系统、植物景观、公园建筑等方面展开设计。

思考题

1. 在国内外的众多综合公园中，请选择一个作为案例进行分析和研究。
2. 综合公园的概念、分类和功能是什么？
3. 综合公园有哪些规划设计原则？
4. 综合公园有哪几种平面布局形式？

第9章　居住区绿地景观规划设计

居住区是城市居民居住和日常活动的区域，是城市重要的功能组成单元，对城市的宜居性和居民日常生活有着重要影响。居住区绿地景观规划设计是居住区环境塑造的重要方面，是居住区规划设计的重要组成部分，与居住区功能布局、住宅群体布置、道路交通规划、生活服务设施安排、建筑设计等方面密切关联。居住区绿地景观规划设计不仅要满足居民休憩、交往、晾晒、健身、私密、隔离、生态等物质功能要求，还要满足居民审美的精神层面要求。

9.1　居住区绿地概述

9.1.1　居住区概念

《城市居住区规划设计标准》(GB 50180—2018)对城市居住区的定义为：城市中住宅建筑相对集中布局的地区，简称居住区。居住区按照居民在合理的步行距离内满足基本生活需求的原则，可分为十五分钟生活圈居住区、十分钟生活圈居住区、五分钟生活圈居住区及居住街坊四级。

9.1.2　居住区绿地的组成

依照《城市居住区规划设计标准》(GB 50180—2018)，居住区内的绿地应包括公共绿地、居住街坊绿地、道路绿地和配套设施所属绿地。它们是城市绿地系统中分布最广、使用率最高与居民最贴近的一种绿地，共同构成了居住区“点、线、面”相结合的绿地系统。

1. 公共绿地

居住区公共绿地是为居住区配套建设、可供居民游憩或开展体育活动的公园绿地，它包括十五分钟生活圈居住区公园、十分钟生活圈居住区公园和五分钟生活圈居住区公园。这类绿地常与服务中心、文化体育设施、老年人活动中心及儿童活动场地结合布置，供居民购物、观赏、游乐、休息和聚会等使用，形成居民日常生活的绿化游憩场所，也是深受居民喜爱的公共空间。

2. 居住街坊绿地

居住街坊内的绿地结合住宅建筑布局设置集中绿地和宅旁绿地。街坊内集中绿地应设置老年人、儿童活动场地。宅旁绿地指住宅建筑四旁的绿化用地及居民庭院绿地，包括住宅前后及两栋住宅之间的绿地。宅旁绿地是居民使用的半私密空间或私密空间，是住宅空间的转折与过渡，也是住宅内外结合的纽带，遍及整个住宅区，和居民的日常生活有密切关系，具有美化环境，阻挡外界视线、噪声、灰尘和保证居民夏天乘凉、冬天晒太阳等功能。

3. 道路绿地

居住区道路绿地指住区道路两旁，为满足遮荫防晒、保护路面、美化街景等功能而设的绿地和行道树(道路用地范围内的)。道路绿地是联系居住区内各项绿地的纽带，对居住区的面貌有着极大的影响。

4. 配套设施所属绿地

居住区配套设施所属绿地包括居住区内的医院、学校、影剧院、图书馆、老年人活动站、青少年活动中心、托幼设施等专门使用的绿地，由所属单位使用管理，是居住区绿地的重要组成部分。

9.1.3　居住区绿地景观规划设计基本要求

作为城市绿地系统的组成部分，居住区绿地的指标也是城市绿化指标的一部分，它间接地反映了城市绿化水平。随着社会进步和人们生活水平的提高，绿化事业日益受到重视，居住区绿化指标也已成为人们衡量居住区环境的重要依据。

在《城市居住区规划设计标准》(GB 50180—2018)中，规定了公共绿地所占比例，明确了各级生活圈居住区配套规划建设公共绿地的控制指标，详见表 9-1。

表 9-1　**公共绿地控制指标**

类别	人均公共绿地面积(m^2/人)	居住区公园		备注
		最小规模(hm^2)	最小宽度(m)	
十五分钟生活圈居住区	2.0	5.0	80	不含十分钟生活圈及以下级居住区的公共绿地指标
十分钟生活圈居住区	1.0	1.0	50	不含五分钟生活圈及以下级居住区的公共绿地指标
五分钟生活圈居住区	1.0	0.4	30	不含居住街坊的公共绿地指标

注：居住区公园中应设置 10%~15%的体育活动场地。

居住街坊绿地的主要评价指标为绿地率，它指居住街坊内绿地面积之和与该居住街坊用地面积的比率(%)。

居住街坊绿地面积计算时应注意：

(1)满足当地植树绿化覆土要求的屋顶绿地可计入绿地。绿地面积计算方法应符合所在城市绿地管理的有关规定。

(2) 当绿地边界与城市道路临接时，应算至道路红线；当与居住街坊附属道路临接时，应算至路面边缘；当与建筑物临接时，应算至距房屋墙脚 1.0m 处；当与围墙、院墙临接时，应算至墙脚。

(3) 当集中绿地与城市道路临接时，应算至道路红线；当与居住街坊附属道路临接时，应算至距路面边缘1.0m处；当与建筑物临接时，应算至距房屋墙脚1.5m处。

居住街坊集中绿地在规划建设时，宽度不应小于8m；新区建设不低于0.5m²/人，旧区改建不低于0.35m²/人；在标准的建筑日照阴影范围之外的绿地面积不应少于1/3。

居住区规划设计应尊重气候及地形地貌等自然条件，并应塑造舒适宜人的居住环境。统筹庭院、街道、公园及小广场等公共空间形成连续、完整的公共空间系统。宜通过建筑布局形成适度围合、尺度适宜的庭院空间；结合配套设施的布局塑造连续、宜人、有活力的街道空间；构建动静分区合理、边界清晰连续的小游园、小广场；宜设置景观小品美化生活环境。

居住区规划设计应结合当地主导风向、周边环境、温度湿度等微气候条件，采取有效措施降低不利因素对居民生活的干扰。具体而言，应统筹建筑空间组合、绿地设置及绿化设计，优化居住区的风环境；应充分利用建筑布局、交通组织、坡地绿化或隔声设施等方法，降低周边环境噪声对居民的影响；应合理布局餐饮店、生活垃圾收集点、公共厕所等容易产生异味的设施，避免气味、油烟等对居民产生影响。

居住区内绿地的建设及其绿化应遵循适用、美观、经济、安全的原则。宜保留并利用已有树木和水体；种植适宜当地气候和土壤条件、对居民无害的植物；采用乔、灌、草相结合的复层绿化方式；充分考虑场地及住宅建筑冬季日照和夏季遮荫的需求；适宜绿化的用地均应进行绿化，并可采用立体绿化的方式丰富景观层次、增加环境绿量；有活动设施的绿地应符合无障碍设计要求并与居住区的无障碍系统相衔接；绿地应结合场地雨水排放进行设计，并宜采用雨水花园、下凹式绿地、景观水体、干塘、树池、植草沟等具备调蓄雨水功能的绿化方式。居住区公共绿地活动场地、居住街坊附属道路及附属绿地的活动场地的铺装，在符合有关功能性要求的前提下应满足透水性要求。

居住街坊内附属道路、老年人及儿童活动场地、住宅建筑出入口等公共区域应设置夜间照明，照明设计不应对居民产生光污染。

9.2 居住区绿地景观规划设计原则

在进行居住区绿地景观规划设计时，首先要考虑的是如何满足居民对空间的不同需求。除了对空间的功能性需求之外，人们对空间文化性和地域性特色的要求也越来越高，这就要求我们在绿地设计中要融功能、意境和艺术于一体。因此，在规划设计中应注意以下原则。

1. 以人为本，适应居民生活

居住区绿地最贴近居民生活，因此在设计时必须以人为本，更多地考虑居民的日常行为和需求，使居住区的景观规划设计由单纯的绿化及设施配置，向营造能够全面满足居民各层次需求的生活环境转变。

2. 方便安全，满足基本需求

居住区公共绿地，无论集中或分散设置，都必须选址于居民经常经过并能顺利达到的地方。要考虑居民对绿地景观空间的安全性要求，特别是在公共场所，要创造具有安全和防卫感的环境，以促进居民开展室外活动和参与其他社会活动。

3. 生态优先，营造四季景色

依托生态优先理念，以植物学、景观生态学、人居学、社会学、美学等为基础，遵循生态原则，使人与自然界的植物、环境因子组成有机整体，体现生物多样性，实现人与自然的和谐统一。

4. 系统组织，注重整体效果

居住区绿地的规划设计应该为居民提供一个能满足生活和休憩多方面需求的复合型空间，形成多层次、多功能、序列完整、布局合理和一个具有整体性的系统，为居民创造幽静、优美的生活环境。

5. 形式功能注意和谐统一

具有实际功用的绿地景观空间才会具有明确的吸引力，因此，绿地规划应提供给人们游戏、晨练、休息与交往等多功能的景观空间。既要注意绿地景观的观赏效果，又要发挥绿地景观的各种功能作用，达到空间形式与功能的和谐统一。

6. 经济可行，重视实际功能

本着经济可行的原则，注重绿地景观的实用性。用最少的投入和最简单的维护，达到设计与当地风土人情及文化氛围相融合的境界。尽量减少绿地修建和维护费用，最大限度地发挥绿地系统的使用功能。

7. 尊重历史，把握建设时机

自然遗迹、古树名木是历史的象征，是文化气息的体现。居住区规划设计应尽量尊重历史，保护和利用历史性景观，特别是要做好对景观特征元素的保护。有些景观建设应提早考虑对景观特征元素的保护而不是在开发的后期才考虑。

9.3　居住区绿地景观规划设计内容与方法

在进行居住区绿地景观规划设计时，首先应进行设计影响要素分析，确定景观布局及其主要功能，其次应根据不同景观用地类型的特点，对景观空间关系进行合理处理，使之与居住区整体风格相融合，在体现居住区景观的个性与差异性的同时，满足住区居民多样化的需求，创造可持续发展的人居环境。

9.3.1　设计影响要素分析

居住区绿地景观规划设计受很多因素的影响，其中最重要的是住宅类型和居民行为活动类型，因此在设计初期应对二者进行充分的调研分析。

1. 住宅类型与景观布局

在当今以市场为主的条件下，经济水平成为分化居住的重要因素。一般情况下，一些较高收入人士居住在别墅区，人均居住用地面积较大。随建筑层数的增加，人均居住面积往往会减小。因此，不同类型的住宅对景观布局的要求不同，详见表9-2。

表 9-2　　　　**住宅类型与景观布局的关系**

类型	景观布局特点
低层(别墅)	采用较分散的景观布局，使住区景观尽可能接近每户居民，景观的散点布局可结合庭院塑造尺度宜人的半围合景观。
多层	采用相对集中、多层次的景观布局形式，保证景观空间合理的服务半径，尽可能满足不同年龄结构、不同心理取向的居民的群体景观需求，具体布局手法可根据住区规模及现状条件而改变，以营造出有自身特色的景观空间。
小高层	宜根据住区总体规划及建筑形式选用合理的布局形式。
高层	采用立体景观和集中形式的景观布局。高层住区的景观总体布局可适当图案化，既要满足居民在近处观赏的审美要求，又需注重居民在居室中向下俯瞰时的景观艺术效果。

(1)低层住宅区绿地面积比较大，大部分为私人院落，除大面积的集中绿地以外，只有一些道路绿地和宅旁绿地，居民大部分的活动在自己的院子里进行，或者通过会所方式来进行社交活动、健身活动、体育活动。

(2)多层住宅景观面积需求大，满足老人和少年儿童的活动需求应该成为考虑的重点。

(3)中高层住宅随着层数增高，表面上看，绿地的面积会多些，但人均绿地面积则减少了。而且，由于宅间绿地受到建筑高度阴影的影响，可使用的绿地面积减少，因此从使用上往往要求有居住街坊集中绿地。

(4)综合区一般是面积比较大的居住区，应该有多种类型的住宅来满足不同经济水平的人群需要。这样，一方面有利于房地产楼盘的出售，另一方面也有利于各种不同条件的人混合居住。在这种条件下，各种类型的绿地景观都需要。

2. *居民活动与景观功能*

居住区绿地景观的规划设计是针对居民的需求而设计的，这种需求可以是物质层面的，也可以是精神层面的。而人的需求作为一种心理活动并不容易被设计者认知，设计者只有通过居民外在的行为方式来观察，因此研究居住区内的居民活动及其行为空间是居住区绿地景观规划设计的重要依据。

居民的居住活动大致可分为三种基本类型：必要性行为、休闲性行为和交往性行为。每一种活动类型对于物质环境的要求各不相同(图 9.1)。必要性行为是指人们在居住过程中必然和必须产生的行为，是以安全、有效、舒适为前提的满足居住这一功能性要求的行为方式。该类型主要包括交通、停车、消防、卫生等行为方式。休闲性行为是指人们在居住过程中充分享受环境和景观，放松自我的行为，这一类行为不带明确的行为目的，主要满足居民的精神需求。这种行为包括观赏、休憩、运动、健身等行为方式。在社区中生活，人与人的交往与交际是最重要的活动，闲谈、游玩、娱乐等是交往性行为方式的主要内容。

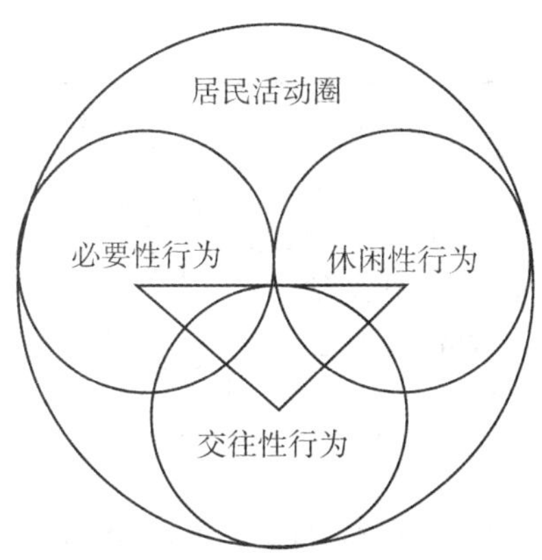

图 9.1　居民行为活动类型

9.3.2　居住区公共绿地景观规划设计

公共绿地主要包括十五分钟生活圈居住区公园、十分钟生活圈居住区公园和五分钟生活圈居住区公园。它们受建筑布局影响较小，规划时需要考虑提供居民休息、玩赏、游玩的场所，应考虑设置老人、青少年及儿童文娱、体育、游戏、观赏等活动的设施。只有达到一定大小的绿地面积，形成整块绿地，才便于安排这些内容。因此，不同层级的居住区都需设有相应规模的公共绿地，这些绿地应与居住区总用地规模、居民总人数相适应，是居住区景观职能的主要体现。

1. 居住区公共绿地的特点

居住区公共绿地通常位于居住区中心，为“内向”型景观空间。其特点如下：

(1)游园至区内各个方向的服务距离均匀，便于居民使用。

(2)位于居住区中心的绿地，在建筑群环抱之中，形成的空间环境比较安静，受住区的外界人流、交通影响较小，能使居民增强领域感和安全感。

(3)居住区公园的绿化空间与四周的建筑群产生明显的“虚”与“实”对比，“软”与“硬”对比，使空间有疏有密，层次丰富而有变化。

(4)公共绿地位于区内的几何中心，公园绿色空间的生态效益可供居民充分享有。

2. 居住区公共绿地的布局模式

居住区公共绿地的布局模式具有多样化的特点，且不同布局模式有各自的优缺点和一定的适应范围。常见的居住区公共绿地的布局模式有以下五种，见表 9-3。

表 9-3　**常见居住区公共绿地布局模式**

模式	特点	优点	缺点	图示
中心集中式	集中布置在住区中心地带，且多为面状绿地，是一种常见的相对封闭的布局模式。	有效服务半径可覆盖整个用地，居民有相对平等的共享机会和使用权。	绿地容易被道路穿越或环绕，成为大型交通岛，缺乏安全性。	2000m 2000m

续表

模式	特点	优点	缺点	图示
中心一侧式	公共绿地集中布置在紧邻城市道路一侧，且比较靠近中央位置。	常作为城市带状绿地的一个终结点，与城市联系性强。	有效服务半径覆盖用地一半左右，道路对侧居民使用不便。	2000m 2000m
边角式	集中在用地的一角，主要用于道路交叉口或异形用地。	开放性较强，可供住区居民和其他城市居民共用。	有效服务半径为1/4，对角线上的居民到达较为不便。	2000m 2000m
带状中心式	呈带状布置于住区中央，可作为城市带状绿地的延伸，也可结合高压走廊或自然河道等线性要素布置。	有效服务面积可覆盖整个用地，且绿地与住户的接触面最大，区域连通性较强。	相对较为狭长，对大型活动场地布置有所限制。	2000m 2000m
带状侧边式	集中布置在紧邻城市道路的一侧，绿地与住户接触面较大。	可为住区居民和城市居民服务，利用率高；还可美化住区与城市道路，为住区阻滞风沙、降低噪音、净化空气、调节气候。	有效服务半径覆盖用地一半左右，住区对侧居民使用不便。	2000m 2000m

3. *居住区公共绿地的景观规划设计方法*

居住区中公共绿地类型众多，常见的有住区公园与小游园两种类型，具体规划设计方法如下。

1）住区公园

住区公园是居住区绿地中规模较大、服务范围较广的公共绿地，它为整个居民区居民提供交往、游憩的景观空间。为了方便住区居民，住区公园一般设在住区的中心位置，最好与住区的公建、社会服务设施结合布置形成住区的公共活动中心，提高公园与服务设施的使用率，节约用地。住区公园应根据居民各种活动的要求布置休息、文化娱乐、体育锻炼、儿童游戏及人际交往等各种活动场地与设施，满足功能要求。其景观设计以景取胜，注意意境的创造，充分利用地形、水体、植物及人工建筑物塑造景观，组成具有魅力的景色，满足景观审美的要求。公园空间的构建与园路规划应组合塑景，园路既是交通的需要，又是观赏的路线，满足游览的需要。多种植植物，改善住区的自然环境和小气候，满足净化环境的需要。某居住区公园平面图如图 9.2 所示。

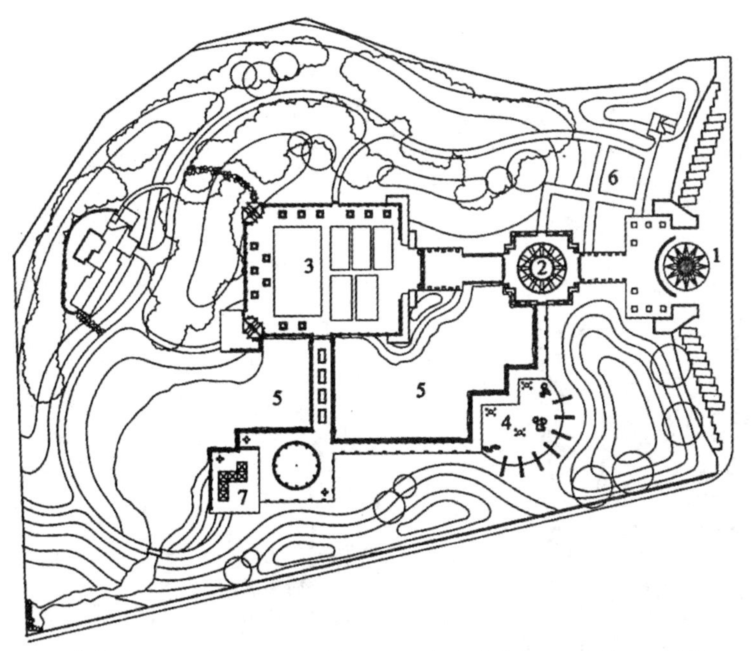

1. 入口广场　2. 中心广场　3. 运动场地　4. 儿童活动场　5. 水景　6. 草坪　7. 亭

图 9.2　某居住区公园平面图

住区公园是为整个居民区服务的。公园的面积比较大，布局与城市小公园相似，设施比较齐全，内容比较丰富，有一定的地形地貌、小型水体；有功能分区、景区划分，除了花草树木以外，还有一定比例的建筑、活动场地、园林小品、活动设施。住区公园主要功能配置见表 9-4。

表 9-4　**住区公园主要功能配置**

功能分区	物质要素
休息、漫步、游览区	休息场地、散步道、凳椅、廊、亭、榭、老人活动室、展览室、草坪、花架、花境、花坛、树木、水面等
游乐区	电动游戏设施、文娱活动室、凳椅、树木、草地等
运动健身区	运动场地及设施、健身场地、凳椅、树木、草地等
儿童活动区	儿童游乐园及游戏器具、凳椅、树木、花草等
服务网点	茶室、餐厅、售货亭、公厕、垃圾箱、凳椅、花草等
管理区	管理用房、公园大门、暖房、花圃等

住区公园布置紧凑，各功能分区或景区间的节奏变化快。与城市公园相比，游人主要是本居住区的居民，并且游园时间比较集中，多在早晚。特别在夏季，晚上是游园的高峰。因此，在进行景观设计时应加强照明设施、灯具造型、夜香植物的布置，使其更好地服务于周边居民。

2) 小游园

小游园是住区内规模较小的公共绿地，采用集中与分散相结合的方式。其服务对象以老年人和青少年为主，为他们提供休息、观赏、游玩、交往及文娱活动场所，通常与住区中心结合。如图 9.3 所示。

图 9.3　某小游园平面图

小游园的景观设计应与住区总体规划密切配合，使小游园能妥善地与周围城市绿地景观衔接。尤其要注意小游园与外部道路的衔接，应尽量方便附近地区的居民使用。注意充分利用原有的绿化基础，尽可能与住区公共活动中心结合起来布置，以便形成一个完整的居民生活中心。

小游园应根据游人不同年龄特点划分活动场地和确定活动内容，场地之间既要分割又要紧凑，将功能相近的活动布置在一起。尽量利用和保留原有的自然地形及原有植物。

9.3.3　居住街坊绿地景观规划设计

居住街坊内的绿地需结合住宅建筑布局设置集中绿地和宅旁绿地。集中绿地是结合街坊建筑布局形成的公用绿地，面积不大且靠近住宅，供居民使用，尤其应关注老人与儿童的需求。宅旁绿地，虽然每块绿地面积小，功能不突出，不能像集中绿地那样具有较强的娱乐、休闲的功能，却是居民邻里生活的重要区域，同时也是居民日常使用频率最高的地方。集中绿地与宅旁绿地因形式、功能不同，景观规划设计的方法也不同。

1. 居住街坊集中绿地景观规划设计

街坊集中绿地是最接近居民的公用绿地，它结合住宅布局，以街坊内的居民为服务对象。在景观规划设计中应根据其特点和布局形式进行相应的处理。

1) 居住街坊集中绿地的特点

(1) 用地少，投资少，见效快，易于建设。由于面积小，布局设施都比较简单。在旧城改造用地比较紧张的情况下，利用边角空地进行景观规划设计，这是解决城市公共绿地不足的途径之一。

(2) 服务半径小，使用率高。由于街坊集中绿地位于居住街坊中，服务半径小，步行 2~3 分钟即可到达，既使用方便，又无机动车干扰，为居民提供了一个安全、方便、舒适的游乐环境和社会交往场所。

(3) 利用植物材料既能改善街坊之间的通风、光照条件，又能丰富住宅建筑艺术面貌，并能在地震时起到疏散居民和搭建临时建筑等抗震救灾的作用。

2) 居住街坊集中绿地的布局模式

随着街坊内住宅的布置方式和布局手法的变化，集中绿地的大小、位置和形状也相应地发生变化。常见的居住街坊集中绿地布局模式见表 9-5。

表 9-5　**常见居住街坊集中绿地布局模式**

绿地模式	特点	图示
行列式住宅山墙一侧式	绿地通常位于住宅群的一侧，是一种相对开放的布局模式。可用于不便于布置住宅的不规则地块。	
行列式住宅山墙中间式	行列式布置的住宅对居民干扰较小，但空间缺乏变化，比较单调。适当增加山墙之间的距离开辟为绿地，可以为居民提供一块阳光充足的半公共空间，打破行列式布置的山墙间所形成的狭长胡同的感觉。这种集中绿地的空间与它前后庭院的绿地空间相互渗透，丰富了空间变化。	

续表

绿地模式	特点	图示
扩大间距围合式	绿地位于扩大的住宅间距之间，也是一种封闭感比较强的布局模式。通过扩大住宅之间的间距开辟集中绿地，可以改变行列式布局所形成的单调的庭院空间，但相对封闭，流通性不强。	
住宅围合式	绿地位于两个住宅群之间，适用于用地紧张的条件下。两个住宅群共用一块集中绿地，有利于附近居民之间的充分交流。其缺点在于有部分居民到绿地的步行距离较远。	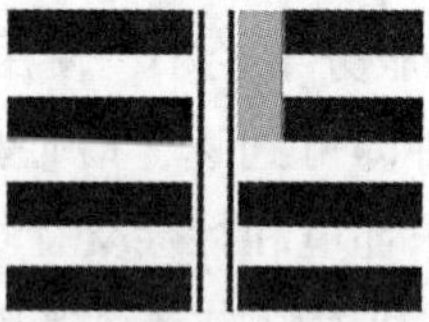
周边式住宅中间式	这种集中绿地有封闭感。它由楼与楼之间的庭院绿地集中而成，因此在相同的建筑密度时，这种形式可以获得较大面积的绿地，有利于居民从窗内看管在绿地上玩耍的儿童。	
自由式住宅中间式	绿地位于自由组合的住宅建筑之间，绿地形式较为灵活，是一种相对封闭的空间，绿地与外界流通性有一定限制。	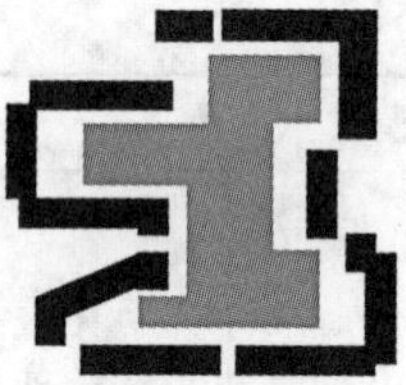
临街侧边式	临街布置绿地，既可为居民使用，也可向市民开放；既是街坊内的绿化空间，也是城市空间的组成部分，与建筑产生高低、虚实的对比，构成街景。	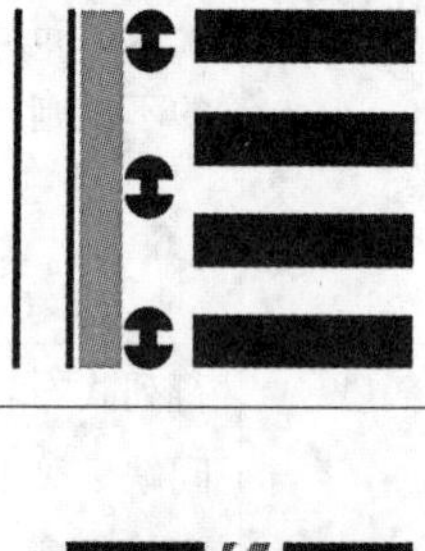
沿河带状式	绿地沿河道布置，是一种亲水的布局模式，水的清洁和安全是这种布局模式的关键。既要保证居民在休闲时不会受到水质的影响，又要保证居民(尤其是老人和儿童)的人身安全。但从低碳的角度来讲，这种形式可以形成良好的风速，有利于住区微气候的形成。	

3)居住街坊集中绿地的景观规划设计方法

街坊集中绿地的景观规划设计应满足邻里居民交往和活动的要求。设计中应布置幼儿游戏场地和老年人休息场地，设置小沙地、游戏器具、座椅及凉亭等。注意利用植物种植围合空间，树种包括灌木、常绿和落叶乔木，地面除铺装外应铺草种花，以美化环境。避免靠近住宅种树过密，造成底层房间阴暗及通风不良等现象。

街坊集中绿地的景观设计内容取决于服务对象和活动需求。在设计集中绿地时，要着重考虑老人和儿童的需要，精心安排不同年龄层次居民的活动范围和活动内容，为其提供舒适的休息和娱乐条件。

街坊集中绿地不宜建许多园林建筑小品，其设计应该以花草树木为主，适当设置桌、椅、简易儿童游戏设施等，慎重采用假山石和大型水池。一般集中绿地宽度不小于 8m，新区建设不应低于 $0.5m^2$/人，旧区改建不应低于 $0.35m^2$/人。在景观规划设计时，为使居民拥有良好的感官和使用体验，绿化覆盖率应在 50%以上，游人活动面积率在 50%～60%。解决提高绿化覆盖率和保证足够活动面积之间矛盾的办法是：在绿地内开辟一部分以种植乔木为主、允许游人进入活动的开敞绿地，同时在成片的铺装用地中间开树穴、种大树。某居住街坊集中绿地平面图如图 9.4 所示。

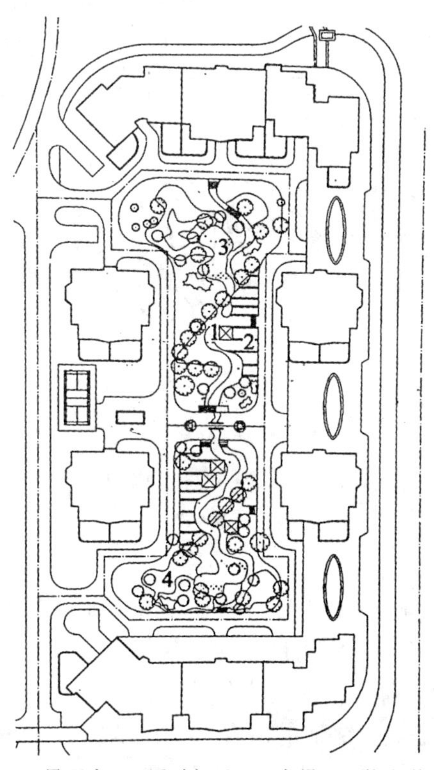

1. 景观亭　2. 活动场地　3. 水景　4. 微地形

图 9.4　某居住街坊集中绿地平面图

2. *居住街坊宅旁绿地景观规划设计*

宅旁绿地是住区景观中的重要部分，属于住宅用地的一部分。儿童宅旁嬉戏、青年老人健身活动、绿荫品茗弈棋、邻里闲谈等莫不生动地发生于宅旁绿地。宅旁绿地使现代住宅单元的封闭隔离感得到较大程度的缓解，以家庭为单位的私密性和以宅旁绿地为纽带的社会交往活动得到满足和统一协调。

1)居住街坊宅旁绿地的组成

根据不同领域属性及使用情况，宅旁绿地可分为三部分，见图9.5，包括：

(1)近宅空间，有两部分，一为底层住宅小院、楼层住户阳台和屋顶花园等；二为单元门前用地，包括单元入口、入户小路和散水等，前者为用户领域，后者属单元领域。

(2)庭院空间，包括庭院绿化、各活动场地及宅旁小路等，属宅群或楼栋领域。

(3)余留空间，是上述住宅群体组合中领域模糊的消极空间。

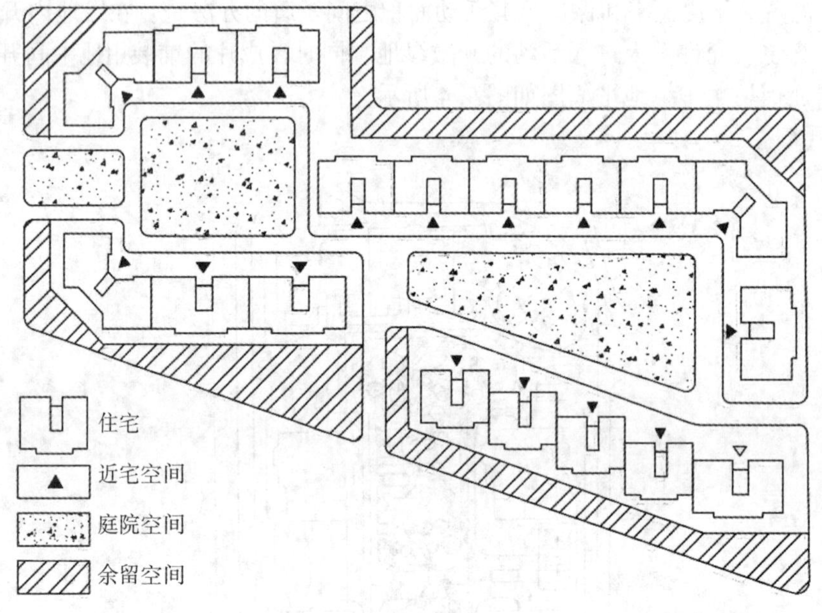

图9.5　宅旁绿地的组成

2)居住街坊宅旁绿地的特点

(1)功能性：宅旁绿地与居民的各种日常生活密切联系，居民在这里开展各种活动；宅旁绿地景观也是改善生态环境，为居民直接提供清新空气和优美、舒适居住条件的重要因素，有防风、防晒、防尘、降噪、改善小气候、调节温度及杀菌等功能。

(2)不同的领有：领有是宅旁绿地的占有与使用的特性。领有性强弱取决于使用者的占有程度和使用时间的长短。宅旁绿地大概可分为三种形态：私有领有、集体领有和公共领有。

(3)季相变化：宅旁绿地的景观设计以绿化为主，绿地率达90%~95%。树木花草具有较强季节性，一年四季不同植物有不同的季相，春华秋实、金秋色叶、气象万千。

大自然的晴云、雪雨、柔风、月影，与植物的生物学特性组成生机盎然的景观，使庭院绿地景观具有浓厚的时空特点，充满活力。随着社会生活的进步，物质生活水平的提高，居民对自然景观的要求与日俱增。充分发挥观赏植物的形态美、色彩美、线条美，采用观花、观果、观叶等各种乔灌木、藤本、花卉与草本植物材料，使居民能感受到强烈的季节变化。

(4)多元化空间：现代住宅建筑逐步向多层次的空间结构发展，如台阶式、平台式和连廊式等，因而宅旁绿地随之向垂直、立体化方向发展，呈现出多元化空间形式。

(5)灵活性：宅旁绿地的面积、形体、空间性质受地形、住宅间距、住宅群形式等因素的制约。当住宅以行列式布局时，绿地为线性空间；当住宅为周边式布局时，绿地为围合空间；当住宅为散点式布置时，绿地为松散空间；当住宅为自由式布置时，庭院绿地为舒展空间；当住宅为混合式布置时，绿地为多样化空间。

3)居住街坊宅旁绿地的景观设计方法

在住区景观中，宅旁绿地分布最广，总面积最大，使用率最高，对居住环境质量和城市景观的影响也最明显，在规划设计过程中考虑的因素要周到齐全。常见的宅旁绿地布置类型见表 9-6。

表 9-6　**常见宅旁绿地布置类型**

布置类型	特点	植物配置方式
花园型	层次较为丰富，相邻住宅间可取到遮挡视线、隔声、防风、美化的作用，封闭性强。	以绿篱或栅栏围成一定的范围，配置色彩层次丰富的花草树木。
草坪型	有一定的景观效果，但是改善住区热环境效果较差，养护和管理成本高。	以草坪绿化为主，在草坪边缘适当种植一些乔木和灌木、草花之类。
棚架型	美观、实用、经济，较受居民喜爱。	以棚架绿化为主，多选用开花、结果蔓藤植物，具有良好的遮荫和降温作用。
园艺型	在绿化基础上兼有实用性，居民多种植瓜果蔬菜，富有田园特色。	根据居民喜好，种植果树、蔬菜，如橘树等。

在进行宅旁绿地景观设计时，应结合住宅的类型及平面特点、建筑组合形式、宅前道路等因素进行布置，创造宜人的绿地景观，有效地划分空间，形成公共与私密各自不同的空间感知。

宅旁绿地也应体现住宅标准化与环境多样化的统一，依据不同的建筑布局做出宅旁及庭院的景观设计，植物应依据地区的土壤及气候条件、居民的爱好以及景观变化的要求进行配置。同时也应尽力创造特色，使居民有一种认同及归属感。需注意的是，宅旁绿地景观是区别不同行列、不同住宅单元的识别标志，因此既要注意配置艺术的统一，又要保持各栋楼之间景观的特色。另外，在住区中某些角落，因面积较小，不宜开辟活动场地，可设计成封闭式装饰性绿地景观，周围用栏杆或装饰性绿篱相围，其中铺设草坪或点缀花木以供观赏。某宅旁绿地平面图如图 9. 6 所示。

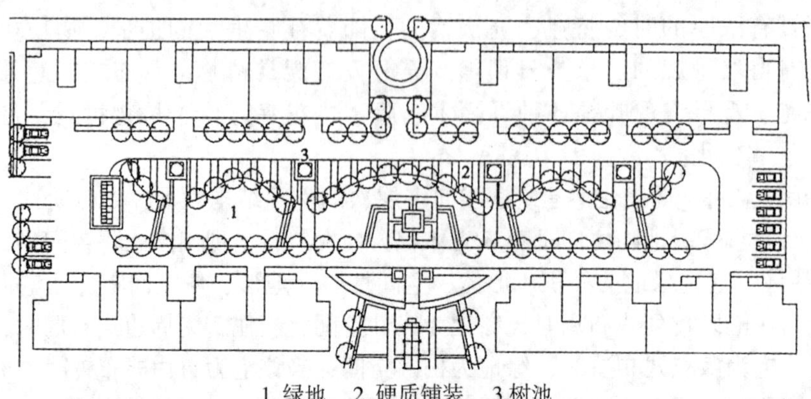

1. 绿地　2. 硬质铺装　3.树池

图 9.6　某宅旁绿地平面图

宅旁绿地景观设计应以绿化为主，树木栽植与建筑物、构筑物的距离要符合行业规范，详见表 9-7。

表 9-7　　宅旁绿地中植物与建筑物的最小间距

名　称	最小间距(m)	
	至乔木中心	至灌木中心
有窗建筑物外墙	3.0	1.5
无窗建筑物外墙	2.0	1.5
道路侧面外缘、挡土墙脚、陡坡	1.0	0.5
人行道	0.75	0.5
高 2 米以下的围墙	1.0	0.75
高 2 米以上的围墙	2.0	1.0
天桥的柱及架线塔、电线杆中心	2.0	不限
冷却池外缘	40.0	不限
冷却塔	高度的 1.5 倍	不限
体育用场地	3.0	3.0
排水明沟边缘	1.0	0.5
邮筒、路牌、车站标志	1.2	1.2
警亭	3.0	2.0
测量水准点	2.0	1.0

9.3.4　居住区道路绿地景观规划设计

居住区道路绿地景观对于改善居住区环境及景观、增加居住区绿化覆盖面积等都起着积极的作用。道路绿地有利于保护路基、防尘减噪、遮阳降温、通风防风、疏导人流、美化道路景观，可保持居住环境的安静、清洁，并有利于居民散步及户外活动。

居住区内道路的规划设计应遵循安全便捷、尺度适宜、公交优先、步行友好的基本原则，并应符合现行国家标准《城市综合交通体系规划标准》GB/T51328 的有关规定。居住区道路绿地的景观设计方法应遵循以下几点：

(1)在进行住区道路绿地景观设计时，首先应充分考虑行车安全的需要。在道路交叉口及转弯处种植的植物不能影响车辆的视线，必须留出安全视距，在此范围内一般不能选用体型高大的树木，只能种植高度不超过 0.7m 的灌木、花卉。住区行道树的设置要考虑行人的遮荫需求，并且不影响车辆通行。同时，还应考虑利用绿化减少噪声、灰尘对居住区的影响。

(2)住区的次要道路，其特点是车流量相对较少，但在绿地景观设计中仍应考虑车辆行驶的安全要求。当道路离住宅建筑较近时，要注意防尘降噪。在有地形起伏的地段，道路应灵活布置，道路断面可不在同一高度上，道路绿地的形式也可多样化，可根据不同地坪标高形成不同台地。

(3)住区内的支路一般以自行车通行和人行为主，其绿地与建筑的关系较为密切。景观布置应满足通行消防车、救护车、清运垃圾及搬运家具等车辆的通行要求。在尽端式道路的回车场地周围，应结合活动需求布置绿化。

(4)宅间小路是通向各住户或各单元入口的道路，主要供人行。在景观设计时，道路两侧的种植宜适当后退，便于必要时急救车和搬运车辆等直接通达单元入口。在步行道的交叉口可结合绿化适当放宽，与休息活动场地结合，形成小景点。这级道路的景观设计一般不采用行道树的方式，可根据具体情况灵活布置。树木既可连续种植，也可成丛地配置，与宅旁绿地的布置相结合，形成一个整体。

9.3.5　居住区配套设施所属绿地景观规划设计

配套设施所属绿地，是指居住区内公共建筑及公共设施用地范围内的附属绿地。这类绿地由其使用单位管理，虽不如公共绿地和居住街坊内的绿地使用频率高，却同样具有改善居住区小气候、美化环境、丰富居民生活的作用，是居住区绿地系统中不可缺少的部分。

居住区配套设施所属绿地的景观设计应根据不同公共建筑及公共设施的功能要求进行，结合配套设施的不同功能可将其分为医疗卫生类配套公建绿地、文化体育类配套公建绿地、商业饮食服务类配套公建绿地、教育设施类配套公建绿地、行政管理机构类配套公建绿地及其他配套公建绿地。不同的配套设施绿地有不同的要求，详见表 9-8。

表 9-8　　居住区配套设施所属绿地的景观设计要点

类别	绿化与环境空间关系	环境措施	环境感受	设施构成	树种构成
医疗卫生类(如医院门诊等)	半开敞的空间，与自然环境(植物、地形、水面)相结合，有良好的隔离条件。	加强环境保护，防止噪声，保护良好的自然条件。	安静、和谐，使人消除恐惧和紧张。阳光充足、环境优美，适宜病员休息、散步。	树木、花坛、草坪、条椅及无障碍设施，道路无台阶，宜采用缓坡道，道路平整。	宜选用树冠大、遮荫效果好、病虫害少的乔木、中草药及具有杀菌作用的植物。
文化体育类(如电影院、文化馆、运动场、青少年之家等)	形成开敞空间，各建筑设施呈辐射状与广场绿地直接相连，使绿地广场成为大量人流中心。	绿化应有利于组织人流和车流，同时要避免遭受破坏，为居民提供短时间休息的场所。	用绿化来强调公共建筑个性，形成亲切热烈的交流场所。	设有照明设施、条凳、垃圾箱、广告牌。路面要平整，以坡道代替台阶，设置公用电话、公共厕所。	宜以生长迅速、健壮、挺拔、树冠整齐的乔木为主。运动场上的草皮应为耐修剪、耐践踏、生长期长的草类。
商业、饮食、服务类(如百货商店、副食店、菜场、饭店等)	构成建筑群内的步行道及居民交往的公共开敞空间；绿化应点缀并加强其商业气氛。	防止恶劣的气候、噪声及废气排放对环境的影响；人、车分离，避免互相干扰。	由不同空间构成的环境是连续的，从各种设施中可以分辨出自己所处的位置和要去的地方。	树木、花池、条凳、广告牌等。	选择冠幅大、遮荫效果好、有花期且少病虫害的高大乔木。
教育类(如托幼所、小学、中学等)	构成不同大小的围合空间，建筑物与绿化、庭院相结合，形成有机统一、开敞而富有变化的活动空间。	形成连续的绿色通道，并布置草坪及文化活动场所，创造由闹到静的过渡环境，开辟室外学习园地。	形成轻松、活泼、幽雅、宁静的气氛，有利于学习、休息及文娱活动。	游戏场及游戏设备、操场、沙坑、生物实验园、体育设施、座椅或石桌凳、休息亭廊等。	结合生物园设置菜园、果园、小动物饲养园，选用生长健壮、病虫害少、管理粗放的树种。
行政管理类(如居委会、街道办事处、物业管理等)	以乔木、灌木将各孤立的建筑有机地结合起来，构成连续围合的绿色前庭。	利用绿化弥补和协调建筑之间在尺度、形式、色彩上的不足，并缓和噪声及灰尘对办公的影响。	形成安静、卫生、优美、具有良好小气候条件的工作环境，有利于提高工作效率。	设有简单的文化设施和宣传画廊、报栏，以活跃居民业余文化生活。	栽植庭荫树，多种果树，树下可种植耐荫经济植物。利用灌木、绿篱围合庭院。

续表

类别	绿化与环境空间关系	环境措施	环境感受	设施构成	树种构成
其他类(如垃圾站、锅炉房、车库等)	构成封闭的闭合空间，以利于阻止粉尘向外扩散，并利用植物作屏障，控制外部人员的视线。	消除噪声、灰尘、废气排放对周围环境的影响，能迅速排除地面水，加强环境保护。	内院具有封闭感，且不影响院外的景观。	露天堆场(如煤渣等)、运输车、围墙、树篱、藤蔓。	选用对有害物质抗性强、能吸收有害物质的树种。枝叶茂密、叶面多毛的乔灌木；墙面、屋顶用爬藤植物绿化。

本章小结

(1)居住区内绿地包括公共绿地、居住街坊绿地、道路绿地和配套设施附属绿地。

(2)衡量居住区绿地的指标主要有：各级居住区的公共绿地控制指标、居住街坊的绿地率。

(3)居住区绿地景观设计应遵循以人为本、方便安全、生态优先、系统组织、形式与功能相协调、经济可行、尊重历史等原则。

(4)进行居住区绿地景观规划设计，首先应进行设计影响要素分析，确定景观布局及其主要功能；其次应根据不同景观用地类型的特点，对景观空间关系进行合理处理，创造可持续发展的人居环境。

思考题

1. 居住区绿地可以分为哪几类？设计时应遵循哪些原则？
2. 简述居住区公共绿地的布局模式。
3. 简述居住街坊宅旁绿地的特点。
4. 居住区道路绿地的设计要点有哪些？

第 10 章　绿道规划设计

绿道是现代城市人类娱乐休闲的重要通道，它可以改善人们的日常生活，提高人们的身体素养和身心健康，是当今城市不可或缺的要素，已成为景观规划的重点项目之一。绿道的设计要求高于一般景观设计，偏重在整个区域中进行系统规划。规划建设效果良好的绿道，会成为区域景观地标，成为区域发展、人类生活、生物栖息的重要载体。

10.1　绿道概述

10.1.1　绿道的概念

住房和城乡建设部组织编制的《绿道规划设计导则》将绿道定义为以自然要素为依托和构成基础，串联城乡游憩、休闲等绿色开敞空间，以游憩、健身为主，兼具市民绿色出行和生物迁徙等功能的廊道。

10.1.2　绿道的分类

根据所处区位及环境景观风貌，绿道分为城镇型绿道和郊野型绿道两类。

(1)城镇型绿道：位于城镇规划建设用地范围内，主要依托和串联城镇功能组团、公园绿地、广场、防护绿地等，供市民休闲、游憩、健身、出行的绿道。

(2)郊野型绿道：位于城镇规划建设用地范围外，连接风景名胜区、旅游度假区、农业观光区、历史文化名镇名村、特色乡村等，供市民休闲、游憩、健身和生物迁徙等的绿道。

10.1.3　绿道的构成

绿道由绿廊系统和人工系统构成，具体包括绿廊系统、慢行系统、交通衔接系统、服务设施系统、标志系统五大系统，五大系统下包括绿化保护带、车行道、人行道等十六个基本要素。

1. 五大系统

(1)绿廊系统。绿廊系统是指绿道慢行道两侧由一定宽度的植物、水体、土壤等构成，以生态维育、生产保护、户外休闲、安全防护等为主导功能，经划定需要加以保护的绿化控制带。由绿化保护带和绿化隔离带组成，是绿道的生态基底。

(2)慢行系统。慢行系统包括步行道、自行车道、综合慢行道，可根据现状情况选择其一建设，一般应建设自行车道，生态型、郊野型绿道可建设综合慢行道。

(3)交通衔接系统。绿道作为联系区域主要休闲资源的线性空间，在局部地区会与国省道、轨道交通、主要城市干道共线或接驳。由于绿道以慢行交通为主，与以轨道和机动车为主的城市道路交通系统存在较大的差异，这使两者在交汇处会产生交通方式不兼顾的问题，因此需要考虑区域绿道与轨道交通、道路交通及静态交通的衔接。

(4)服务设施系统。服务设施系统包括管理设施、商业服务设施、游憩设施、科普教育设施、安全保障设施和环境卫生设施等。

(5)标志系统。绿道标志系统包括：信息标志、指路标志、规章标志、警示标志、安全标志和教育标志等六大类。绿道各类标志牌必须清晰、简洁，并进行统一规范，按照规定进行严格设置，应满足绿道使用者的指引功能。

2. 十六要素

依据五大系统性质、内容和分类，将绿道划分为基本十六要素，见表 10-1。

表 10-1　**绿道十六要素基本内容**

系统名称	要素名称	定　义
绿廊系统	绿化保护带	指绿道慢行道两侧由一定宽度的地带性植物群落、水体、土壤等构成，以生态维育、生态防护、户外休闲等为主导功能，经划定需要加以保护的绿化控制带。
	绿化隔离带	指不同慢行道之间，慢行道与外围车行区域、周边建筑之间的安全防护绿带。
慢行系统	步行道	指绿道中主要供行人步行的道路。
	自行车道	指绿道中主要供自行车通行的道路。
	综合慢行道	指以自行车道为主体，兼具步行或其他慢行功能的混合道。
交通衔接系统	衔接设施	指为实现绿道网络与城际轨道、城市公交系统、城市慢行系统的“无缝衔接”，确保绿道使用者在各交叉口“安全通过”而设置的高效衔接绿道网络及其他交通方式的“零距离”衔接设施。
	停车设施	指绿道中为车辆停放而专门设置的场地和其他必备的使用设施。
服务设施系统	管理设施	指统一对绿道的服务系统进行管理和调控的设施。
	商业服务设施	指统一为绿道提供商业服务的设施，主要包括售卖点、自行车租赁点、饮食点等。
	游憩设施	指为绿道使用者提供文体活动场地以及休憩点的设施。
	科普教育设施	指为绿道在使用过程中提供宣传、解说、展示功能的设施，一般设置在驿站、风景名胜区、森林公园、地质公园、野生动物观测点、天文气象观测点、历史文化遗址遗迹等需要解说、展示的区域。

续表

系统名称	要素名称	定　义
服务设施系统	安全保障设施	指为绿道的使用者提供安全防护的设施，主要包括治安消防点、医疗急救点。
	环境卫生设施	指为保证绿道所在区域的环境整洁，将绿道中所产生的生活废弃物收集、清除、运输、中转、处理、综合利用的相关设施，主要包括公厕、垃圾箱、污水收集设施等。
标志系统	信息墙	指为绿道使用者提供区域信息，可作为引导、解说功能的载体。
	信息条	指为绿道使用者提供终端信息服务，可作为解说、指示、命名、禁止、警示功能的载体。
	信息块	指体量较小，用于近距离信息提示，作为解说、警示、禁止、命名等功能的标识载体。

10.1.4　绿道的功能

(1)休闲健身功能：绿道串联城乡绿色资源，为市民提供亲近自然、游憩健身的场所和途径，倡导健康的生活方式。

(2)绿色出行功能：与公交、步行及自行车交通系统相衔接，为市民绿色出行提供服务，丰富城市绿色出行方式。

(3)生态环保功能：绿道有助于固土保水、净化空气、缓解热岛效应等，并为生物提供栖息地及迁徙廊道。

(4)社会与文化功能：绿道连接城乡居民点、公共空间及历史文化节点，有利于促进保护和利用文化遗产，促进人际交往、社会和谐与文化传承。

(5)旅游与经济功能：绿道有利于整合旅游资源，加强城乡互动，促进相关产业发展，提升沿线土地价值。

10.1.5　国内外绿道发展现状

在国外，自19世纪绿道产生以来，绿道已经过了一百多年的发展。在北美、欧洲及部分亚洲地区，绿道已经发展到比较成熟的阶段。各个国家的绿道建设模式与侧重点有所不同：美国绿道在户外空间规划方面的研究和实践处于世界领先水平，绿道建设更加注重游憩功能的开发；欧洲的绿色网络思想在20世纪初就得到了发展，在欧洲的大都市区域内，绿道系统的建设连接了城市与其外围的自然区域；亚洲的绿道研究和建设起步较晚，新加坡于1991年开始建设一个串联全国的绿地和水体的绿地网络，连接山体、森林、主要的公园、隔离绿带、滨海地区等，为生活在高密区的人们提供了足够的户外休闲娱乐和交往空间；日本虽然国土面积狭小、自然资源匮乏，但仍通过绿道网的建设来保存珍贵、优美、具有地方特色的自然景观。

在我国，对于绿道的思考与实践主要致力于三个方面：一是国外绿道理念与国内原有概念的融合；二是与绿道相关的具有中国特色的理念；三是借鉴国外绿道理念进行思考与实践。我国绿道的发展状况见图 10.1。

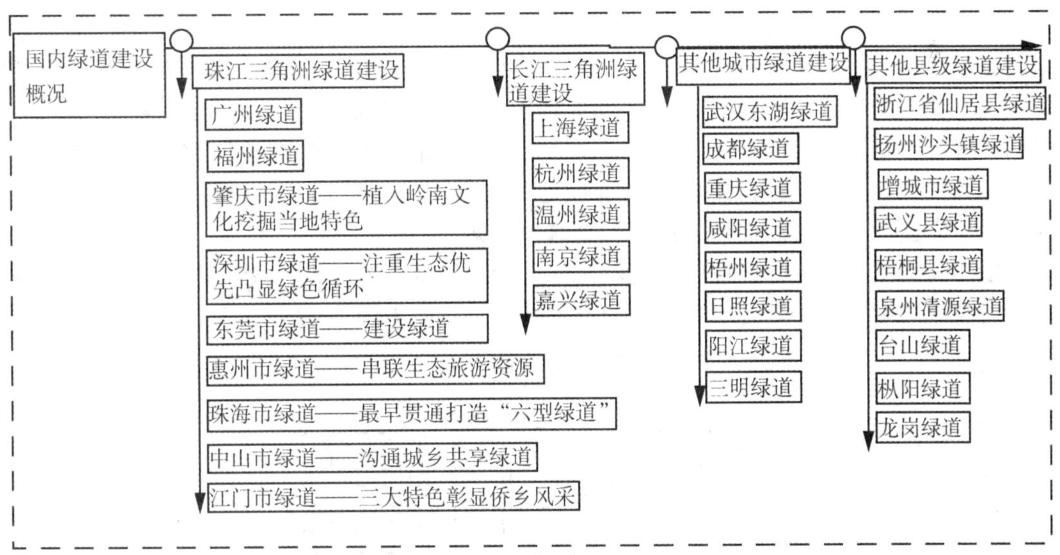

图 10.1　我国绿道发展状况

10.2　绿道规划设计原则

1. 系统性原则

绿道规划设计应统筹考虑城乡发展，衔接相关规划，整合区域各种自然、人文资源，加强城乡联系，引导形成绿色网络，发挥综合功能。

2. 人性化原则

绿道规划设计应以满足市民休闲健身为重点，注重人性化设计，完善绿道服务设施，保证城乡居民安全、便捷、舒适地使用。

3. 生态性原则

绿道规划设计应尊重生态基底，顺应自然肌理，对原生环境和自然、水文地质、地形地貌、历史人文资源最小干扰和影响，避免大拆大建。通过绿道有机连接分散的生态斑块，强化生态连通和“海绵”功能，构建连通城乡的生态网络体系。

4. 协调性原则

绿道规划设计应紧密结合各地实际条件和经济社会发展需要，与周边环境相融合，与道路建设、园林绿化、排水防涝、水系保护与生态修复以及环境治理等相关工程相协调。

5. 特色性原则

绿道规划设计应充分结合不同的现状资源与环境特征，突出地域风貌，展现多样化的景观特色。

6. 经济性原则

绿道规划设计应集约利用土地，合理利用现有设施，严格控制新建规模，降低建设与维护成本。鼓励应用绿色低碳、节能环保的技术、材料、设备等。

10.3 绿道规划设计内容与方法

绿道规划一般包含资料收集、数据分析(GIS)、现场踏勘、方案制定、公众参与等相关步骤。美国的洛林·LaB. 施瓦滋等编著的《绿道——规划·设计·开发》一书中将绿道规划设计程序基本概括为：选定绿道—调查分析—制定概念规划—制定最终总体规划。这四个步骤虽然是立足于美国的实际情况制定的，但它基本包括了绿道规划设计的主要流程，为我们进行绿道规划设计提供了一个基本框架。

依据我国实际情况，区域的绿道网规划设计的技术路线应包括现状调研及分析、规划级别定位、规划方案等内容。绿道规划设计技术路线图见图 10.2。

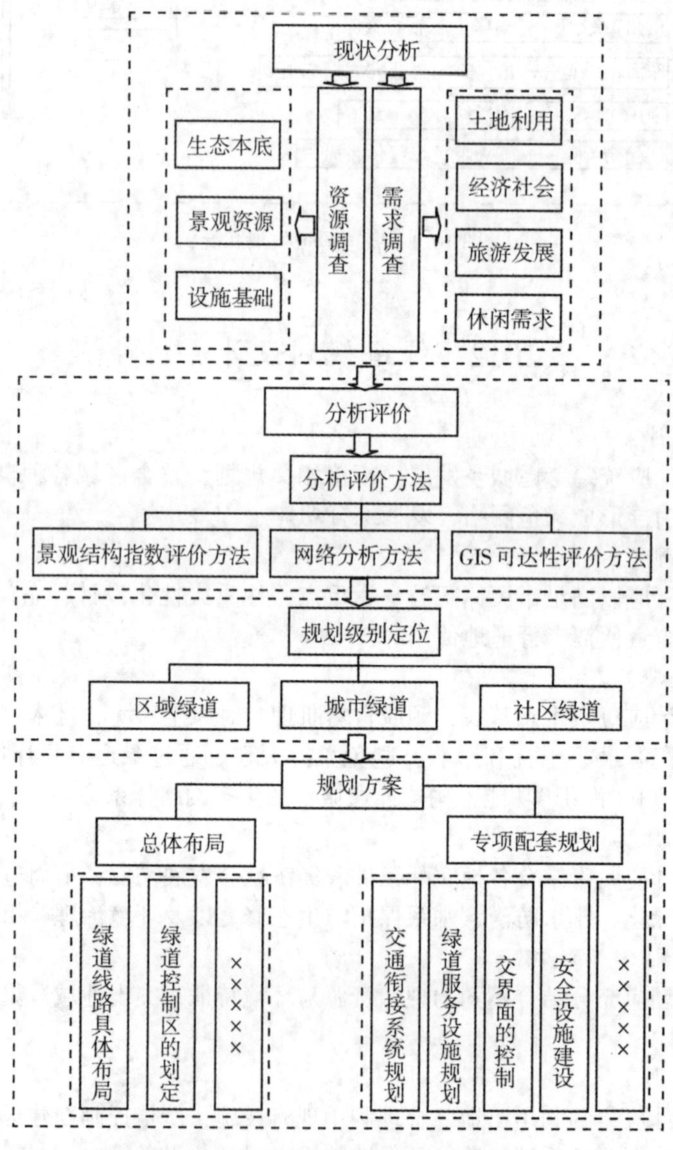

图 10.2 绿道规划设计技术路线图

10.3.1　现状调研

现状调研是绿道规划的基础。现状调研可采取现场踏勘、资料收集、座谈、问卷调查等形式，重点对规划编制范围内的绿道建设的资源本底和需求情况两方面内容进行调查。调查的主要内容应包括生态本底、景观资源、交通设施、土地利用与权属、经济社会、规划要求等，见表 10-2。

表 10-2　**绿道规划现状调研要素**

调研内容	项目	类型	种类
资源情况	生态本底	地形地貌	坡度
			高程
			山体
		河流水系	河流
			湖泊、水库
		海岸岛屿	岛屿
			海岸线
	景观资源	自然景点	森林公园
			自然保护区
			水源保护区
			地质公园
			郊野公园
			农业观光园
			旅游度假区
			城市公园、大型绿地
		人文景点	遗址公园
			文物古迹
			历史街区
			古村落
	交通设施	轨道交通	
		公路网络	
		城市道路	
		慢行系统	
		交通设施	

续表

调研内容	项目	类型	种类
需求情况	土地利用与权属	土地利用	居住社区
			公共中心
			教育机构
		土地权属	绿道沿线土地权属
	经济社会		经济发展
			人口分布
			城镇分布
			休闲需求
			旅游需求
	规划要求		城市发展
			空间结构
			绿地系统
			生态廊道

10.3.2 现状分析与评价

现状分析与评价，是指基于现状调研数据，对场地进行合理综合评价分析，了解场地景观结构及适宜性，为规划布局提供基础资料。具体评价分析方法有景观结构指数评价方法、网络分析方法、GIS 可达性评价方法三种。

1. 景观结构指数评价方法

景观生态学的研究中提出了景观格局分析方法。景观格局分析方法主要是利用各种定量的指数评价景观空间格局的适用性，通常被称为“景观结构指数评价方法”。

景观结构指数评价方法用于评价生态网络，亦可应用于对绿道的评价。绿道由节点和路径构成，需采用斑块类型水平指数和景观水平指数进行评价。在绿道构建的过程中应通过指标计算，对各个绿道进行反复比较，从而确立指数最优化的景观生态格局。绿道的景观结构评价方法主要是对其景观生态效应进行评价，有利于制定生态功能优越的绿道方案。

2. 网络分析方法

网络可分为分枝网络和环形网络两种形式(图 10.3)。其中，网络(a)是分支网络中最基本的形式，分别将各个节点首尾相连，但最终并未形成环形；网络(b)是分支网络中的中心体系形式，由一个中心节点向四周的节点放射，每一个节点与其他节点的连接均需要通过中心节点；网络(c)是建造费用最小的网络，每一个节点都连接在一个连接路径上，节点之间的联系均会通过中心路径部分；网络(d)是最基本的环形网络，所有节点通过首尾相连形成一个环形；网络(e)是最小使用费用的网络模式，每一个节点都与其他节点有直接的联系通道；网络(f)力求在网络(d)和网络(e)中找到平衡点。

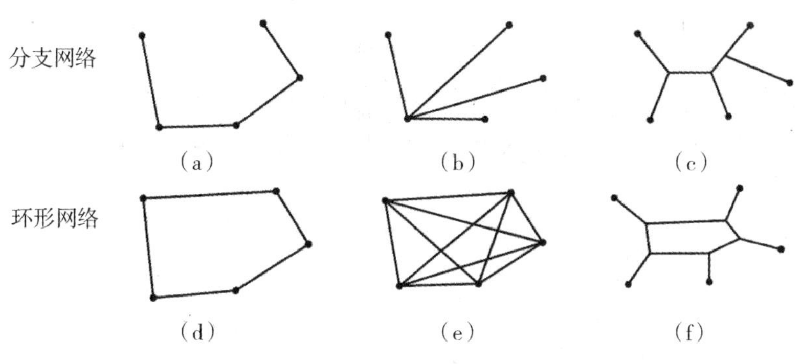

图 10.3　常用网络举例

网络结构的评价通常可以用四个指标进行分析，分别为：网络闭合度 α、线点率 β、网络连接度 γ、成本比 Cost Ratio。网络分析方法是对网络节点和连接路径的综合分析，有效的网络结构可以为物种的迁移提供良好的通道，可以改善景观斑块的破碎化现象，从而有效地保护物种的多样性。利用网络分析方法对绿道进行分析评价可以完善绿道在保护生物多样性方面的作用。

3. GIS 可达性评价方法

GIS 可达性评价方法是指利用 GIS 分析工具，针对城市公园绿地系统在城市中布局不均匀的问题，全面准确地分析公园绿地的服务范围。俞孔坚教授在 1999 年中山市绿地系统规划中提出了将景观可达性纳入城市公园绿地系统的功能指标体系，因为城市公园绿地与居民点之间的距离会影响公园绿地的真实价值。在研究中，俞孔坚教授提出了景观可达性评价模型，认为可达性是指从源地克服各种阻力到达目的地的相对难易程度，比较指标有距离、时间、费用等，可以通过建立阻力的空间分布矩阵和源的空间分布矩阵，从而求出可达性的空间分布。绿地空间分布格局对其服务有效性的影响见图 10.4。

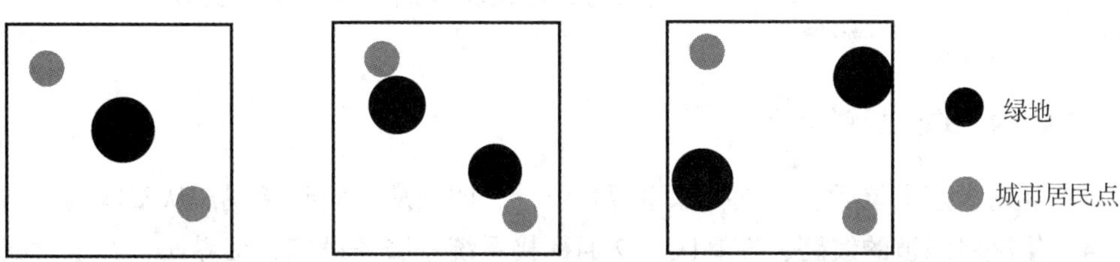

(a) 绿地对市民的服务不太方便 (b) 绿地对市民的服务较理想 (c) 绿地对市民的服务最差

图 10.4　绿地空间分布格局对其服务有效性的影响

GIS 可达性评价方法主要是从人类使用公园绿地的角度考虑的，研究绿道的游憩功能也是为了改善公园绿地不能很好地为市民服务的问题，所以在规划绿道时，有必要利用 GIS 可达性方法对绿道进行深入评选，从而确立一个能为市民提供良好服务的绿道。

10.3.3 规划级别定位

根据空间跨度与连接功能区域的不同，绿道分为区域级绿道、市(县)级绿道和社区级绿道三个等级(图 10.5)，绿道规划应与各级城乡规划相衔接。

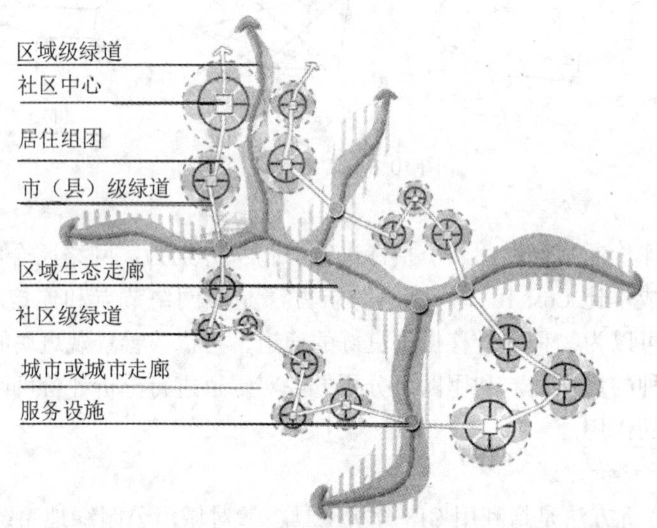

图 10.5 绿道分级示意图

(1)区域级绿道：指连接两个及以上城市，串联区域重要自然、人文及休闲资源，对区域生态环境保护、文化资源保护利用、风景旅游网络构建具有重要影响的绿道。

(2)市(县)级绿道：指在市(县)级行政区划范围内，连接重要功能组团、串联各类绿色开敞空间和重要自然与人文节点的绿道。

(3)社区级绿道：指城镇社区范围内，连接城乡居民点与其周边绿色开敞空间，方便社区居民就近使用的绿道。

10.3.4 绿道规划设计

在规划级别定位后，要进行绿道规划设计，明确从宏观到微观、从整体到局部的设计策略，依次对绿道的线路、控制区、交通衔接系统、服务设施、交界面、安全设施等进行设计，形成绿道生态网络。

1. 线路选择

在进行绿道线路的选择时，首先应确定绿道的类型。不同的分类有不同的选线依据见表 10-3。

表 10-3　　**绿道分类选线建议表**

绿道分类	依托资源	绿道选线
城镇型	道路： 现有非机动车道路、废弃铁路、古道等。	依托路侧绿带，绿道游径宜从路侧绿带中穿过，完善休闲等功能。
	水系： 城镇河流、湖泊、湿地、海岸、堤坝等。	绿道串联滨水绿地，促进城镇滨水区环境改善与功能开发，充分利用现状堤坝、桥梁等，在保证排涝除险、防洪及安全的前提下营造亲水空间。
	绿地： 公园绿地、广场，适宜游人进入的防护绿地，以及城镇用地包围的其他绿地等。	优先连接公园绿地、广场等城市开放空间，合理疏导人流，满足交通安全、集散及衔接需求。
郊野型	道路： 废弃铁路、景区游道、机耕道、田间小径等以游憩和耕作功能为主的交通线路。	绿道选线应不影响道路原有功能的发挥，避免占用农田或破坏庄稼、果树等。
	水系： 自然河流、湖泊、水库、湿地、海岸、堤坝等。	绿道选线顺应水系走向，在满足排涝除险、防洪及安全要求的前提下营造亲水空间。
	林地： 山地、平原等。	绿道选线顺应地形地貌，充分利用现有登山径、远足径、森林防火道等，减少新建绿道对生态系统及自然景观的破坏。

在确定绿道类型之后，要进行土地适宜性分析(侧重绿道的供给)和绿道使用需求分析(侧重绿道使用者的需求)。具体来说，所谓土地适宜性分析，即利用 GIS 等现代分析技术对规划区域的生态本底、景观资源、基础设施等情况进行分析，重点是明确哪些区域适宜建设绿道(如河流、生态廊道等)，从而明确绿道的潜在位置。而绿道使用需求分析，则侧重于从土地利用、社会经济条件、旅游休闲需求等方面，对居民的绿道使用需求进行分析与评估。

在进行以上分析的基础上，还应该与绿地系统规划、土地利用总体规划、城乡规划、道路交通规划进行充分衔接，并进行现场踏勘，明确绿道建设的可能性，并在充分征求绿道通过的土地所有者、绿道使用者和绿道管理者的意见后，最终确定规划区域内绿道网络的总体布局。绿道选线流程如图 10.6 所示。

例如在广州绿道的规划中，选线模型包括基础选线模型和选线修正模型。基础选线模型在生态优先、突出特色原则的指导下，以生态本底、景观资源和基础设施条件作为选线普遍的和全局的影响因素，通过空间叠加法、多因子评价以及德尔菲专家评分法，对选线

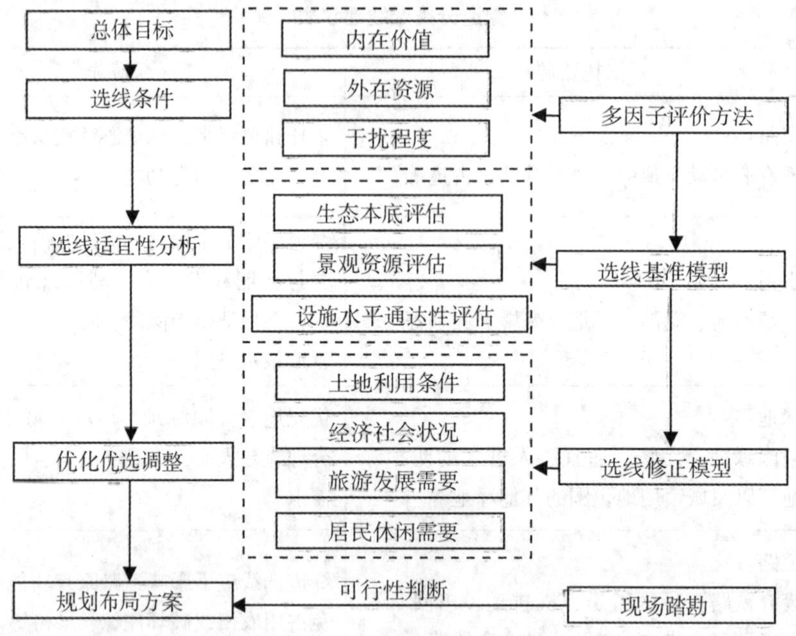

图 10.6　绿道选线流程图

的空间适宜度进行定量为主的分析评价（图 10.7），通过对基于单一主导因素形成的空间假设的叠加，形成体现共性与差异的复合“图底关系”，得出适合绿道选线的空间适宜度评价分级。修正模型是在空间适宜度评价的基础上，从城市空间发展战略、绿道需求等方面采取定性修正，综合确定广州绿道布局网络。

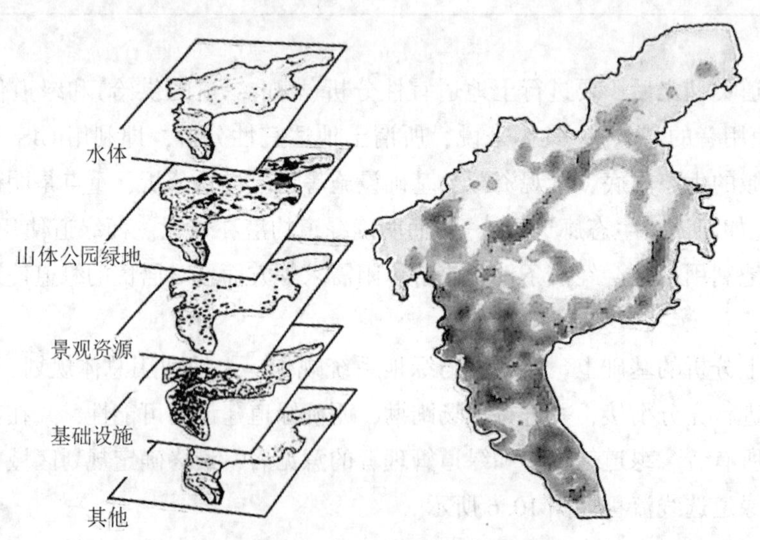

图 10.7　广州绿道选线适宜性评价

2. 控制区的划定

绿道控制区主要是为保障绿道的基本生态功能、维护各项设施与环境的和谐运转，由有关管理部门划定、受到政策管制的线性空间范围。在绿道控制区范围内仅允许与绿道建设相关的建设行为，严格禁止其他各项建设行为。绿道控制区内主要包括绿廊系统、慢行系统、交通衔接系统、服务设施系统、标识系统以及其他划入控制区的户外空间资源。

绿道控制区的划定应注意不同类型的绿道间的差异化，同时既能满足隔离人类活动对自然生态环境和动植物繁衍生存干扰的要求，又能满足人的休闲与游憩空间需求和动植物繁衍、生存和迁徙的要求。

绿道控制区的划定应注意以下几个方面：

(1)保障基本生态功能。绿道控制区作为具有生物栖息地、生物迁移通道、防护隔离等功能的生态廊道，要发挥绿道控制区的作用，保障绿道的基本生态功能。具体划定时应按照绿道生态控制要求，结合当地地形地貌、水系、植被、野生动物资源等自然资源特征进行。从生态角度讲，当缺少详细的生物调查和分析时，绿道设计可参考以下一般的生态标准：最小的线性廊道宽度为 9m、最小的带状廊道宽度为 6lm。

(2)具备廊道连通性。绿道控制区的划定不仅应具备一定的宽度，还应是一个连续的完整的空间。绿道基本廊道的连通性要求，一方面可以连通绿道周边各类自然、人文景观及公共配套设施，构筑连续而完整的空间环境，满足人的休闲游憩需求；另一方面可以保证以绿道为载体的生态廊道的连续贯通，保障生物繁衍生存、迁移的要求。

(3)落实相关规划要求。绿道规划作为专项规划，其控制区划定应落实上层次及相关规划要求，并与绿地系统规划、蓝线、绿线、紫线等规划相互衔接。同时，绿道控制区划定应与法定规划建立衔接关系，其中绿道控制区的划定要求与标准应落实在总体规划相关内容中，绿道控制区边界等应落实在控制性详细规划中。

3. 交通衔接系统规划

绿道交通衔接系统规划主要包括绿道与常规交通方式的接驳以及绿道线路与机动车交通共线和交叉两方面内容。规划时应满足以下要求：

1)建立与常规交通良好的衔接关系，提高绿道可达性

评价绿道网络合理性的重要依据之一是方便可达性。只有与常规交通建立良好的衔接关系，才能提高绿道的可达性，方便使用者使用。绿道网与常规交通系统的接驳方式主要有两种：

一是通过在火车站、客运站、轨道交通换乘站点、公交站点、出租车停靠点、停车场等设置自行车租赁设施、指引牌，并建设站点与绿道之间的绿道联系线的方式，实现绿道与常规交通的接驳；二是通过建立主要交通站点(如飞机场、火车站、客运站、轨道交通换乘站点、公交枢纽站等)与绿道出入口或驿站之间的专线运营巴士的方式解

决绿道与常规交通的接驳，方便使用者到达绿道。交通站点绿道交通衔接设施设置要求见表10-4。

表10-4　**交通站点绿道交通衔接设施设置要求**

常规交通站点	自行车租赁点	绿道指引标志	接驳巴士点	绿道连接线	咨询服务中心
火车站	●	●	●	○	●
客运站	●	●	●	○	●
公共停车场	●	●	—	○	—
机场	●	●	●	○	●
渡口	●	●	○	○	○
轨道交通站点	●	●	—	●	—
公交站点	●	●	—	●	—

注：“●”表示必须设置，“○”表示可设，“—”表示不须设置。

2)合理处理共线和交叉问题，体现连续安全性

绿道作为联系区域主要休闲资源的线性空间，在局部地区与省道、县道和主要城市干道共线或交叉时，具体处理方式如下：

(1)绿道与国道、省道、主要城市干道共线时，要做好绿道与机动车交通的隔离措施，共线长度不宜过长，同时对机动车交通应进行交通管制，保障绿道安全使用；

(2)绿道与省道、县道、城市干道交叉的处理方式包括平交式、下穿式和上跨式三种，可以利用交通灯管制和绿道专用横道横穿道路或者利用现有涵洞下穿道路以及利用或新建人行天桥上跨道路等衔接方式；

(3)绿道与高速公路、铁路交叉：绿道与高速公路、铁路交叉的处理方式包括下穿式和上跨式两种，可以借道现有桥梁上跨轨道或者利用现有涵洞下穿轨道，在涵洞周边设置安全护栏和警示标志牌；

(4)绿道与河流水系交叉：绿道与河流水系交叉的处理方式包括上跨和横渡两种方式，可以利用现有桥梁和新建栈道通过河流水面或者结合渡口以轮渡的方式通过河流水面；

(5)在绿道使用者较多的地区，要合理设计绿道断面，尽量采用分离式综合慢行道断面形式，分离绿道中自行车交通和人行交通，保障行人安全。

4. 服务设施规划

绿道服务设施系统包括管理设施、商业服务设施、游憩设施、科普教育设施、安全保障设施和环境卫生设施。其布局应在尽量利用现有设施的基础上，协调生态保护和需求之间的关系，按照"大集中小分散"的原则进行，主要的服务设施应集中采用驿站方式布局。驿站是绿道使用者途中休憩、交通换乘的场所，是绿道配套设施的集中设置区。驿站的规划建设应注意以下几点：

1）分级设置，合理布局

对不同服务范围、服务内容的驿站，按照不同级别设置布局标准和建设标准，明确每个等级驿站的建设内容，保证绿道的正常使用。同时与相关规划衔接，合理布局各级驿站。目前绿道驿站一般分为三级，见表 10-5。

表 10-5　**驿站布局一览表**

驿站类型	城镇型绿道			郊野型绿道		
	一级驿站	二级驿站	三级驿站	一级驿站	二级驿站	三级驿站
设置地点	结合大型公园绿地、文化体育设施等	结合公园绿地、广场	—	结合景区或旅游区服务中心、大型村庄等	结合村庄、观光农业园等	—
间距(km)	5~8	3~5	1~2	15~20	5~10	3~5

2）依托现状，复合利用

驿站建设应尽量利用现有设施，如城区内的驿站主要依托绿道沿线公园、广场服务设施进行建设；城区外驿站主要依托风景名胜区、森林公园等发展节点或绿道沿线城镇及较大型村庄的服务设施进行建设。绿道周边地区可结合驿站，建设科普教育、文化传播等活动设施，提高驿站的复合功能，将驿站从单纯的功能性服务设施变为功能多样的活动节点，体现绿道的多重功能，从而带动绿道周边地区的发展(图 10.8)。

3）以人为本，保障功能

驿站建设应以人为本，体现人文关怀。绿道功能设置应满足最基本的管理、餐饮服务和医疗服务功能，方便绿道使用者使用；主要地区驿站建设要考虑残疾人使用要求，设置无障碍设施；驿站周边应设置儿童活动场地，为儿童和青少年提供活动场所。驿站基本功能设施设置一览表见表 10-6。

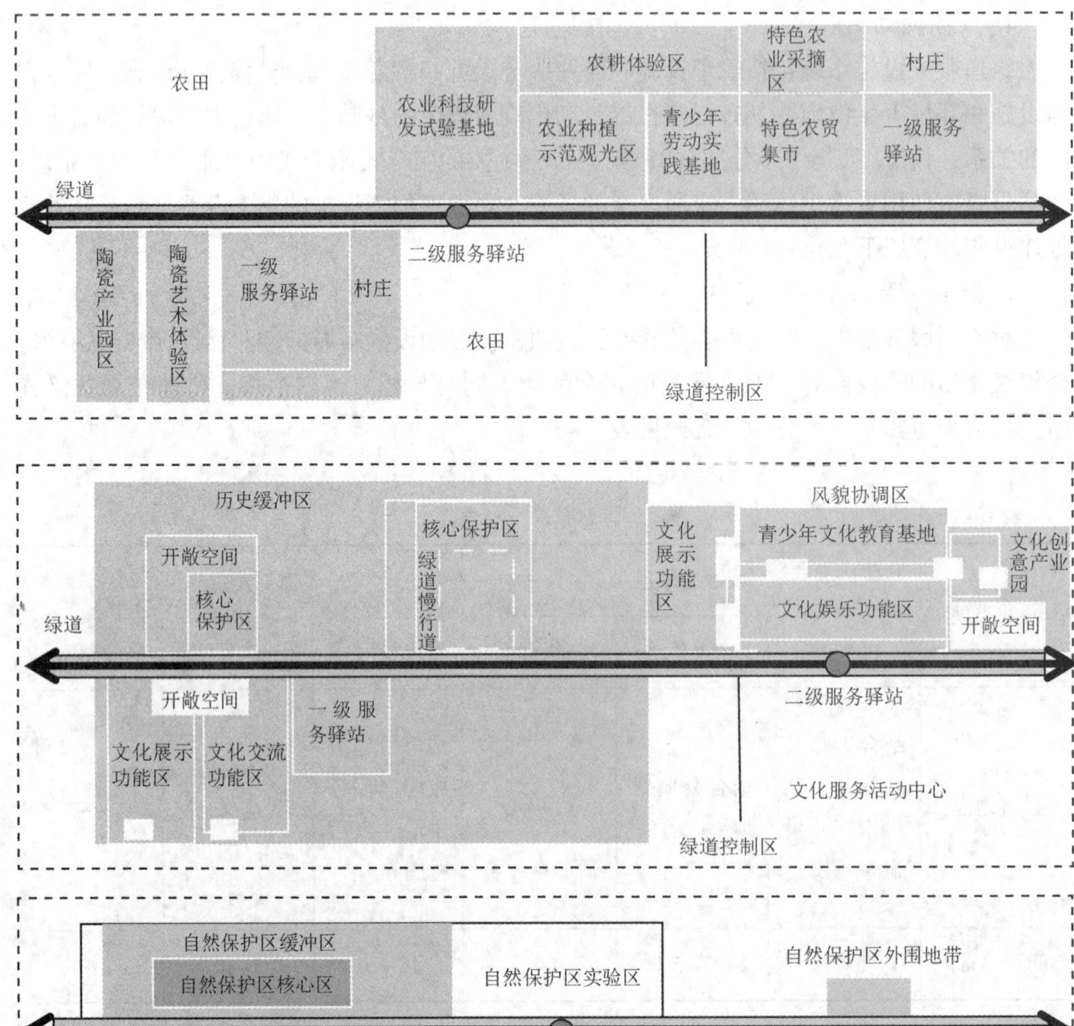

图 10.8　绿道驿站周边地区开发引导图

4)因地制宜，突出特色

驿站建设应通过设施功能设置、建筑形式和景观环境塑造，突出地方自然山水、历史文化特色，防止“千道一面”现象产生。同时还可以通过棕地改造、废弃设施改造等方式，创造富有创意、生态环保的驿站空间，体现绿道绿色、生态、环保的理念。如深圳市利用废弃集装箱改造成绿道驿站，赢得了很好的社会反响。

表 10-6　　驿站基本功能设施设置一览表

设施类型	基本项目	城镇型绿道			郊野型绿道		
		一级驿站	二级驿站	三级驿站	一级驿站	二级驿站	三级驿站
管理服务设施	管理中心	○	—	—	●	○	—
	游客服务中心	●	○	—	●	●	—
配套商业设施	售卖点	○	○	—	●	○	○
	餐饮点	—	—	—	●	○	—
	自行车租赁点	○	○	○	●	○	○
游憩健身设施	活动场地	●	●	●	●	●	●
	休憩点	●	●	●	●	●	●
	眺望观景点	○	○	○	○	○	○
科普教育设施	解说	●	●	○	●	●	○
	展示	●	○	○	●	○	○
安全保障设施	治安消防点	●	○	—	●	○	—
	医疗急救点	○	—	—	●	○	—
	安全防护设施	●	●	●	●	●	●
	无障碍设施	●	●	●	●	●	●
环境卫生设施	厕所	●	●	○	●	●	●
	垃圾箱	●	●	●	●	●	●
停车设施	公共停车场	●	○	—	●	○	○
	出租车停靠点	●	○	—	●	○	—
	公交站点	●	○	○	●	○	—

注：●必须设置，○可以设置，—不做要求。

5. 交界面的控制

交界面是指市域绿道跨区市的衔接面，交界面控制的主要任务是通过统筹规划，协调各市绿道的走向和建设标准，将各市孤立的绿道通过灵活的接驳方式有机贯通起来，形成一体化的区域绿道网络体系。

交界面主要有三种类型：河流水系型、山林型和道路型。河流水系型交界面可以通过现有桥梁改造、新建桥梁和水上交通换乘进行衔接；山林型交界面可以通过现有山路改造或新开辟道路进行衔接；道路型交界面可以通过改造现有道路或利用收费站、检查站等人行或非机动车通道进行衔接。

交界面设计的具体控制要求如下：

(1)交界处 500m 范围，绿道设施由双方相关部门通过协调会等方式，统一风格后建设，如统一宽度、铺装、标识以及绿化等；

(2)交界处1km范围，双方相关部门通过协调会等方式共同管理维护，包括路面改造、生态环境建设等。

6. 安全设施建设

各级政府和有关部门在建设绿道的同时要提高思想认识，将保障群众安全放在首位，明确责任和目标，高度重视并切实做好绿道安全建设和管理工作，其中警示标识和安全防护设施的设置是景观中重点关注和建设的内容。

1)设置警示标识

在急弯、陡峻山坡、河边、湖边、海边、绿道连接线、绿道与其他道路交叉路段、滑坡和泥石流等地质灾害易发地、治安和刑事案件多发地等存在潜在危险的路段，均应按照绿道标识系统设计的要求，统一设置相应的警示标识，明示可能存在的安全隐患(图10.9)。在绿道连接线所在路段的起止端，以及当绿道与城市道路或公路平面交叉路段无信号灯控制时，应在城市道路或公路上提前设置限速标志。

Attention
注意安全

Note landslide
注意山体滑坡

Swamp Note
注意沼泽

Power Substation
有电危险

Watch for fires
当心火灾

图10.9 警示标识

2)设置安全防护设施

绿道经过山坡、河边、湖边、海边等路段时，在转弯处应设置护栏；

绿道连接线沿线与机动车道之间应设置绿化隔离带、隔离墩、护栏等隔离设施；

绿道与城市道路或公路平面交叉时，在城市道路或公路上应遵循相关规定设置交通信号灯，或设置减速丘限制机动车车速。在绿道两端应设置隔离桩，引导自行车推行通过交叉路段；

在滑坡和泥石流等地质灾害易发地段应采取设置截水沟、进行植被防护、加固护坡等安全防护措施，预防地质灾害；

在远离城镇与人口密集地区的生态型绿道以及治安和刑事案件多发路段，应设置电子眼、安全报警电话等设施，保证移动电话信号全覆盖，并加大治安巡逻力度。

本章小结

(1)绿道是以自然要素为依托和构成基础，串联城乡游憩、休闲等绿色开敞空间，以游憩、健身为主，兼具市民绿色出行和生物迁徙等功能的廊道。依据构建机制与功能的不同，可以将绿道分为生态型、遗产型和游憩型三大类。

(2)绿道由五大系统组成，分别是绿廊系统、慢行系统、交通衔接系统、服务设施系统、标识系统。五大系统下又包含绿化保护带、车行道、人行道等十六个基本要素。

(3)绿道的功能包括生态功能、休闲游憩功能、经济发展功能、社会文化和美学功能。

(4)绿道规划设计应当遵循系统性原则、人性化原则、生态性原则、协调性原则、特色性原则以及经济性原则。

(5)绿道网规划设计的技术路线应包括现状调研及分析、规划级别定位、规划方案等内容。

思 考 题

1. 什么是绿道？绿道可分为哪几种类型？
2. 绿道是由哪些系统构成的？包括哪些基本要素？
3. 绿道的功能包括哪些？设计时应当遵循哪些原则？
4. 一个区域的绿道网规划设计包括哪些技术路线？

第11章　棕地景观规划设计

11.1　棕地景观概述

伴随着工业的发展和转型，旧工业区纷纷迁出城市，使得城市中心留下了大量的工业旧址，废弃荒芜、无人管理，甚至存在环境污染问题，成为城市的“工业伤疤”。可持续发展是现代社会的发展目标，全球的环境问题不容忽视，因此，进行旧工业区的生态恢复，是旧工业区改造的首要工作，并且可以利用工业遗址进行景观再造。

11.1.1　棕地的概念

棕地(Brownfield)是与绿地(Greenfield)相对应的规划术语，最早出现在英国的规划文献中。1980年，美国的《环境应对、赔偿和责任综合法》将棕地定义为“一种潜在的或现实存在的被有害和危险物质所污染的土地、房屋、构筑物等不动产的统称，它们在很大程度上影响了该地区的扩展、振兴和重新利用”。1997年，美国环境保护署(USEPA)对棕地概念做了更进一步的界定，他们认为：“棕地是指曾经有过开发行为的用地，由于过去的商业或工业活动给这些土地造成实际上或潜在性的污染，从而使这些土地经常处于闲置、荒废等不能得到适当利用的状态，其治理和再开发过程相对于其他土地要面临许多复杂的问题和障碍。”

从此定义中分析可知，美国的棕地具体有以下几个属性：①棕地是被开发过的土地；②部分棕地是无人使用、废弃闲置的土地；③棕地有可能是被污染的土地；④在棕地重新开发与再利用中可能存在各种障碍。

欧洲经济与棕地更新网络行动组CABERNET则选定以下五个标准作为判断土地是否为棕地的依据：①受到之前土地利用性质以及周围土地影响的土地；②现在处于利用率较低或是闲置状态的土地；③这类土地主要处于城市建成区中；④可能存在一定的污染问题；⑤需要一定的人为干预使其恢复到有效利用状态。

综上所述，棕地是曾被开发或利用，可能存在污染或者潜在的污染威胁，并且处于废弃或者较低利用状态，需要人为干预进行更新改造的土地。

11.1.2　棕地产生的背景

1. 传统产业的衰败与世界经济结构的转型

从19世纪开始，全世界掀起了工业文明热潮，大规模的机械生产推动了当时社会生产力的飞速发展，社会、经济、政治、文化也因此有了质的飞跃。但是以牺牲环境为代价的工业文明，不断地向自然索取资源，造成了严重的资源枯竭，大规模工业生产产生的废水、废气、废渣等都对环境造成了严重的污染，引起了山体滑坡、泥石流、洪水等自然灾害。采掘行业资源枯竭导致了产业原料短缺、工厂被迫关闭或搬迁到新发现的资源区域。在传统产业逐渐衰败的同时，新兴产业正蓬勃发展。

从 20 世纪 60 年代起，以计算机科技为代表的信息技术迅猛发展，互联网的产生打破了地域界限，创造了全球经济一体化的新时代，以科技为主导的第三产业、新兴行业迅速崛起，逐渐成为社会经济的支柱产业，替代了传统行业的主导地位。而传统的采掘、钢铁制造业等逐步走向没落。智力密集型产业、高效清洁节能生产产业、新能源新材料产业的发展都在加快传统产业衰落的步伐。传统产业衰败，工厂逐渐倒闭并被废弃。长此以往，棕地也逐渐形成。

2. 城市不断发展导致相关地区的衰落

经济的发展、城市空间的不断扩大，新的生产、运输方式势必会对原有的城市空间布局、基础设施、环境流量等提出新的挑战。一方面，由于生产技术、生产规模的扩大，原有的区域或是建筑不能满足新功能的需求，交通运输量的不断提升、交通方式的改变都会导致城市原有的火车站、汽车站、码头等公共设施无法满足需求。另一方面，滞后的基础设施得不到及时改善，原有的空间容量被突破，设施超负荷运转，给城市生活造成不便。

城市空间的不断扩张，使得原有的城郊传统工业区变成了城市的中心地带。废弃的传统产业用地由于环境污染严重、地理区位不便利等原因长时间被废弃，形成了城市棕地。随着城市扩张到一定的极限，城市用地规模不断扩大，建设用地日渐紧缺，棕地的利用与再开发得到了人们的极大关注。

11.1.3　棕地的类型

从上面的棕地概述中可以看出棕地是曾被开发或利用，可能存在污染或者潜在的污染威胁，并且处于废弃或者较低利用的状态，需要人为干预进行更新改造的土地。在我国，这类土地大多来源于工业废弃地、物流仓储废弃地、道路与交通设施废弃地、公用设施废弃地及其他类型废弃地。

1. 工业废弃地

工业废弃地是指被废弃了的工矿企业的生产车间、库房及其附属设施等用地，包括专用铁路、码头和附属道路、停车场等用地。这类废弃地对居住和公共环境有一定干扰、污染和安全隐患，如食品厂、医药制造厂、纺织厂等。再如有严重干扰、污染和安全隐患的采掘工厂、冶金厂、大中型机械制造厂、化学厂、造纸厂、制革厂、建材厂等。

工业废弃地是最常见、最典型的棕地来源类型。其中典型的利用工业废弃地进行棕地改造的案例有法国巴黎雪铁龙公园(原为汽车厂)(图 11.1)、美国西雅图煤气厂公园(原为煤气厂)、上海辰山矿坑花园(原为人工采矿区)(图 11.2)、北京 798 文化创意园(原为电子器材厂)、中山岐江公园(原为造船厂)等。

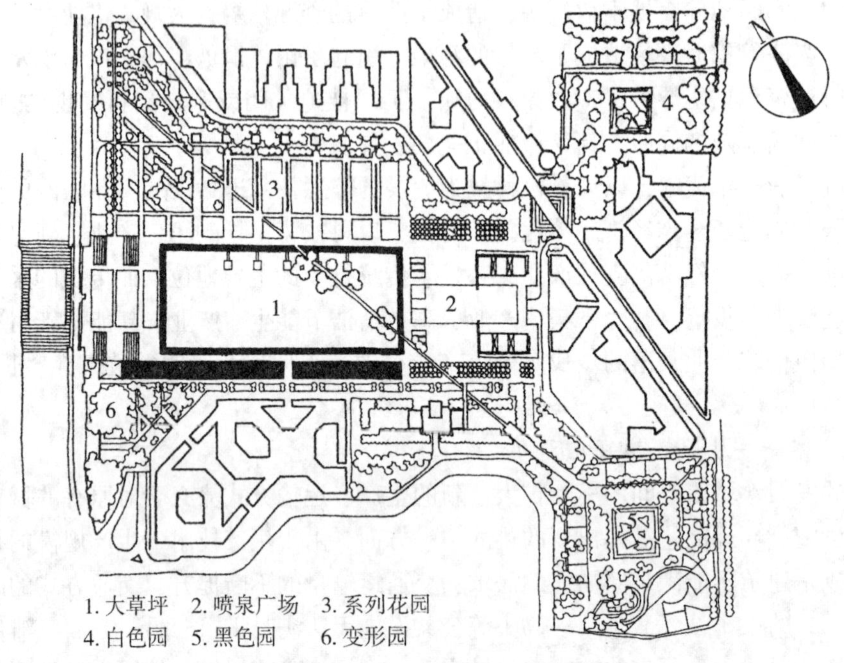

图 11.1 法国巴黎雪铁龙公园平面图

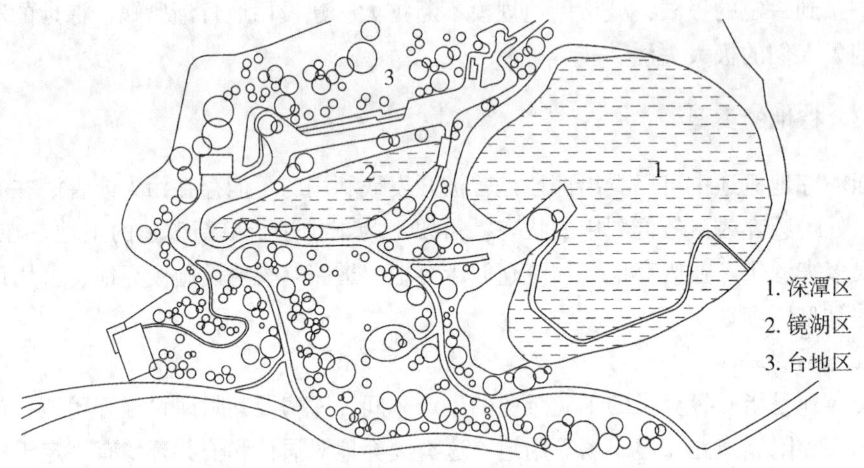

图 11.2 上海辰山矿坑公园平面图

2. 物流仓储废弃地

物流仓储废弃地是指被废弃了的物资储备、中转、配送等用地，包括附属道路、停车场以及货运公司车队的车站等用地。该类废弃地对居住和公共环境有一定干扰、污染并存在潜在的安全隐患，有的在废弃前还存放过易燃、易爆和剧毒等危险品。

随着社会生产力的发展，城市劳动力向第三产业转移，大批的工业外迁，城市内的物流仓储用地也就逐渐被废弃。其中典型的利用物流仓储用地进行棕地改造的案例有上海"八号桥"利用旧仓库改造成办公及展示空间(图 11.3)、杭州"LOFT49"项目利用旧仓库改造成办公空间等。

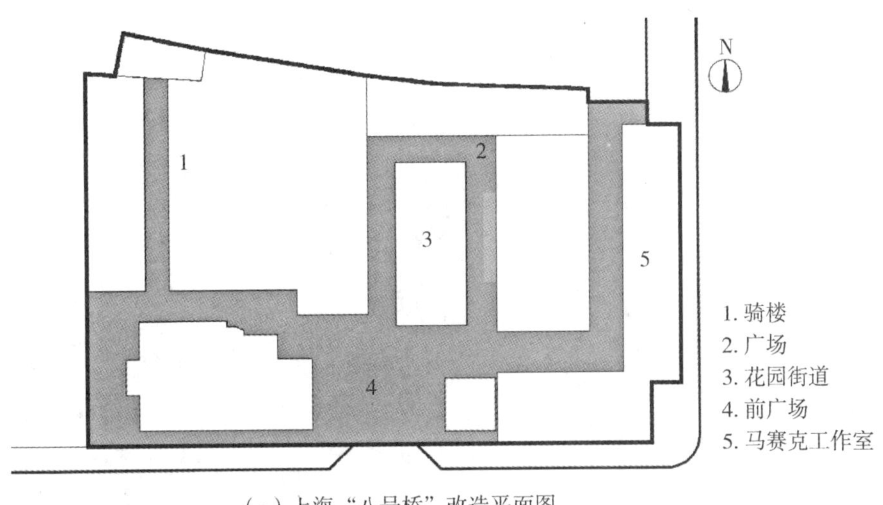

(a) 上海"八号桥"改造平面图

(b) 上海"八号桥"改造效果图1

(c) 上海"八号桥"改造效果图2

图 11.3　上海"八号桥 "改造平面图与效果图

3. 道路与交通设施废弃地

道路与交通设施废弃地指被废弃了的城市道路、交通设施等用地，如轨道交通线路用地、综合交通枢纽用地，铁路客货运站、公路长途客货运站、港口客运码头、公交枢纽及其附属设施用地等。

在国外有许多利用道路与交通设施废弃地进行棕地改造的成功案例，如由废弃铁路改造的美国高线公园和悉尼高线公园(图 11.4)、由废弃港口改造的路易斯维尔公园、由废弃港口改造的甘特里公园等。

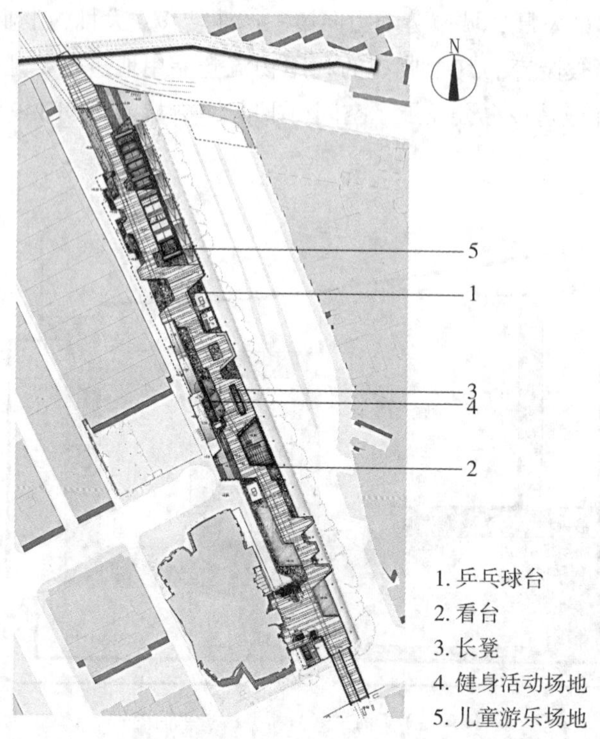

图 11.4　悉尼高线公园平面图

4. 公用设施废弃地

公用设施废弃地是指被废弃了的城市供应设施用地，如供水、供电、供燃气和供热等设施用地；被废弃了的环境设施用地，如雨水、污水、固体废物处理和环境保护设施及其附属设施用地等。

随着城市扩张，原本设在城市周边的公用设施用地逐渐被人们重视，如垃圾填埋场，原本在城市边缘，现在却到"城内"来了。这类公用设施用地的再利用成为城市发展的新亮点。其中典型的利用公用设施用地进行棕地改造的案例有上海后滩公园(图 11.5)、武汉园博园(图 11.6)等。

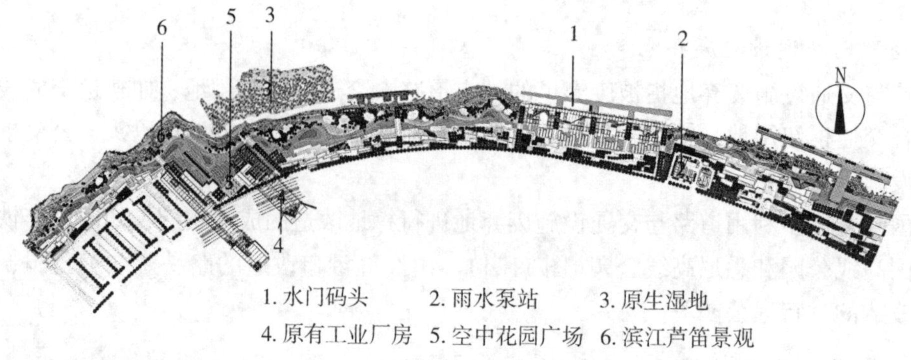

图 11.5　上海后滩公园平面图

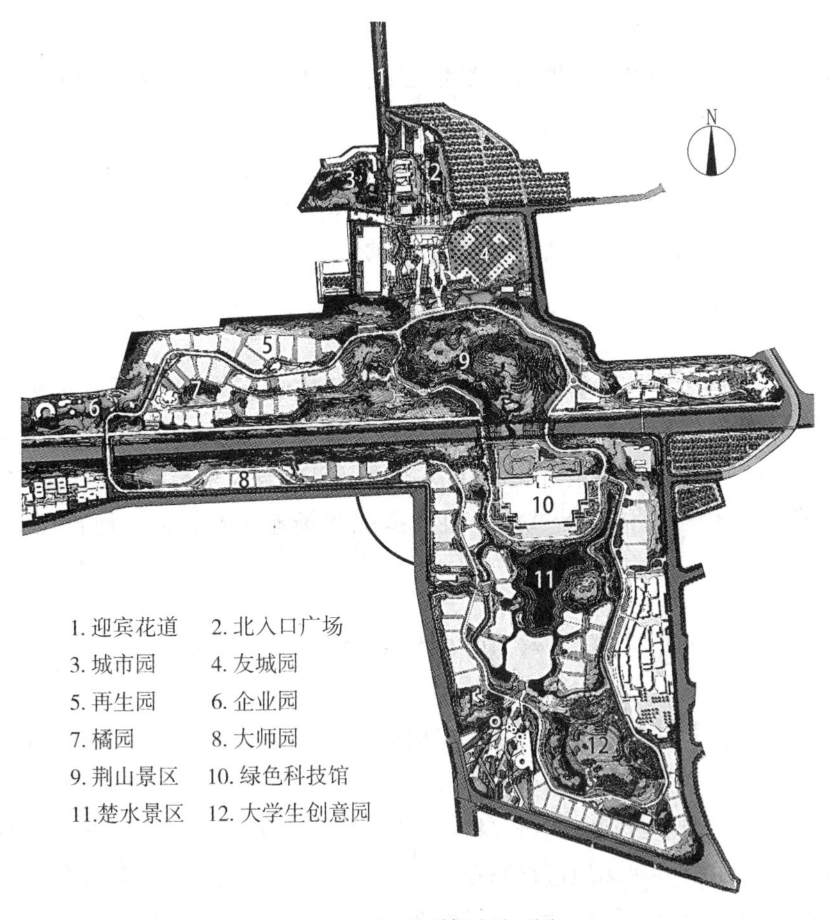

图 11.6　武汉园博园平面图

11.2　棕地景观的规划设计原则

11.2.1　尊重生态

棕地景观的规划设计是在生态学理论的指导下进行的，任何的人类行为都应当在保护生态的前提下实现，而不应该以生态环境为代价实现人类单方面的利益和目的。对于棕地的治理，首先应该恢复棕地的生态环境，分析现有场地的一切不利于环境的因素，将干预最小化，恢复自然生态的良性循环发展。其次，在规划设计过程当中应尽量减少或避免再次污染，使用生态环保技术手段，最大程度地使用场地现有的废弃材料和设施，提高资源的利用率，创建可持续的生态环境。

11.2.2 以人为本

在棕地景观的规划设计中，既要满足生态和文化价值需求，也要重视人的参与性。与场地的互动能够提升场地的功能价值，也能够带来更多文化教育的意义。从人的感受出发做设计，一切从人的实际需求出发完成设计，一切从人的健康和安全考虑，才是好的景观设计作品。棕地存在着多方面的污染和破坏，土壤和水体的污染严重影响区域内人的健康状况。因此在开发初期，首先应该消除场地中的污染。

11.2.3 和谐共生

棕地作为城市的重要组成部分，应该符合城市整体的景观规划，设计风格要与城市的整体风格和谐共生，融入城市景观中。和谐共生原则在棕地景观的规划设计中具体是指：自然生态景观与人工再现景观的和谐共生；场地保留建筑风格与新增建筑风格的和谐共生；历史文化与现代思想的和谐共生；植物搭配和场地建筑物、场地自然条件的和谐共生。

11.3 棕地景观的规划设计内容与方法

棕地景观规划的目标是运用生态学的原理处理破碎的地段，充分挖掘场地原有的结构和精神并加以重组，恢复其良好的生态环境，以创造具有活力和个性的景观。在进行棕地景观的规划设计时，应通过现状调研分析掌握影响场地再设计的各类要素，特别是污染物状况及场地遗存情况，并对场地进行修复改造。然后，根据棕地的实际情况对其进行再开发定位，确定其空间结构，针对性地对场地遗存进行再设计，从而使棕地的景观价值得到充分发挥。

11.3.1 棕地现状分析

棕地的修复与景观再生设计中最为重要的一点是对场地的全面分析和认识，只有充分尊重基地现状，才能做出最适合的景观再生设计策略，因而在棕地修复与景观再生设计之前，要对棕地进行现状调查分析。

对于棕地的现状分析，除了和其他类型场地一样要进行基本区位、地形、场地内外道路交通、建筑物现状、植物现状、市政管网等一般分析之外，还要特别以棕地上现存的污染物、场地遗存、场地的再利用价值等为焦点进行重点分析。

1. 污染物

随着城市面积的不断扩大，旧工业区逐渐被新建的各种街区包围，成为城市的一部分。然而因为该场地曾被开发利用，可能存在污染或者潜在的污染威胁，包括曾经的工业活动以及遗存的一些工业设施给场地带来的土壤污染、水污染和空气污染等，导致场地处于废弃状态。

棕地修复中最主要的是土壤污染的处理。土壤修复是棕地改造、再利用的基础和前提，是生态恢复中不可忽略的环节。很多情况下，场地中的土壤污染隐藏于现有混凝土铺地或设施之下，可能直到拆除工作开始时才会显露出来。污染物会分布在土壤的不同深度，从含有金属物质的表层 45cm 处，直至 10～15m 深处。在这个深度，往往可以看到制造业生产过程中产生的废物废渣，比如砷、镉、铬、镍、铅、锌、汞、铜等一些重金属。这些重金属经风化雨淋，将有害元素转移到土壤中，在造成土壤质量下降的同时污染农作物，最后通过食物链进入人体，影响人类健康。还有一些挥发性化合物比如甲苯、苯乙烯和氯化溶剂等也会给人类健康带来极大危害。

除去土壤，棕地中的水也很容易受到污染。地下水很可能受到污染液体和工业副产品的影响，污染物会随水流进入邻近的土地和周边的河流与湖泊。另外，在某些工业场地中往往存在工业用水塘、水池，这些人造水体中会积存大量来自管道和溢流的排放水以及地表污染物。水塘和水池的底部还可能由于污染物质的长期积累而形成沉积物。

2. 场地遗存

棕地不仅包括旧工业区，还有旧商业区、加油站、港口码头、机场等工业化过程所遗留下来的建筑、构筑物以及设施设备，如起重机、桥式龙门吊、轨道、站台等。这些遗存的建筑及构筑物一般都相当坚固，在考察确定其结构与质量的完整性与安全性后，可以转换其原有的使用功能发挥其再利用价值。这样不仅能节省大量的拆迁及建设成本，还能避免因拆迁而产生的大量建筑垃圾，减少对自然环境的破坏，也避免了资源浪费。场地遗存的设施设备一般是工业生产的时代产物，可以进行清洗改造，然后赋予其新的功能。

时间会赋予工业遗产珍贵的历史价值，它是记录一个时代经济、社会、工程技术发展水平等方面的实物载体。如果这些遗存物与重大历史事件或历史人物有重要联系，将会具有特殊的历史价值；而如果某项技术或设施设备的应用在同行业中具有开创性，则这些建筑和设施设备也会具有特殊的遗产价值。另外，棕地上遗留的建筑及构筑物、大型设施设备展现了某一历史时期建筑艺术发展的风格特征，其形式、体量、色彩、材料等方面表现出来的艺术表现力和产业特征不仅能形成独特的产业风貌，也会对城市景观和建筑环境产生一定的影响，成为该地区的识别性标志，具有艺术审美价值，而这些价值使得场地具有区别于其他棕地的特质。

11.3.2　棕地修复

在进行棕地修复改造时，棕地可以承载多种新用途，包括住宅、公共管理与公共服务设施、商业、轻工业、公园绿地等。无论进行哪种新用途的改造，都应该先对棕地进行污染物处理，使场地得到彻底的修复，才能进行进一步的设计与使用。

1. 受污染土壤治理

目前国内受污染土壤的治理技术主要有物理修复技术、化学修复技术和生物修复技术（表 11-1）。

表 11-1　　　　**受污染土壤治理技术分类表**

技术	分类	方　法
物理修复技术	基本技术	利用基本工程技术对土壤进行处理，包括粉碎、压实、剥离、覆盖、固定、排除、灌溉等。
	客土法(排土法)	采用别地土壤掺入废弃地土壤中或覆盖在废弃地表面来改善土质。
	其他物理修复技术	热修复、电修复，如大量焚烧和热脱附。
化学修复技术	向土壤中加入化学物质进行土壤清洗	施肥、酸化与碱化土壤、重金属离子去除等。
生物修复技术	植物修复技术	去除固定重金属达到净化目的。包括根际过滤、植物萃取、根际修复、植物稳定、植物挥发、植物转化等技术。种植具有耐受力、积累能力和固定营养物能力的物种。如向日葵、遏蓝菜、高山萤属类和柳属。
	微生物修复技术	在土壤中接种微生物，去除或减少污染。包括接种抗污染细菌、接种高效生物、接种营养生物。如蓝细菌、假单胞杆菌、硫酸还原菌和某些藻类，能产生胞外聚合物，其含有大量阴性基团的，可以与重金属络合，去除或降低重金属污染。

2. *受污染水体治理*

土壤与水体治理最大的差异是土壤是固定的，而水体的流动使之会与场地周边的水体相互交叉污染。因此在治理受污染的水体时不能仅仅考虑场地内的水系，还要考虑场地与周边水体的关系，进行全面考虑与整治。对棕地中受污染水资源的净化处理主要有以下几种方式，详见表 11-2。

表 11-2　　　　**受污染水资源净化处理技术**

技术	分类	方　法
物理修复技术	过滤沉淀修复	采用过滤、沉淀等技术措施，分离水体中的部分污染物。
生物修复技术	植物修复	利用高等水生植物及其根际微生物的共同作用去除水体中的污染物。该方法具有能耗低、成本低、无二次污染、美化环境等优点，其修复净化机理包括植物的直接吸收、植物根茎部释氧和植物根系中微生物降解等作用。此外，还包括生物化感和克菌的效果。
	微生物修复	一是通过投加营养物质或曝气增氧等方式促进土中微生物的生长；二是向水体中投加高效降解菌，向被污染水体投加针对不同污染物性质而筛选出的高效菌种，从而达到净化水质的目的。

11.3.3　棕地再利用定位

无论在城市还是郊区，通过规划和设计活动，可以在视觉和环境上使场地重新恢复活力，尤其在已经或正在开发的地区所进行的棕地项目改造，是绝好的充实城市核心区的设计机会。另外，从重工业园区到商业中心、文化艺术园区、高新技术产业园、居住区，等等，土地也可以被升级为一种更好的用途。同时，通过棕地的再利用，场地本身的潜力和临近其他城市便利设施的优势也可以被充分发挥，新的服务设施和活动项目对于其周边的土地用途也具有潜在的影响力。

棕地的再利用提供了一个很好的用地改造机会，使目前由于工业生产活动变化或环境污染问题而被废弃或利用不充分的土地可以重新被重视。除去前面提到的棕地改造类型，在城市可持续发展的前提下，许多棕地被转化成了城市公园绿地，这样可以以最少的用地，最大程度地提升环境质量并完善城市绿地结构。而这其中，如何进行棕地修复，通过景观再生设计的方法使其得到再利用，将场地原有特色保存并使其焕发生机，是设计的重中之重。

11.3.4　棕地景观的再生设计

棕地中最常见、最典型的是工业废弃地，因此本小节主要讲述如何对这一类型的棕地从空间布局、结构整合以艺术化的手法进行景观再生设计。对棕地的景观再生设计，不能简单地理解为种植绿化、铺设道路、设置花坛、座椅和雕塑等。对于那些具有一定历史意义和文化特征的外环境，其改造设计具有局限性和特殊性，设计师必须根据城市的总体规划，充分考虑棕地的环境特征、建筑物的风格特点以及场地所表现出来的地域性、历史与文化价值等方面要素，对整体环境作出最适宜的统筹和布局。不仅要满足使用功能的舒适性和有效性，还必须考虑与人文因素的结合，系统地协调好公共设施、景观小品、艺术作品与自然环境的关系，场所的空间、尺度、色彩、材质、造型等任何一个局部和细节都要服务于整体环境。另外，棕地景观再设计要和产业结构的调整紧密结合。只有这样，才能使其价值最大化。

1. 空间布局

原工业厂区的空间布局一般是依据生产性质、生产规模、工艺流程和组织特点、生产管理方式、基地环境条件等因素进行设计。而棕地景观公园的空间布局目标则是对景观进行合理而明确的分区，采用通达、便捷的游览路线连接主要景区与景点，形成有序的空间序列和有趣的景观形象，并将文化体验、参观游览、休闲娱乐、体育运动、表演、会议、商业购物、餐饮等各种活动组织起来。由于与工业厂区空间布局的出发点不同，需要对原有布局结构进行重新梳理和整合，对原空间结构进行整体或者局部再利用。

1)整体结构保留

保留整体结构是指在棕地景观的规划设计中，对工业厂区的整体布局结构、具有代表性的空间节点和构成要素以及场地环境等进行全面保留，仅采用有限的新景观元素穿插、叠加在旧的景观体系框架中的棕地景观规划设计模式。采用该模式对原工业景观的改造是轻微的、有机的、小范围的，可以更完整、更全面、更系统地保护工业遗址中遗留的有价值信息。

采取整体结构保留模式，可以使旧厂区的空间尺度和景观特征在新的景观公园构成框架中得以保留和延续。而布局结构和各节点要素得到全面保留的整体厂区可以向公众全面展示有关工业生产的组织、流程、技术特征、相关设施、景观尺度和综合形象，也反映了工厂的历史发展进程，可以作为有关工业技术与文化的具有科普教育意义的景观。

人们对一些具有重要价值的工业遗产采用了保留整体结构的棕地景观设计模式。例如，德国多特蒙德市的"卓伦"Ⅱ号—Ⅳ号煤矿、德国北杜伊斯堡景观公园、德国埃森市"关税同盟"煤矿Ⅻ号矿井及炼焦厂、德国弗尔克林根钢铁厂、北京798艺术区等都属于厂区整体结构及环境得到全面保护的棕地景观。其中，最具代表意义的是德国北杜伊斯堡风景公园(图11.7)。彼得·拉茨将园区梳理、整合为水公园、铁路公园、公共使用区和公园道路系统四个景观层次。

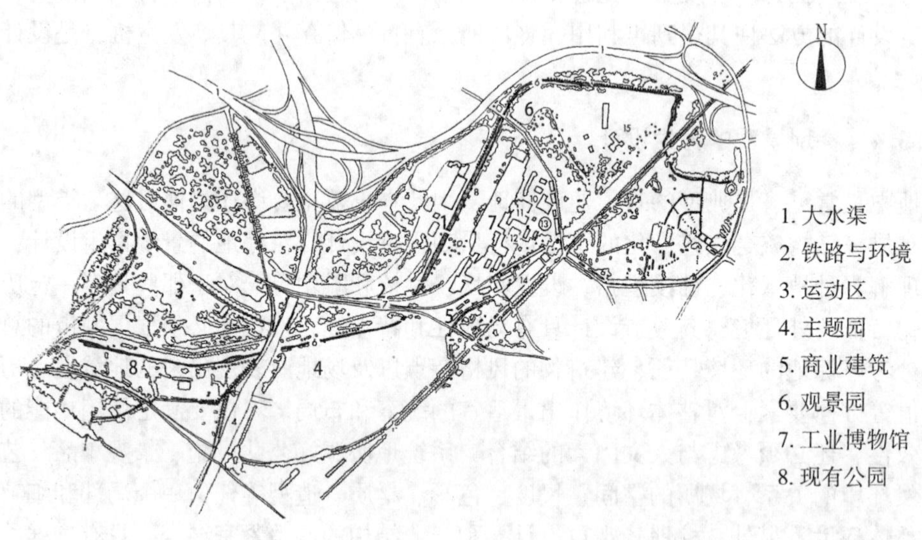

图11.7　德国北杜伊斯堡风景公园平面图

2)局部区块保留

局部区块保留是指对工业厂区中有特色、有价值、整体性强的局部区块进行保护和再生的棕地景观设计模式。在景观规划设计中，对于拟保留区块的结构以及具有代表性的空间节点和构成要素等都应加以保护。而对于保留区块以外其他功能区的设施和环境，可以选择有价值的部分保留，并采用新的景观元素进行改造更新，也可以将其开发建设成其他类型的功能区。例如，在宁波太丰面粉厂文化创意园区的设计中，设计者对原厂区西部区块和北部区块进行了保留，仅对建筑功能进行了更新，形成了沿甬江的连续的工业景观界面。在保留局部区块结构的基础上，穿插了休闲区、露天剧场和棕地景观雕塑。而对东南部功能区块则采取了完全更新的策略，新建了宁波书城和商务办公写字楼。

采取局部结构保留模式可以使旧厂区的空间特征和景观特征在一定程度上进行保留和延续，有的放矢地展现工业特色。保留下来的空间节点和构成要素可以提供给公众一个科普教育和追忆怀念的小空间，作为历史发展进程的展示；而新区块的景观改造可以给厂区注入新的活力，将新旧景观进行对比与融合，展现城市发展新气象。

2. 节点设计

对于厂区中具有代表性和遗产价值的工业建筑物、工业构筑物、工业设备等关键节点，采取“古迹陈列式保留”的方式，作为控制景观系统的标志性主导元素，而其他设施可以更新改造或拆除。在污染治理、生态保护、生态恢复与重建的基础上，可以进行大规模的新景观营造，对原有的建筑、雕塑、壁画等景观元素进行艺术化处理，或加入新的景观元素，塑造新旧对比、融合共生的整体景观。

1) 建筑物改造

棕地上的工业建筑往往具有大跨度、大空间、高层高的特点，其建筑内部空间具有使用的灵活性。经过建筑结构安全鉴定和再利用的经济评价后，首先进行必要的拆除，然后利用原有建构筑物的结构，通过夹层、加层、加建、加固等设计，实现工业建、构筑物的适宜性再利用。对建筑进行改造再利用，相较新建可省去主体结构及部分可利用基础设施的建设成本，且建设周期较短。

对建筑内部的改造，首先要根据新的功能要求对空间布局进行调整，可以从水平、垂直两个方向进行。水平方向如增减墙体对空间进行重新分割，新建墙体可以选择节能环保的轻质材料，将原有空间规划成若干不同性质的功能区。垂直方向上，可以简化吊顶设计，局部采用上下贯通、加层或夹层的方法分割垂直空间。另外，通过内外空间转化方式增加空间形态的变化，力求做到科学、合理，充分地利用旧建筑的固有结构和内部空间。

利用棕地中遗存的主要建筑及构筑物，可以将工业设施改造成具有商业消费、艺术欣赏、居住休闲等不同功能的开发空间，营造或传达某种独特的氛围。

(1) 商业消费类建筑。棕地中的工业建筑及工业设施再利用已成为城市建设与更新的一种模式。劳伦斯·哈普林最先提出的“建筑再循环”理论为棕地工业建筑再利用指明了方向。1964 年他设计的美国旧金山渔人码头的吉拉德广场，对旧有巧克力工厂建筑的改造，在保留原有建筑风貌的基础上，新添了一些建筑，将其改造成综合型商业用途的建筑。1986 年，英国将位于伦敦南肯辛顿的米奇林汽车修理厂改造成集购物、餐饮、娱乐、办公为一体的新型集合式场所。也有很多棕地位于重要的交通干线上，因此它们更适宜被转换为商业服务业用地。而该类用地最容易激活当地及周边地区的活力。

(2) 艺术欣赏型建筑。棕地中场地面积较大、建筑层高较高、结构跨度较大的工业厂房也可改造成以工业遗产文化、历史、科技为主题的博物馆、美术馆、展览馆等。工业博物馆重在保留工业实物，突出工业遗址的历史面貌及场景体验。例如获 2005 年英国最高博物馆奖——古尔本基安奖的南威尔士莱纳文镇大矿井博物馆，由一个废旧矿井改建而成，再现了英国煤炭工业的历史，给参观者带来亲身体验和相关知识。1960 年爱尔兰将当地的著名地标性工厂——斯内普麦芽厂改造成音乐厅。改造后的旧建筑保留了原来的钢结构和裸露的斑驳墙面，增添了新的木屋架，所有座椅都由槐树木和藤条制成，使具有乡土气息的工业特征得到进一步升华。1974 年美国华盛顿亚历山大城位于市中心闲置的老鱼雷工厂厂房，由政府拨款将两幢厂房改造成艺术家工作室，独特的艺术氛围吸引了大批的艺术工作者和市民。

近年来，我国一些大城市在城市更新的过程中，也尝试着将棕地和工业厂房改造成各种类型的产业园，并取得了很大的成功，如北京的798工厂改造(图11.8)、上海的红坊创意产业园等。

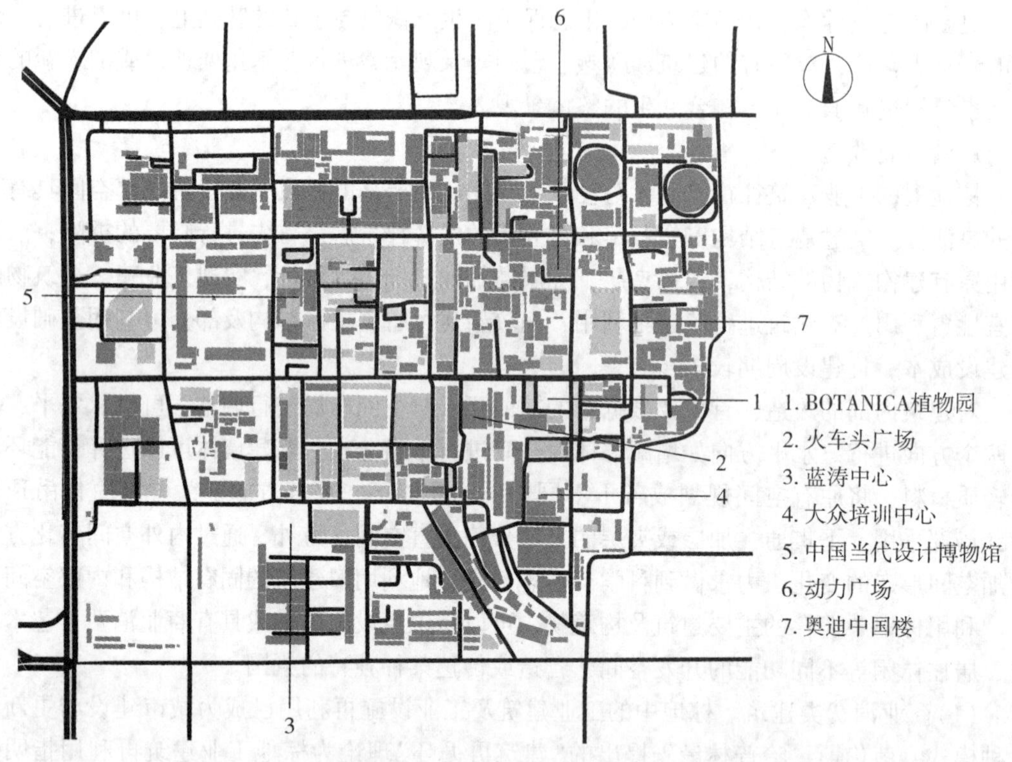

图11.8　北京798工厂改造平面图

(3)居住休闲类建筑。住宅开发成为越来越普遍的棕地项目新用途。棕地的区位往往接近城市中心和交通连接点，并常临近河道、湖边和开放空间。新的土地用途使社区恢复活力，在很多情况下提供了急需的住宅，从经济适用房到高端合作公寓及联排住宅，并相应地刺激了其他设计与建设活动。在老制造业区，将现存工厂建筑物及制造车间改造为公寓及单元楼的适宜性再利用尤其多见。在这类棕地上，建筑物因其结构的整体性、大层高、良好的天然采光和通风以及耐久的建筑材料而具有独特的建筑价值。

如位于美国曼哈顿西南端的SOHO留下大量空置破败的厂房和仓库，高大的空间和廉价的租金吸引了许多艺术家和设计师入驻。艺术家将这些旧建筑经过简单改造后，形成了灵活自由的各类空间。如奥地利维也纳煤气厂煤气塔的改造项目(图11.9)，煤气厂中的四座煤气塔被改造成集公寓、办公楼、青年旅馆、商业中心、娱乐中心为一体的煤气厂城，它奇妙的形态仿佛现代人居与工业遗产的对话，被誉为居住办公性形态的巅峰之作。

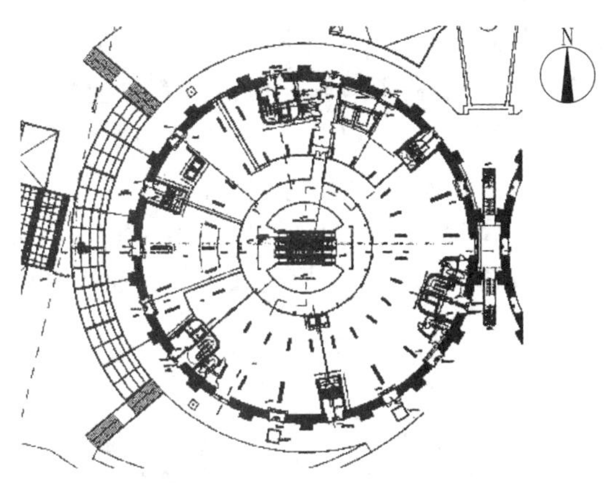

图 11.9　奥地利维也纳煤气厂煤气塔改造平面图

2）构筑物及设施设备

棕地中的工业构筑物、设施设备往往设计超前并包含特有的意义。这些设施如炼铁高炉、焦炉、煤仓、煤气柜、油罐、水塔等都可以进行结构和空间的再利用，方式多种多样。设计中可以对外部进行艺术化处理，使之成为极具观赏价值的小品；也可以进行结构改造，赋予其一定功能，达到再利用的目的。这些废弃物都具有极强的艺术表现力和巨大的经济价值，如中山岐江公园再设计（图 11.10）中保留了很多原有造船厂的设施，并利用其创造了很多景观节点，如龙门吊、水塔等。通过对棕地遗址一部分工业设施的保留、更新与再利用，保留了原有工业遗址的历史痕迹与城市记忆，唤起了参观者的共鸣。

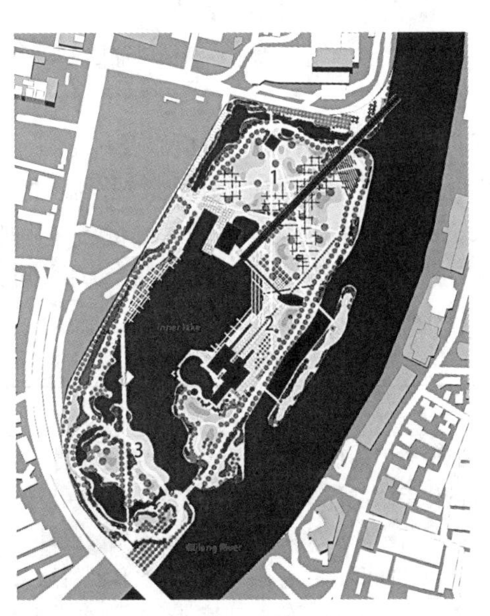

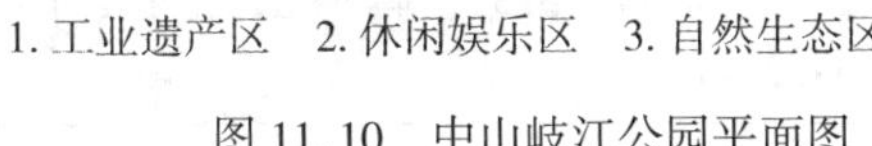

图 11.10　中山岐江公园平面图

保留方式可以分为静态雕塑式和再生式两种。

(1)静态雕塑式。对于棕地景观中的工业设施设备和工业构筑物，维持其保留工业遗产(遗存)的原状，基本不采取更新利用措施，保留具有行业特征的工业景观，强调提供视觉意义上的感受和体验。如德国汉堡保留了仓库水街的城市肌理和城市风貌，对烟囱进行亮化，形成城市的独特标志。挪威奥斯陆码头区保留了水街的格局和工业建筑的风貌特征，形成既传统又时尚的城市风貌。西雅图煤气厂公园(图 11.11)中的精炼炉、北杜伊斯堡风景公园中的工业设备和管道、弗尔克林根钢铁厂的工业构筑物和工业设备等都采用了静态雕塑式的方法。

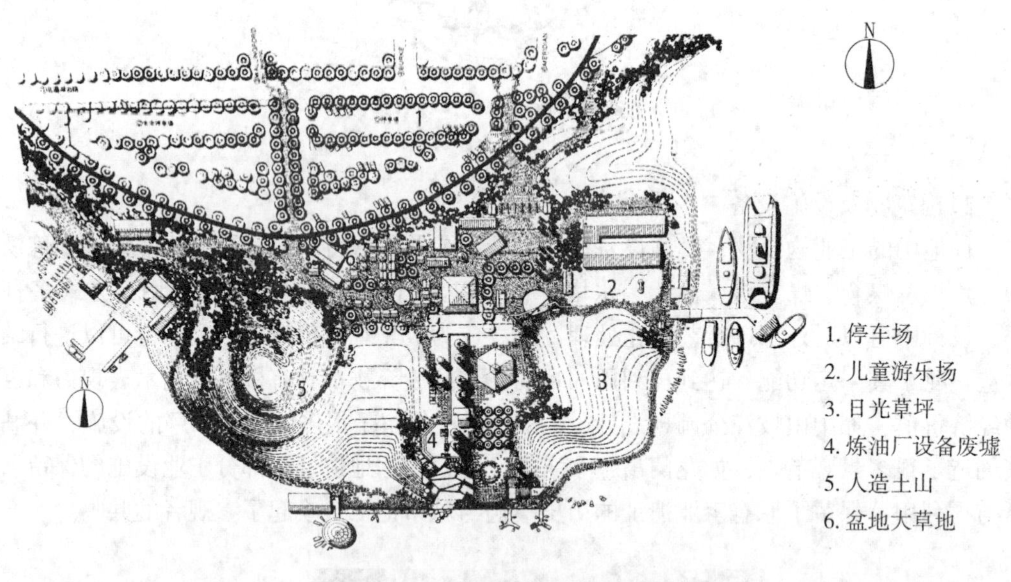

图 11.11　西雅图煤气厂公园平面图

(2)再生式。当棕地上原有的废弃物具有历史价值以及科学技术、艺术审美等其他可利用价值时，应进行适应性再利用，通过艺术化加工作为景观设施材料，赋予其新的价值。例如，利用废弃的金属材料、废弃机器设备及其零部件等进行艺术化加工，可作为景观小品、雕塑艺术作品的材料或构件。主要可以从表 11-3 所示的两个方面进行改造。

表 11-3　**再生式改造方法一览表**

方法	具体内容
废弃设施艺术化加工	分析研究原工业设施中的形式构成要素，按特征分类，从中提取或分解重要元素，借鉴现代艺术创作手法进行艺术化加工处理。由于在设计中不掩盖景观元素自身的工业化特质，经过艺术加工的元素在形态、内涵、逻辑上与原工业厂区的场地环境和工业设施相呼应和匹配，并具有一定的进化和创新意义。例如，广东中山岐江公园在水塔外部罩上带有金属框架的玻璃外壳，将水塔重新命名为“琥珀水塔”，形成了园区中富有意趣的标志性景观。

续表

方法	具体内容
色彩艺术化加工	采用鲜艳颜色或强烈对比的色彩组合对建筑物、构筑物、设备管道等进行艺术化加工，可以丰富景观层次，强化视觉冲击力。例如，广东中山岐江公园西部船坞遗留的钢构架涂上了明快的红、蓝、白色；西雅图煤气厂公园车间厂房改造的儿童游戏宫，采用红、黄、蓝、紫等颜色涂刷压缩机和蒸汽涡轮机等，塑造了适宜儿童游乐的欢快气氛。

地上闲置的工业废弃物由于功能的调整和空间的重构，原有的风格必然遭到破坏。处理好新与旧的关系，保留旧建筑的肌理和语言符号，传承历史文脉，是实现其设计理念的重要因素之一。对旧厂房的形态改造设计，应尽量保持原来的风貌，运用对比的设计手法。如采用传统材料、仿旧材料及构成形式模拟旧的建筑形态，强调“新”与“旧”的融合与新旧肌体的协调与统一。而以新型建筑材料和构成方式来塑造建筑的装饰风格，则突出“新”与“旧”的差别。工业废弃物功能的转变在美学与社会文化层次上都需要一种全新的形象，因此强化新与旧的对比，可使旧物的历史感在新的环境中表现得更加强烈。

我国上海八号桥(原上海汽车制动器厂)、1933(原上海工部屠宰场)的工业厂房改造项目，都是成功的案例，它们在很好地保留原有工业建筑的基础上，保留了工业特征的城市风貌，通过创造性地再利用，实现了城市形象的再造和升华。不仅成为城市的形象地标，还成为城市的时尚地标和文化标志。

3. *植物景观设计方法*

在棕地景观的植物选择中，首先应对原场地仍旧正常生长的植物进行保留，这些植物有很好的环境适应能力。其次，考虑到棕地原有污染物可能会带来持续的影响，新引入的植物需要有较强的抗性及适应性。最后，要根据场地的性质有针对地选择植物，以充分发挥场地特色。

1) 保留原有植物

工业生产进程中产生的废渣、废水、废气等都给植物生长带来了很大的负面影响。而在场地受污染的土壤上依然顽强进行生态演替的野生植被体现了自然的力量，应给予充分的尊重并加以保留和维护，降低或避免环境干扰。这些在工业生产过程中或工业活动停止后依然存在并逐渐形成生境的植物群，为其他植物的生长和鸟类栖息提供了良好的场所，是难得的试验场。这种自组织形成，在极端土壤条件下存活的生态系统具有非常重要的生态学价值。例如，北杜伊斯堡风景公园、埃森关税同盟煤矿Ⅻ号矿井及其炼焦厂、弗尔克林根钢铁厂等棕地景观的设计，都对这种绿化植被及其所负载的生态系统采取了有效的保护措施。

2) 选择适宜性植物

土壤污染严重存在于很多化工厂、垃圾场等城市内部棕地中。由于污染时间过长、重金属污染严重，使土壤质量下降，生态系统退化。将表层污染较严重的土壤清除之后，对污染较轻的土壤可以根据其污染的具体问题以植物手段进行改良。在植物的选择上，针对土壤的现状以及植物对土壤的适应性，种植初期一般选择对土壤毒性耐受性强的植物。这些植物可以提取、吸收、分解、转化或固定土壤、沉积物、污泥或地表、地下水中有毒有害的污染物，在重金属污染土壤上能正常生长，不会出现重金属毒害现象。它们还可以改变土壤的物理结构，为后期景观生态修复提供良好的土壤条件。还有一些植物对于工业生产过程中产生的废气如二氧化硫、一氧化碳、氯、乙醚、乙烯、过氧化氮等有害气体有较强的抗性。对于水中的污染物，可以选用凤眼莲、水芹菜、马尾草、风车草、伊乐藻、狐尾藻、金鱼藻、芦苇、茭白、香蒲、苦草、马来眼子草等水生植物，利用植物根系净化污水。

在棕地景观生态修复过程中也可以选择乡土植物，它们具有易成活、成本低、抗逆性强等特点，是植物生态修复中的重要组成部分。

对主要污染物抗性好的代表性植物见表11-4。

表11-4 抗性植物

抗性	代表植物
重金属	冬青、杜鹃、杨树、香根草、蜈蚣草、鳞苔草、紫叶花苕、少花龙葵、狼尾草
有害气体	菊花、蜡梅、常青藤、铁树、金橘、石榴、半支莲、月季花、山茶、米兰、石竹、日本罗汉松、铁树石榴、紫茉莉、吊兰、芦荟、柽柳、银桦、悬铃木、构树、君迁子
飘浮微粒及烟尘	兰花、桂花、蜡梅、花叶芋、红背桂、刺槐、榆树、广玉兰、重阳木、女贞、大叶黄杨、株树、构树、三角枫、桑树、夹竹桃

3)植物的景观营造

在棕地景观植物配植时，要注重了解原场地性质与新建的布局功能，依据场地特色选择植物。使用乡土植物进行造景可以形成具有特色的地域性景观，符合棕地可持续、立足于场地的设计思想；对于新建商业区，通常采用规则式种植，宜选择形态规则的乔灌木以及色彩鲜艳的草花，或者藤本植物作垂直绿化；对于居住区，可以选择常绿的高大乔木以遮挡阳光，选择可修剪的绿篱植物以及多彩的草花、地被植物增强社区活力；对于公园绿地，通常采用自然式的种植方式，可以铺设大草坪，群植乔木形成密林景观或用孤植形体稍大、姿态优美的色叶树作为主景树；对于博物馆、文化艺术馆等可以依据其展品性质，有侧重地选择植物类型。水边植物宜选用耐水喜湿、姿态优美、色泽鲜明的乔木和灌木，或构成主景，或同花草、湖石结合装饰驳岸。

本章小结

(1)棕地是曾被开发或利用，可能存在污染或者潜在的污染威胁，并且处于废弃或者较低利用状态，需要人为干预进行更新改造的土地。

(2)棕地景观规划设计包括现状分析、棕地修复、再利用定位、景观再生设计等内容。

(3)棕地修复的核心是污染物的处理，其目的是使受污染的土壤和水体得到治理，这也是棕地改造的前提。棕地修复主要的技术手段包括物理修复、化学修复、生物修复三个方面。

思　考　题

1. 棕地具有哪些属性？如何判断一片土地是否为棕地？
2. 棕地景观包括哪些类型？举例说明每种类型的特点。
3. 棕地再生设计包括哪些内容？请具体说明。
4. 简述棕地植物景观设计的特点。

第 12 章　海绵城市——低影响开发雨水系统构建

《国家新型城镇化规划(2014—2020 年)》明确提出，我国的城镇化必须进入以提升质量为主的转型发展新阶段，必须坚持新型城镇化的发展道路，协调城镇化与环境资源保护之间的矛盾。2015 年 10 月，国务院办公厅印发《关于推进海绵城市建设的指导意见》，部署推进海绵城市建设工作。

因此，建设具有自然积存、自然渗透、自然净化功能的海绵城市是生态文明建设的重要内容，是实现城镇化和环境资源协调发展的重要体现，也是今后我国城镇建设的重大任务。

12.1　海绵城市——低影响开发雨水系统理论概述

12.1.1　海绵城市的建设背景

随着城镇化进程的不断加速，我国城市的生态安全问题逐渐凸显。其中，水资源缺乏和城市内涝成为维护城市自然生态安全而亟待解决的问题。此外，建筑面积的增加和植被覆盖面积的缩减导致了城市土地覆盖方式的改变。不透水地表面积的增加使自然的水文循环被迫阻断，致使城市降雨量、降雨强度和降雨时间大幅增加(与农村自然地表相比较)，产生降雨径流系数增大、汇水时间缩短等问题，从而使城市河道的洪峰值提升、出现时间提前。而市政排水系统取代了原有自然地表对雨水的蓄留、净化、渗透等过程，造成城市灰色基础设施排水压力过大、地下水得不到补充等城市生态问题。因此，要实现城市的可持续发展，必须首先解决城市的生态安全问题。

作为缓解城市雨洪问题的有力对策，海绵城市能缓解城镇化建设中遇到的内涝问题，削减城市径流污染负荷，节约水资源。

12.1.2　海绵城市的相关理论

近 20 年来，英、美、澳、德、日等国家针对城市化过程中所产生的内涝频发、径流污染加剧、水资源流失、水生态环境恶化等突出问题，分别形成了效仿自然排水方式的城市雨洪可持续发展的管理体系，相应的措施和技术也得到了长足发展和实践应用。

(1)可持续城市排水系统(SUDs)——英国。

SUDs 的建设理念是模仿自然排水系统，试图创建高效的、环境影响较低的排水方式，以收集、储存、净化地表径流，防止初期雨水中裹挟的污染物释放到自然水体中，危害动植物生境。SUDs 排水模式是一种易于管理的系统，不需要额外能量的输入，具有弹性和适应性，兼具美学吸引力和环境功能，如下凹式绿地、雨水花园等，既可以截留、蓄积和过滤雨水，保护和提升地下水质量，也能够为野生动物提供栖息地。

(2)水敏感性城市设计(WSUD)——澳大利亚。

WSUD 以水循环为核心，即将雨水、饮用水、中水的管理视为城市水循环的其中一个节点，而这些微小的节点相互联系、相互影响、统筹兼顾，形成有机的整体。其中，雨水系统是 WSUD 中最重要的子系统。只有具备了良性的雨水子系统，才能有效地维持城市的良性水循环，最大限度地保留城市水循环的整体平衡，保护当地水环境的生物多样性和生物栖息地，以实现水环境的生态和景观等多重价值。

(3)最佳雨洪管理措施(BMPs)——美国。

BMPs 既是暴雨径流控制、沉积物控制、土壤侵蚀控制技术，也是防止和减少非典型源污染的管理决策。其目标除了抑制暴雨地表径流洪峰流量之外，还要增加水资源的利用并且改善暴雨期间水质污染，减少洪水损害，最小化径流，减少土壤的侵蚀，保持地下水补给，减少面源污染，保证生物多样性和河道的完善性，减少污染径流，提高水体的服务功能，保障公共安全。

(4)低影响开发理论实践(LID)——美国。

LID 的实施强调在保护必要的场地水文循环功能的前提下进行发展，主要是通过植物群落和土壤覆盖物对雨水及径流进行蓄留和过滤，促进其下渗，并通过减少不透水铺装的面积，延长雨水径流的流动通道和汇流时间，以综合技术应用模拟开发前场地中雨水蓄留、渗透、径流总量和速度等水文调蓄功能。

(5)绿色基础设施(GI)——美国。

不同于空间保护和规划，绿色基础设施研究和实践的对象不仅是土地本身，更多地强调绿色开放空间在生态系统管控方面的作用，雨洪管理是其功能的一部分。绿色基础设施实践的目的是利用自然生态系统的多重功能承担城市基础设施的服务功能，同时保持和恢复生态系统的稳定性，提升社会和经济效益。绿色基础设施理念认为城市问题产生的根源是土地开发和保护战略对生态系统乃至社会产生的一系列影响，强调从产生实践问题的源头开始实施管理，并应用一系列的生态技术以消减问题的严重性。

最佳雨洪管理措施(BMPs)、低影响开发(LID)和绿色基础设施(GI)，是美国对于雨洪管理提出的三个不同理念，其既存在差异也有部分交叉，均为构建海绵城市提供了战略指导和技术支撑，是海绵城市的基础和建设依据。

12.1.3　海绵城市的概念

《海绵城市建设技术指南——低影响开发雨水系统构建(试行)》(建城函[2014]275号)对“海绵城市”的概念给出了明确的定义，即：海绵城市是指城市能够像海绵一样，在适应环境变化和应对自然灾害等方面具有良好的“弹性”，下雨时吸水、蓄水、渗水、净水，需要时将蓄存的水“释放”并加以利用。海绵城市建设应遵循生态优先等原则，将自然途径与人工措施相结合，在确保城市排水防涝安全的前提下，最大限度地实现雨水在城市区域的积存、渗透和净化，促进雨水资源的利用和生态环境保护。在海绵城市建设过程中，应统筹自然降水、地表水和地下水的系统性，协调给水、排水等水循环利用各环节，并考虑其复杂性和长期性。

海绵城市的建设途径主要有以下几方面：一是对城市原有生态系统的保护，最大限度地保护原有的河流、湖泊、湿地、坑塘、沟渠等水生态敏感区，留有足够涵养水源、应对较大强度降雨的林地、草地、湖泊、湿地，维持城市开发前的自然水文特征，这是海绵城市建设的基本要求；二是生态恢复和修复，对传统粗放式城市建设模式下，已经受到破坏的水体和其他自然环境，运用生态的手段进行恢复和修复，并维持一定比例的生态空间；三是低影响开发，按照对城市生态环境影响最低的开发建设理念，合理控制开发强度，在城市中保留足够的生态用地，控制城市不透水面积比例，最大限度地减少对城市原有水生态环境的破坏，同时，根据需求适当开挖河湖沟渠，增加水域面积，促进雨水的积存、渗透和净化。

我国海绵城市设计方法主要依据低影响开发雨水系统，综合绿色基础设施，形成我国海绵城市建设体系。

12.1.4 低影响开发雨水系统的概念

低影响开发(Low Impact Development，LID)指在场地开发过程中采用源头、分散式措施维持场地开发前的水文特征，也称为低影响设计(Low Impact Design，LID)或低影响城市设计和开发(Low Impact Urban Design and Development，LIUDD)。其核心是维持场地开发前后水文特征不变，包括径流总量、峰值流量、峰现时间等，见图12.1。从水文循环角度，要维持径流总量不变，就要采取渗透、储存等方式，实现开发后一定量的径流量不外排；要维持峰值流量不变，就要采取渗透、储存、调节等措施削减峰值、延缓峰值时间。发达国家人口少，一般土地开发强度较低，绿化率较高，在场地源头有充足空间来消纳场地开发后径流的增量(总量和峰值)。我国大多数城市土地开发强度普遍较大，仅在场地采用分散式源头削减措施，难以实现开发前后径流总量和峰值流量等维持基本不变，所以还必须借助于中途、末端等综合措施，来实现开发后水文特征接近于开发前的目标

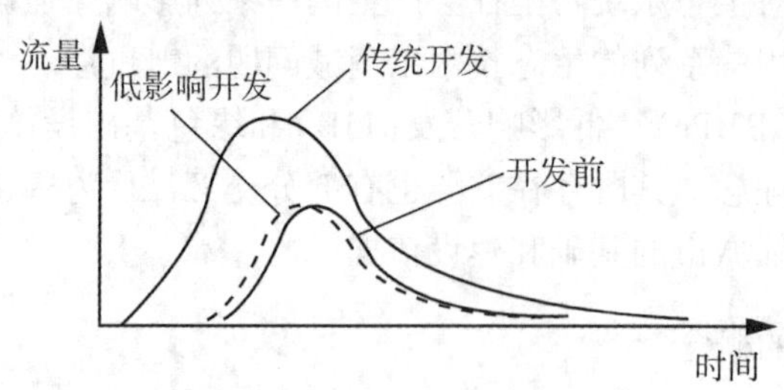

图12.1 低影响开发水文原理示意图

从上述分析可知，低影响开发理念的提出，最初是强调从源头控制径流。但随着低影响开发理念及其技术的不断发展，加之我国城市发展和基础设施建设过程中面临的城市内涝、径流污染、水资源短缺、用地紧张等突出问题的复杂性，在我国，低影响开发的含义已延伸至源头、中途和末端不同尺度的控制措施。城市建设过程应在城市规划、设计、实施等各环节纳入低影响开发内容，并统筹协调城市规划、排水、园林、道路交通、建筑、

水文等专业，共同落实低影响开发控制目标。因此，广义来讲，低影响开发指在城市开发建设过程中采用源头削减、中途转输、末端调蓄等多种手段，通过渗、滞、蓄、净、用、排等多种技术，实现城市良性水文循环，提高对径流雨水的渗透、调蓄、净化、利用和排放能力，维持或恢复城市的“海绵”功能。

12.1.5　海绵城市建设的六大要素

(1)渗：即渗透，运用生态手段在开发的同时维持或恢复到城市开发前的自然水文特征。海绵城市推行建设可渗透下垫面，尽可能地增大雨水下渗比例。

(2)滞：即滞留，采用模拟自然的方式来增加径流时间以此削减径流峰值，延缓峰值出现时间。在绿化设计中可采用滞留塘、下凹式绿地和雨水花园等。

(3)蓄：即调蓄，重点在于增加储水空间，从而保证更多的雨水在外排前被场地设施进行积存、调蓄，降低峰值流量，同时为雨水利用创造条件。

(4)净：即净化，采用生物手段减少径流污染，让城市绿地与水体维持和恢复其净水能力。主要可采用人工湿地、河岸生态滤池等措施。

(5)用：即利用，海绵城市建设与低影响开发同传统排水系统的最大区别，在于“回归自然的水文循环”，合理的利用不仅使水资源安全有序释放，还能缓解水资源短缺，节水减排。

(6)排：即排放，传统排水系统应与低影响开发雨水系统共同组织径流雨水的收集、转输与排放，在强调“慢排缓释”的同时，达到排水防涝的能力。可利用城市竖向与人工机械设施相结合，排水防涝设施与天然水系河道相结合，地面排水与地下管渠相结合。

12.2　海绵城市——低影响开发雨水系统构建原则

海绵城市建设——低影响开发雨水系统构建的基本原则是规划引领、生态优先、安全为重、因地制宜、统筹建设。

1. 规划引领

在城市各领域规划建设中，应首先落实海绵城市建设、低影响开发雨水系统构建的内容，实行先规划后建设，体现规划的科学性和权威性，发挥规划的控制和引领作用。

2. 生态优先

城市规划中应科学划定蓝线和绿线。城市开发建设应保护河流、湖泊、湿地、坑塘、沟渠等水生态敏感区，优先利用自然排水系统与低影响开发设施，实现雨水的自然积存、自然渗透、自然净化和可持续水循环，提高水生态系统的自然修复能力，维护城市良好的生态功能。

3. 安全为重

以保护人民生命财产安全和社会经济安全为出发点，综合采用工程和非工程措施提高低影响开发设施的建设质量和管理水平，消除安全隐患，增强防灾减灾能力，保障城市水安全。

4. 因地制宜

根据各地自然地理条件、水文地质特点、水资源禀赋状况、降雨规律、水环境保护与内涝防治要求等，合理确定低影响开发控制目标与指标，科学规划布局和选用下沉式绿地、植草沟、雨水湿地、透水铺装、多功能调蓄等低影响开发设施及其组合系统。

5. 统筹建设

设计应结合城市总体规划和建设，在各类建设项目中严格落实各层级相关规划中确定的低影响开发控制目标、指标和技术要求，统筹建设。低影响开发设施应与建设项目的主体工程同时规划设计，同时施工，同时投入使用。

12.3 海绵城市——低影响开发雨水系统构建内容和方法

在海绵城市的规划设计阶段应对不同低影响开发设施及其组合进行科学合理的平面与竖向设计，依据城市绿地系统规划建设，构建低影响开发雨水系统。低影响开发雨水系统的构建与所在区域的规划控制目标、水文、气象、土地利用条件等关系密切，因此，在选择低影响开发雨水系统的流程、单项设施或其组合系统时，需要进行技术经济分析和比较，优化设计方案。海绵城市设计流程见图 12.2。

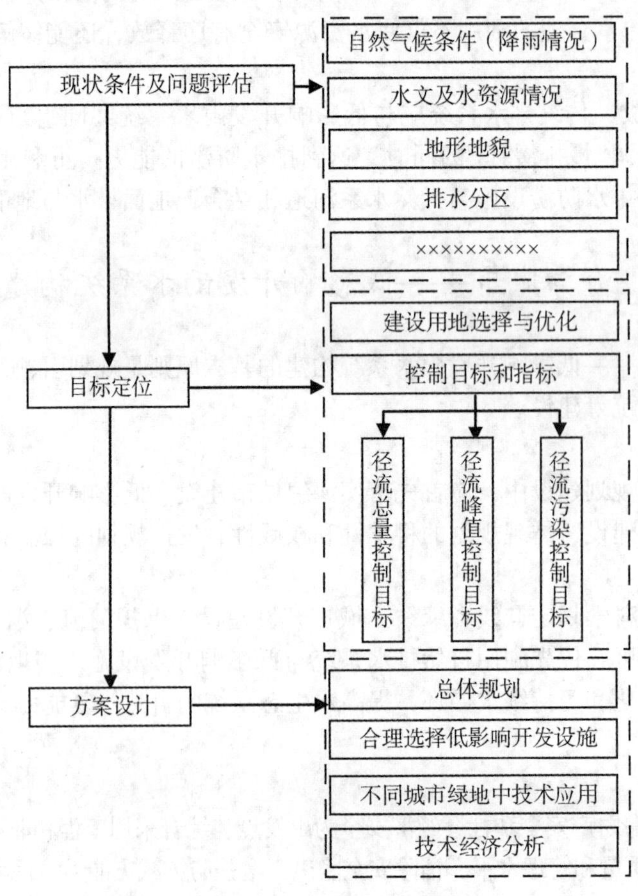

图 12.2 海绵城市设计流程图

12.3.1　现状调研分析

通过对城市区位条件、地质水文条件、降雨特性、洪涝特点、水资源条件、排水分区、河湖水系及湿地情况、用水供需情况、水环境与水生态状况等进行情况调查，分析区域河湖水系、城市排水防涝系统现状及市政管网、园林绿地等建设情况及存在的主要问题，根据城市经济发展和人民生活需求，评估城市防洪、排水防涝能力与内涝风险，找出城市建设和管理面临的水问题与对策出路。

对于区域降雨特性、洪涝特点的分析，有助于在规划设计时充分考虑区域雨水径流情况、积水状况等；对水资源条件、河湖水系及湿地情况的分析，有助于进一步对城市水系、水流及大型排水汇水区进行分析，从而明确有利于雨水排放、雨水净化等较为集中的地方；对于排水分区的分析，有助于对城市的整体排水状况进行分析，明确排水水序、城市管网及相关积水问题；对于用水供需情况的分析，有助于明确城市的用水问题，从而为建设中的水系统提供有效依据。

12.3.2　目标定位

目标定位包括海绵城市建设用地的选择与优化、制定控制目标和指标等，明确海绵城市目标，对海绵城市的进一步规划设计提供合理定位和依据。

1. 建设用地选择与优化

在选择低影响开发技术和设施时，应本着节约用地、兼顾其他用地、综合协调设施布局的原则，保护雨水受纳体，优先考虑使用原有绿地、河湖水系、自然坑塘、废弃土地等用地，借助已有用地和设施，结合周边景观进行规划设计，以自然为主、人工设施为辅，必要时新增低影响开发设施用地和生态用地。但是，在城市规划建设中不能侵占河湖水系，应尊重原城市生态格局。

2. 制定控制目标和指标

在海绵城市的规划设计中，应根据当地的环境条件、经济发展水平等，因地制宜地确定适用于本地的径流总量、径流峰值和径流污染控制目标及相关指标。

1)控制目标的选择

规划设计应根据当地降雨特征、水文地质条件、径流污染状况、内涝风险控制要求和雨水资源化利用需求等，并结合当地水环境突出问题、经济合理性等因素，有所侧重地确定低影响开发径流控制目标。

(1)在水资源缺乏的城市或地区，可采用水量平衡分析等方法确定雨水资源化利用的目标；雨水资源化利用一般应作为径流总量控制目标的一部分。

(2)在水资源丰沛的城市或地区，可侧重径流污染及径流峰值控制目标。

(3)在径流污染问题较严重的城市或地区，设计可结合当地水环境容量及径流污染控制要求，确定年 SS(悬浮物)总量去除率等径流污染物控制目标。实践中，一般转换为年径流总量控制率目标。

(4)在水土流失严重和水生态敏感地区，宜选取年径流总量控制率作为规划控制目标，尽量减小地块开发对水文循环的破坏。

(5)在易涝城市或地区可侧重径流峰值控制，并达到《室外排水设计规范》(GB 50014)中内涝防治设计重现期标准。

(6)在面临内涝与径流污染防治、雨水资源化利用等多种需求的城市或地区，可根据当地经济情况、空间条件等，选取年径流总量控制率作为首要规划控制目标，综合实现径流污染和峰值控制及雨水资源化利用目标。

2)径流控制目标

低影响开发雨水系统的径流控制目标包括径流总量控制目标、径流峰值控制目标和径流污染控制目标。

径流总量控制目标：一般采用年径流总量控制率作为控制目标，我国部分城市年径流总量控制率及其对应的设计降雨量如表12-1所示。在各地城市规划、建设过程中，可将年径流总量控制率目标分解为单位面积控制容积，以其作为综合控制指标来落实径流总量控制目标。径流总量控制途径包括雨水的下渗减排和直接积蓄利用。

表12-1　**我国部分城市年径流总量控制率对应的设计降雨量值一览表**

城市	不同年径流总量控制率对应的设计降雨量(mm)				
	60%	70%	75%	80%	85%
拉萨	6.2	8.1	9.2	10.6	12.3
乌鲁木齐	5.8	7.8	9.1	10.8	13.0
呼和浩特	9.5	13.0	15.2	18.2	22.0
长春	10.6	14.9	17.8	21.4	26.6
石家庄	12.3	17.1	20.3	24.1	28.9
杭州	13.1	17.8	21.0	24.9	30.3
重庆	12.2	17.4	20.9	25.5	31.9
上海	13.4	18.7	22.2	26.7	33.0
北京	14.0	19.4	22.8	27.3	33.6
南京	14.7	20.5	24.6	29.7	36.6
天津	14.9	20.9	25.0	30.4	37.8
南宁	17.0	23.5	27.9	33.4	40.4
济南	16.7	23.2	27.7	33.5	41.3
武汉	17.6	24.5	29.2	35.2	43.3
广州	18.4	25.2	29.7	35.5	43.4
海口	23.5	33.1	40.0	49.5	63.4

径流峰值控制目标：考虑降雨频率与雨型、低影响开发设施建设与维护管理条件等因素。低影响开发设施一般对中、小降雨事件的峰值削减效果较好，对特大暴雨事件虽然也可以起到一定的错峰、延峰作用，但其峰值削减幅度往往较低。同时，低影响开发雨水系统是城市内涝防治系统的重要组成，应与城市雨水管渠系统及超标雨水径流排放系统相衔接，建立从源头到末端的全过程雨水控制与管理体系，共同达到内涝防治要求。

径流污染控制目标：既要控制分流制径流污染物总量，也要控制合流制溢流的频次或污染物总量。设计时应结合当地城市水环境质量要求、径流污染特征等确定径流污染综合控制目标和污染物指标，污染物指标可采用悬浮物(SS)、化学需氧量(COD)、总氮(TN)、总磷(TP)等。考虑到径流污染物变化的随机性和复杂性，径流污染控制目标一般也通过径流总量控制来实现，并结合径流雨水中污染物的平均浓度和低影响开发设施的污染物去除率确定。

12.3.3　海绵城市——低影响开发雨水系统构建措施

在确定目标定位后，要对场地进行规划设计。首先，要依据绿地系统分类标准进行总体规划布局；其次，在充分了解低影响开发技术后，依据场地现状分析选择技术类型，合理选择低影响开发设施；最后，针对不同绿地类型综合布局低影响开发技术，构建绿色基础设施，形成雨水系统(图 12.3)。

1. 总体规划

在海绵城市总体规划中，应当结合城市绿地系统分类标准，从面到点，依据排水分区，结合场地周边用地性质、绿地率、水域面积率等条件，综合确定不同绿地类型，即公共绿地、广场绿地、道路绿地、附属绿地和防护绿地，对应低影响开发设施的类型与布局。并且注重公共开放空间的多功能使用，高效利用现有设施和场地，将雨水控制与景观相结合，建造弹性城市景观。

在总体规划层面的低影响开发雨水系统构建的步骤如下：

(1)尽可能了解和掌握场地信息，包括场地及周边一定环境范围的上位规划，上位规划对项目场地提出的雨洪管理控制指标，场地自身的水文、土壤、陆生、水生生境情况、开放空间分布以及排水分区的划分和规模等。

(2)制定针对场地问题、适宜于场地现状条件的雨洪管理目标和管理系统。

(3)明确适宜进行低影响开发雨水措施建设的位置和规模。

(4)结合拟进行低影响开发雨水措施建设地块的使用功能、景观需求等，提出各措施的景观规划方案。

(5)跳回整个景观规划层面，对规划的各低影响开发措施的功能定位、规模设计以及景观设计进行审核，比照总体目标，进行调整和完善。

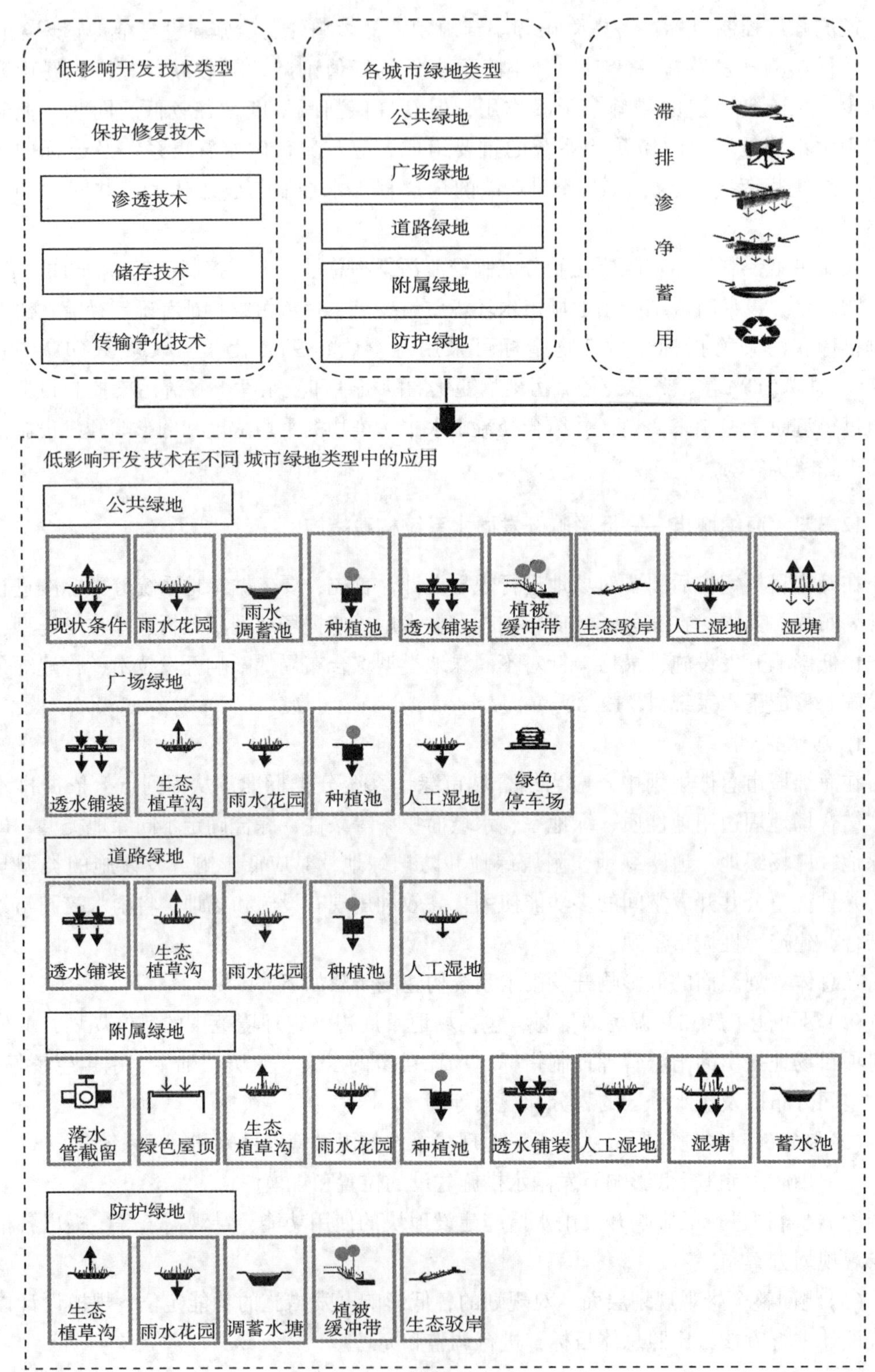

图 12.3　总体规划设计布局

2. 技术类型选择

在总体规划的基础上，要充分了解低影响开发各类技术，为技术的选择与布局提供有效依据。低影响开发技术包含若干不同形式的低影响开发设施，主要有透水铺装、绿色屋顶、下沉式绿地、生物滞留设施、渗透塘、渗井、湿塘、雨水湿地、蓄水池、雨水罐、调节塘、调节池、植草沟、渗管(渠)、植被缓冲带、初期雨水弃流设施、人工土壤渗滤等。其按主要功能一般可分为保护修复、渗透、储存、传输净化等几类。

1)保护修复技术

生态驳岸指在河道驳岸处理过程中，将硬化驳岸恢复为自然河岸或具有自然河岸特点的可渗透性的人工驳岸，以减少人工驳岸对河流自然环境的影响。生态驳岸的建设首先要保证城市的防洪排涝对驳岸侵蚀、冲刷和防洪标高的要求；并采用碎石、石笼、生态混凝土等具有一定抗冲刷能力的材料和结构作为基础，栽植耐水湿乔木、灌木和水生、湿生植物；根据常水位及储存水位等不同水位的变化幅度，选择适宜的植物种类。生态驳岸结构如图 12.4 所示。

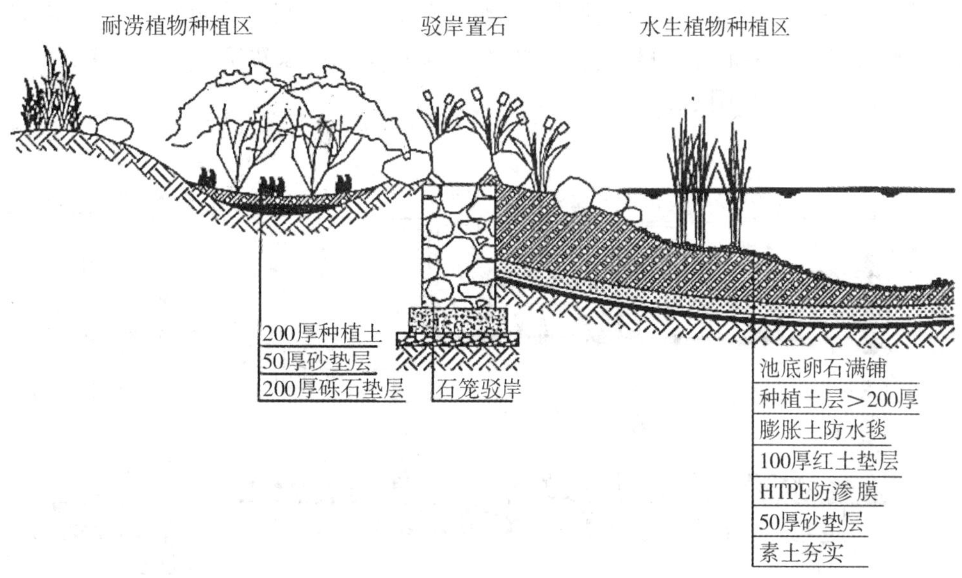

图 12.4　生态驳岸结构

2)渗透技术

透水铺装可由透水混凝土、透水沥青、可渗透连锁铺装和其他材料构成(图 12.5)。透水铺装结构应符合《透水砖路面技术规程》(CJJ/T 188)、《透水沥青路面技术规程》(CJJ/T 190)和《透水水泥混凝土路面技术规程》(CJJ/T 135)相关规定。当透水铺装使路基强度和稳定性存在较大风险时，可采用半透水铺装；当土壤透水能力有限时，应在透水基层内设置排水管或排水板；当透水铺装设置在地下室顶板上时，其覆土厚度不应小于 600mm，并应增设排水层。

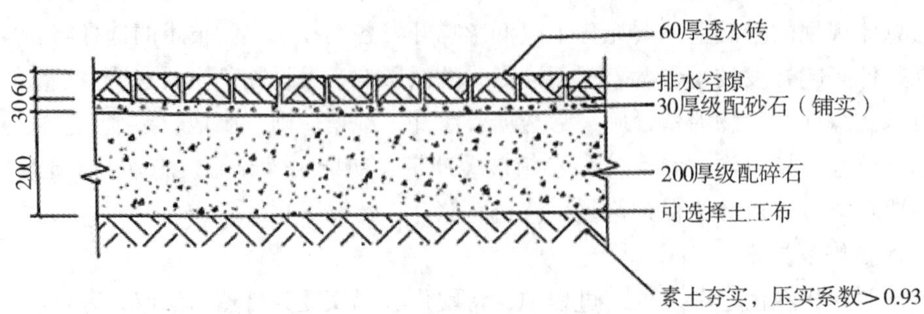

图 12.5　透水铺装结构

3) 储存技术

(1) 雨水调蓄池。

雨水调蓄池指具有很大的蓄水能力，兼具良好滞洪、净化等生态功能的雨洪积蓄利用设施。蓄水池可采用混凝土池、塑料模块蓄水池、硅砂砌块水池等。蓄水池可分为开敞式和封闭式、矩形池和圆形池。蓄水池的有效储水容积应大于集水面重现期 1~2 年的日净流总量扣除设计初期径流弃流量。蓄水池典型构造可参照国家建筑标准设计图集《雨水综合利用》(10SS705)。如图 12.6 所示。

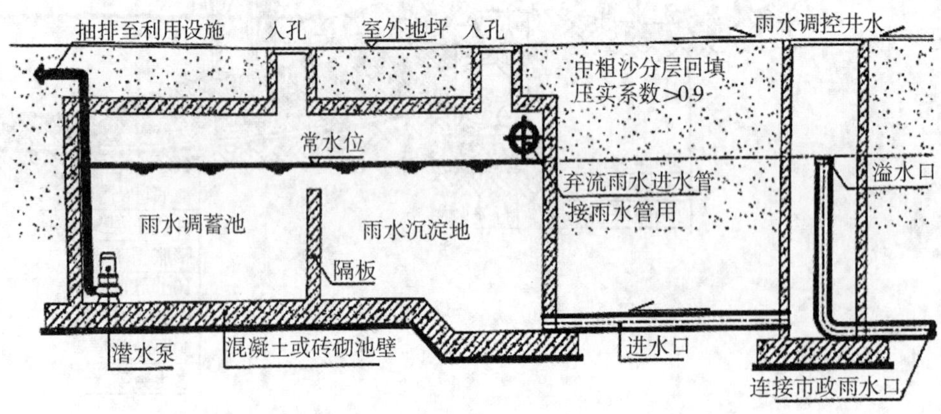

图 12.6　雨水调蓄池结构

(2) 湿塘。

湿塘指具备雨水调蓄和净化功能的景观水体(图 12.7)，雨水是其主要补水水源。湿塘的建设应接纳汇水区径流处，采用碎石、消能坎等设施，防止水流冲刷和侵蚀；采用碎石或水生植物种植区作为缓冲区，消减大颗粒沉积物；主塘包括常水位以下(或暴雨季节闸控最低水位)的永久容积，永久容积水位线以上至最高水位为具有峰值流量消减功能的调节容积。

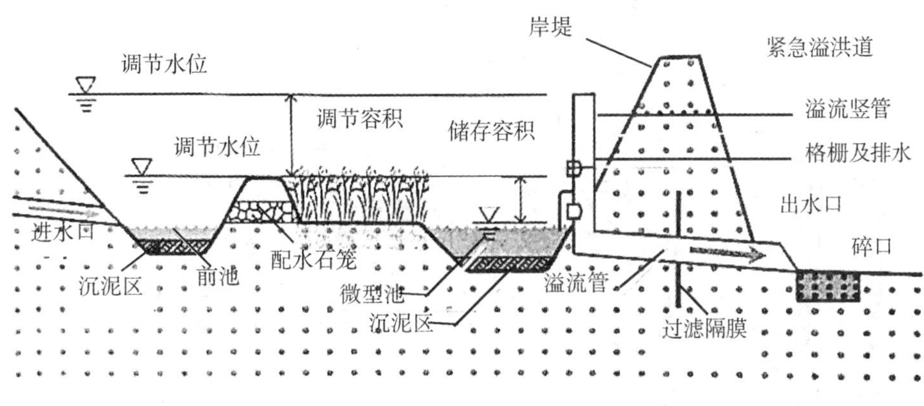

图 12.7　湿塘结构

(3)人工湿地。

人工湿地是指利用湿地净化原理设计为表面流或垂直流的高效雨水径流污染控制设施(图 12.8)，一般应用于可生化降解的有机污染物和 N、P 等营养物质，颗粒物负荷较高的雨水初期径流应设置前段调节或初期雨水弃流设置。潜流人工湿地表面没有水，表流人工湿地表面水深一般为 0.6~0.7m，水力停留时间为 7~10d，水力坡度为 0.5%，表面积约为 4000m^2。人工湿地需要一定的地形高差形成定向水流，且选择具备一定耐污能力的水生湿生植物。

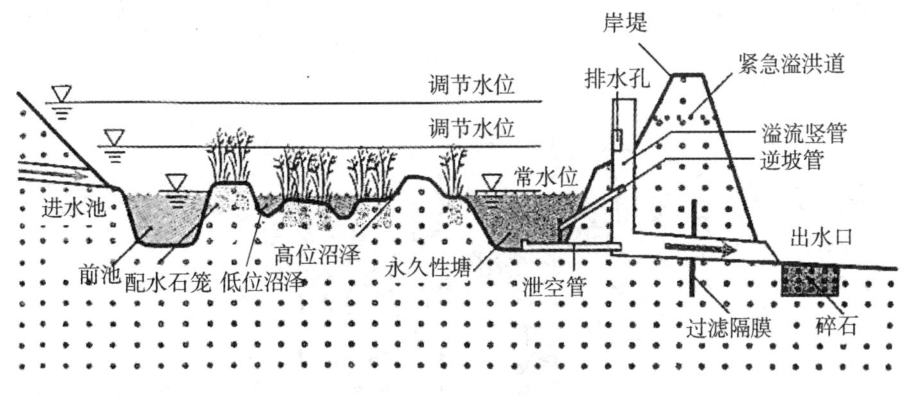

图 12.8　人工湿地结构

4)传输净化技术

(1)绿色屋顶。

绿色屋顶是用植物材料代替裸露的屋顶材料(图 12.9)，植物覆盖能够滞留和蒸发雨水，其功能是减少雨水径流。基质深度可根据植物需求及屋顶荷载确定，除植物层外，应有净化过滤层，厚度不小于50cm，种植坡度不大于12°。

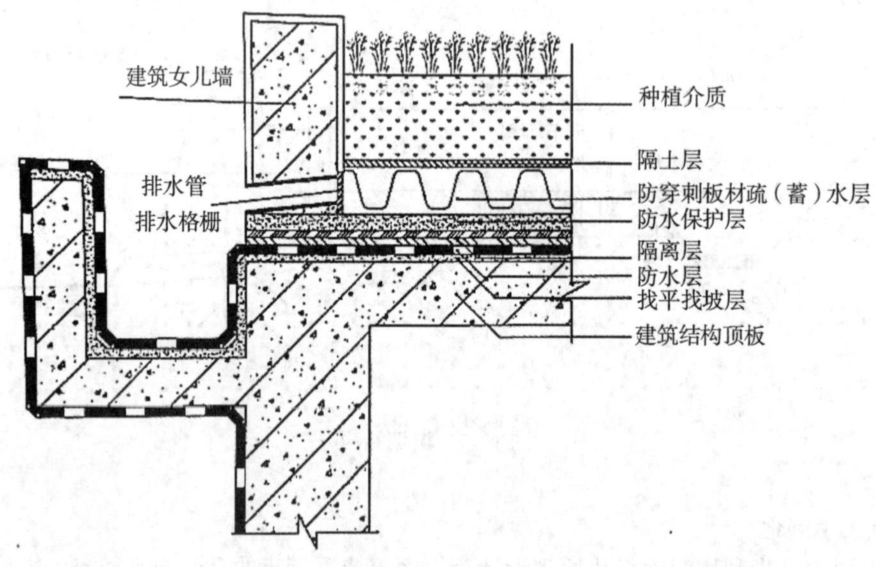

图 12.9　绿色屋顶结构

(2)生态植草沟。

植草沟是通过种植密集的植物来处理地表径流的设施(图 12.10)，利用土壤、植被和微生物来过滤雨水、减缓径流，可用于衔接其他各单项设施、城市雨水灌渠和超标雨水径流排放系统。主要有输型植草沟、渗透型的干式植草沟和常有水的湿式植草沟，可分别提高径流总量和径流污染控制效果。针对不同场地，植草沟的面积占比和宽度均不同，详见表12-2。

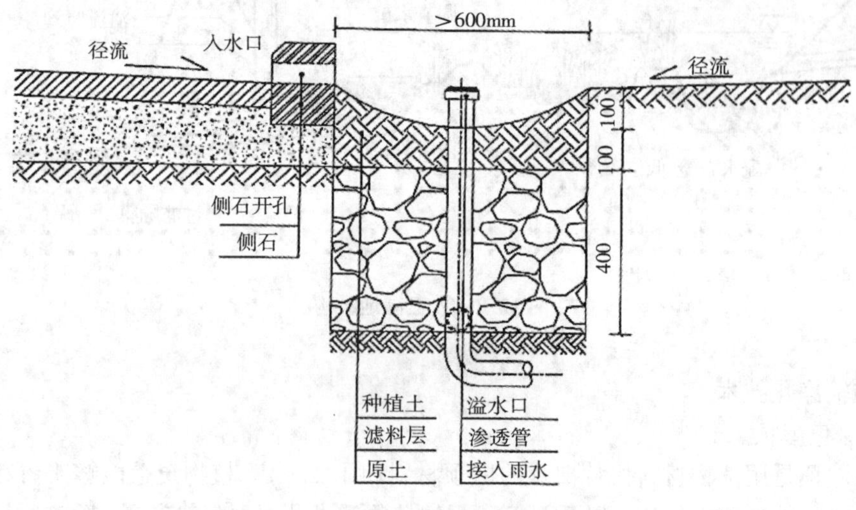

图 12.10　植草沟结构

表 12-2　　不同场地植草沟尺度要求汇总表

场地名称			植　草　沟	
			面积占比	宽度(单位：m)
停车场	不透水型	中小型	1/4	1.5~2m
		大型		2m
	透水型	中小型	1/8~1/10	0.6~1m
		大型		1m
广场	不透水型		1/4	1.5~2m
	透水型		1/8~1/10	>0.6m
道路	交通型		1/4	为汇水道路宽度的 1/4，每段的长度为 6~15m
	生活型		1/4	为汇水道路宽度的 1/4，但不小于 0.4m

(3)雨水花园。

雨水花园是自然形成或人工挖掘的浅凹绿地(图 12.11)，种植灌木、花草，形成小型雨水滞留入渗设施，用于收集来自屋顶或地面的雨水，利用土壤和植物的过滤作用净化雨水，暂时滞留雨水并使之逐渐渗入土壤，且不同区域条件下雨水花园类型不同，其材料及尺度均不同。详见表 12-3。

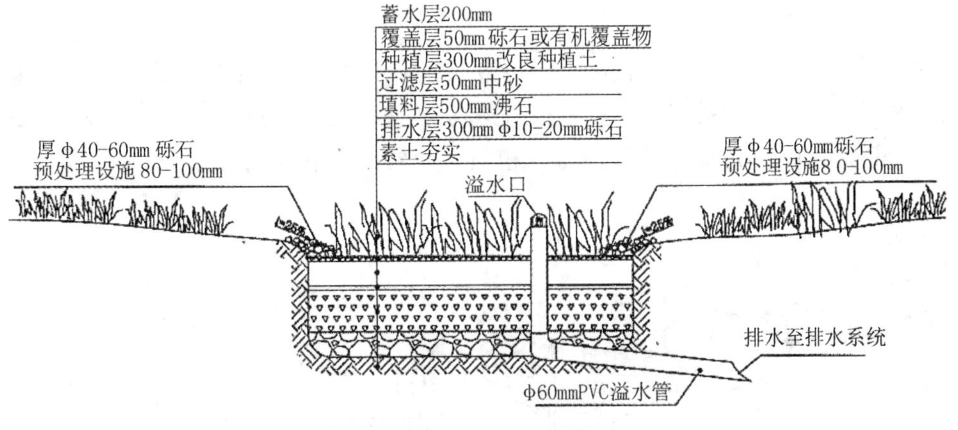

图 12.11　雨水花园结构

表 12-3　　不同区域条件下雨水花园类型表

区域条件	雨水花园类型	填料层		排水层厚度(cm)
		材料	厚度(cm)	
地形开敞、径流量大	调蓄型	沸石	50	30
硬质铺装密集、径流污染严重	净化型	瓜子片	50	30
径流量较大、径流污染严重	综合功能型	改良种植土	50	30

(4)种植池。

种植池是有立体墙面、开放或闭合底部的城市下沉式绿地，吸收来自步行道、停车场和街道的径流。种植池中水位高出一定高度可通过设在种植池内的溢流口进入雨水径流排放系统。种植池在密集城市区域中是理想的节约空间的街景元素。种植池结构见图 12. 12。

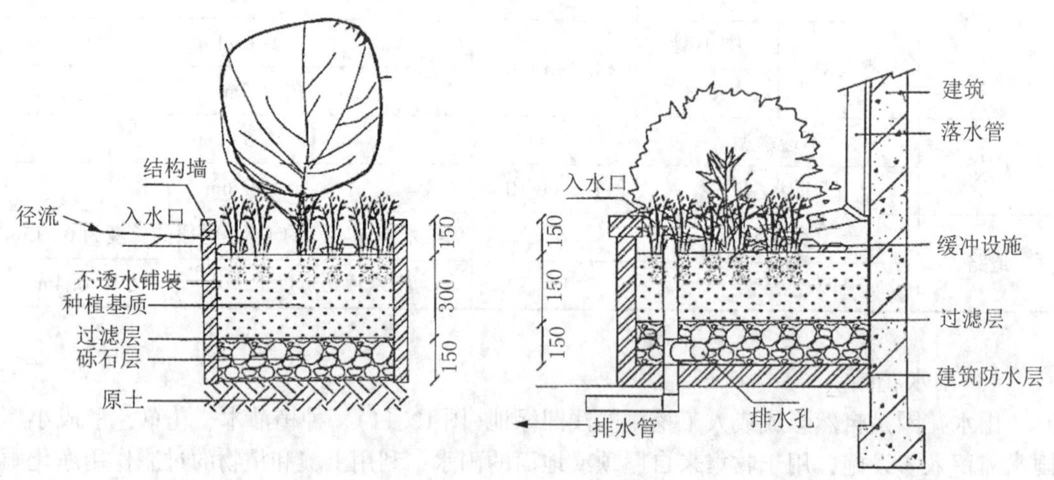

图 12. 12　种植池结构

(5)植被缓冲带。

植被缓冲带为坡度较缓的植被区，经植被拦截和土壤下渗作用减缓地表径流流速，并去除径流中的污染物。植被缓冲带可采用道路林带与湿地沟渠相结合的形式。植被缓冲带坡度一般为 2%~6%，宽度不宜小于 2m。植被缓冲带结构见图 12. 13。

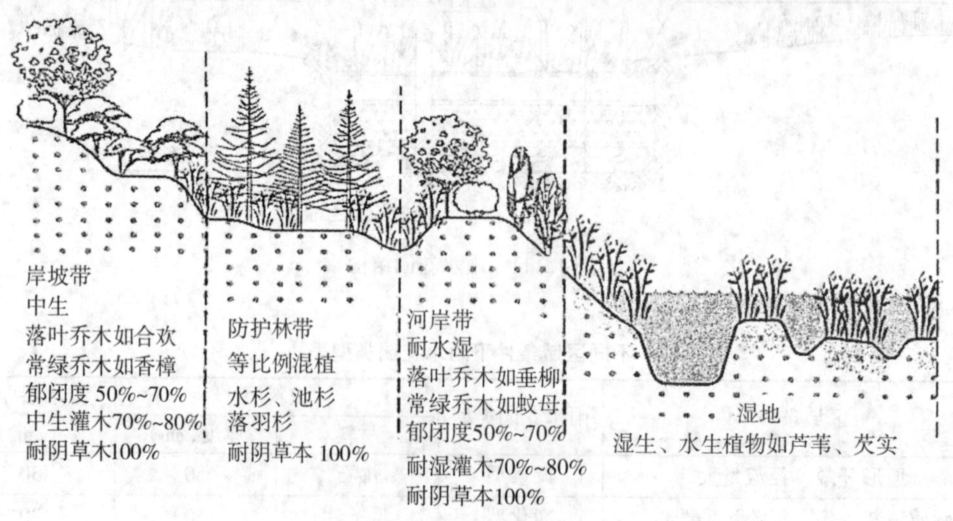

图 12. 13　植被缓冲带结构

3. 合理选择低影响开发设施

低影响开发设施往往具有补充地下水、积蓄利用、削减峰值流量及净化雨水等多个功能，可实现径流总量、径流峰值和径流污染等多个控制目标，因此应根据城市总规、专项规划及详规明确的控制目标，结合汇水区特征和设施的主要功能、经济性、适用性、景观效果等因素灵活选用低影响开发设施及其组合系统。

低影响开发设施比选如表 12-4 所示。

表 12-4 **低影响开发设施比选一览表**

单项设施	功能					控制目标			处置方式		经济性		污染物去除率（以 SS 计,%）	景观效果
	积蓄利用雨水	补充地下水	削减峰值流量	化雨水	转输	径流总量	径流峰值	径流污染	分散	相对集中	建造费用	维护费用		
透水砖铺装	○	●	◎	◎	○	●	◎	◎	√	—	低	低	80-90	—
透水水泥混凝土	○	○	◎	◎	○	◎	◎	◎	√	—	高	中	80~90	—
透水沥青混凝土	○	○	◎	◎	○	◎	◎	◎	√	—	高	中	80~90	—
绿色屋顶	○	○	◎	◎	○	●	◎	◎	√	—	高	中	70~80	好
下沉式绿地	○	●	◎	◎	○	●	◎	◎	√	—	低	低	—	一般
简易型生物滞留设施	○	●	◎	◎	○	●	◎	◎	√	—	低	低	—	好
复杂型生物滞留设施	○	●	◎	●	○	●	◎	●	√	—	中	低	70~95	好
渗透塘	○	●	◎	◎	○	●	◎	◎	—	√	中	中	70~80	一般
渗井	○	●	◎	◎	○	●	◎	◎	√	√	低	低	—	—
湿塘	●	○	●	◎	○	●	●	◎	—	√	高	中	50~80	好
雨水湿地	●	○	●	●	○	●	●	●	√	√	高	中	50~80	好
蓄水池	●	○	◎	◎	○	●	◎	◎	—	√	高	中	80~90	—
雨水罐	●	○	◎	◎	○	●	◎	◎	√	—	低	低	80~90	—
调节塘	○	○	●	◎	○	○	●	◎	—	√	高	中	—	一般
调节池	○	○	●	○	○	○	●	○	—	√	高	中	—	—
转输型植草沟	◎	○	○	◎	●	◎	○	◎	√	—	低	低	35~90	一般
干式植草沟	○	●	○	◎	●	●	○	◎	√	—	低	低	35~90	好
湿式植草沟	○	○	○	●	●	○	○	●	√	—	中	低	—	好
渗管/渠	○	◎	○	○	●	◎	○	◎	√	—	中	中	35~70	—
植被缓冲带	○	○	○	●	—	○	○	●	√	—	低	低	50~75	一般
初期雨水弃流设施	◎	○	○	●	—	○	○	●	√	—	低	中	40~60	—
人工土壤渗滤	●	○	○	●	—	○	○	◎	—	√	高	中	75~95	好

注：1. ●——强，◎——较强，○——弱或很小；

2. SS 去除率数据来自美国流域保护中心(Center for Watershed Protection, CWP)的研究数据。

各类用地中低影响开发设施的选用应根据不同类型用地的功能、用地构成、土地利用布局、水文地质等特点进行，可参照表 12-5 选用。

表 12-5　**各类用地中低影响开发设施选用一览表**

技术类型（按主要功能）	单项设施	用地类型			
		建筑与小区	城市道路	绿地与广场	城市水系
渗透技术	透水砖铺装	●	●	●	◎
	透水水泥混凝土	◎	◎	◎	◎
	透水沥青混凝土	◎	◎	◎	◎
	绿色屋顶	●	○	○	○
	下沉式绿地	●	●	●	◎
	简易型生物滞留设施	●	●	●	◎
	复杂型生物滞留设施	●	●	◎	◎
	渗透塘	●	◎	●	○
	渗井	●	◎	●	○
储存技术	湿塘	●	◎	●	●
	雨水湿地	●	●	●	●
	蓄水池	◎	○	◎	○
	雨水罐	●	○	○	○
调节技术	调节塘	●	◎	●	◎
	调节池	◎	◎	◎	○
转输技术	转输型植草沟	●	●	●	◎
	干式植草沟	●	●	●	◎
	湿式植草沟	●	●	●	◎
	渗管/渠	●	●	●	○
截污净化技术	植被缓冲带	●	●	●	●
	初期雨水弃流设施	●	◎	◎	○
	人工土壤渗滤	◎	○	◎	◎

注：●——宜选用，◎——可选用，○——不宜选用。

4. 不同城市绿地类型中的应用

在海绵城市设计思想的指导下，各类城市绿地应根据实际情况，采用适当的低影响开发技术及其组合系统，并结合景观设计增加雨水调蓄空间。在具体选择上应遵循以下原则：注重资源节约，保护生态环境，因地制宜，经济适用，并与其他专业密切配合；结合各地气候、土壤、土地利用等条件，选取适宜当地条件的低影响开发技术和设施；恢复开发前的水文状况，促进雨水的储存、渗透和净化。

1) 公共绿地

公共绿地(公园绿地、街旁绿地)是相对较为封闭的绿地系统，绿地内部包含了绿地、道路与建筑物等，公园绿地进行低影响开发应选择以雨水渗透、储存、净化为目的的设施(图 12.14)。这些设施与区域内的雨水管渠系统和超标雨水径流排放系统相衔接，还可以根据场地条件不同，结合景观小品来灵活地进行适当设置。通过减少地表径流、增加雨水下渗、最大化利用雨水资源，实现公园绿地中可持续的雨水管理和利用。

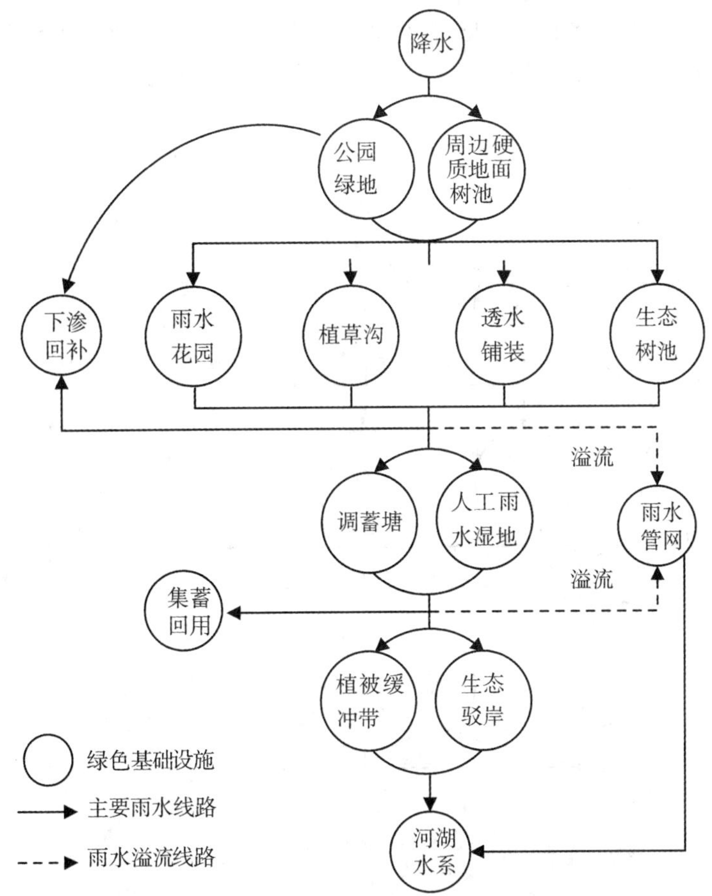

图 12.14　公共绿地雨水控制利用流程

公共绿地(含公园绿地和街旁绿地)应首先满足自身的生态功能、景观功能，在此基础上应达到相关规划提出的如径流总量控制率、绿地率、透水铺装率等低影响开发指标的要求。公园绿地适宜的低影响开发设施有植草沟、雨水花园、雨水调蓄池、种植池、透水铺装、植被缓冲带、生态驳岸、人工湿地、湿塘等。

雨水利用以入渗及自然水体补水与生态净化回用为主，应避免采取建设维护费用高的净化设施。土壤入渗率低的公园绿地以储存、回用设施为主；公园绿地内景观水体应作为雨水调蓄设施，并与景观设计相结合。景观水体应设溢流口，超过设计标准的雨水可排入市政管网。景观水体可与蓄水设施、湿地建设有机结合，雨水经适当处理可作为公共绿地的灌溉、清洁用水。

低影响开发设施内植物宜根据设施水分条件、径流雨水水质进行选择，宜选择耐涝、耐旱、耐污染能力强的乡土植物。公共绿地低影响开发雨水系统设计应满足《公园设计规范》(GB 51192—2016)中的相关要求。有条件的河段可采用生态缓冲带、生态驳岸等工程设施，以降低径流污染负荷。

2)广场绿地

广场绿地是相对开放的绿地，该类型绿地选择的低影响开发设施应以雨水渗透、储存、净化等为主要功能，消纳自身及周边区域径流雨水，溢流雨水经雨水灌渠系统和超标雨水径流排放系统排入市政雨水管网。广场绿地雨水控制利用流程见图 12.15。

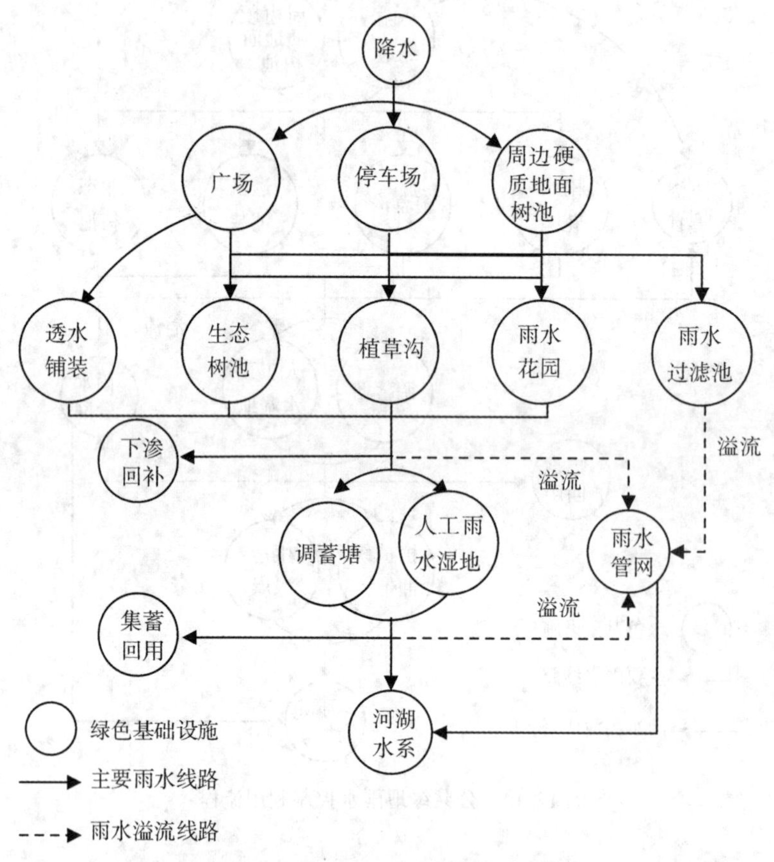

图 12.15　广场绿地雨水控制利用流程

广场绿地宜采用透水铺装、植草沟、雨水花园、种植池、人工湿地、绿色停车场等低影响开发设施消纳径流雨水。广场宜采用透水铺装，直接将雨水渗入地下，以有效回补地下水；除使用透水铺装外，还应合理设置坡度，保证排水，使周围绿地能合理吸收利用雨水；机动车道等区域初期雨水有机污染物及悬浮固体污染物的含量较高，道路雨水收集回用前应设初期雨水弃流装置，将该部分径流收集排至市政雨水管网。其中，绿色停车场是指通过一系列低影响开发技术的综合运用来减少停车场的不可渗透铺装的面积。诸多常用的低影响开发单项技术均可综合运用到广场和停车场设计中，如植草沟、雨水花园、透水铺装等。

3）道路绿地

道路绿地是道路附属绿地，在保障基本功能的前提下，可消纳自身及周边区域径流雨水。道路绿地雨水控制利用流程见图 12.16。

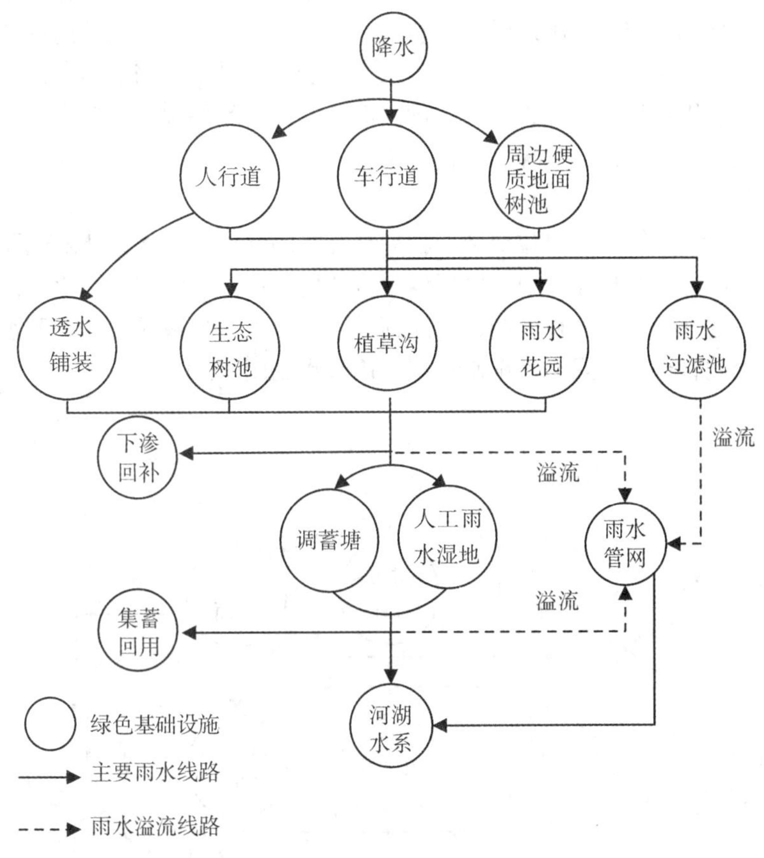

图 12.16　道路绿地雨水控制利用流程

道路绿地宜采用透水铺装、植草沟、雨水花园、种植池、人工湿地等低影响开发设施消纳径流雨水。人行道宜采用透水铺装，直接将雨水渗入地下，以有效回补地下水；除使用透水铺装外，应合理设置坡度，保证排水，使周围绿地能合理吸收利用雨水；机动车道等区域初期雨水有机污染物及悬浮固体污染物的含量较高，道路雨水收集回用前应设初期雨水弃流装置，将该部分径流收集排至市政雨水管网。城市道路绿化带内低影响开发设施应采取必要的防渗措施，防止径流雨水下渗破坏道路路面及路基，其设计应满足《城市道路工程设计规范》（CJJ 37—2012）相关要求。

已建道路可通过降低绿化带标高、增加种植池、路缘石开口改造等方式将道路径流引到绿化空间的绿色基础设施，溢流设施接入原有市政排水管线或周边水系。新建道路可加宽人行道空间以预留绿色基础设施空间；结合道路纵坡及标准断面、市政雨水排放系统布局等，优先采用植草沟排水。自行车道、人行道以及其他承载要求较低的路面，优先采用透水铺装材料。人行道行道树应当采用生态树池来收集树干径流和路面径流。道路红线内的绿地，应确保种植土层的厚度，种植乔木时，必须将下层建筑垃圾、土壤滞水层等破除，保障植物生长。低影响开发设施内植物应根据设施水分条件、径流雨水水质进行选择，宜选用耐涝、耐旱、耐污染能力强的乡土植物。道路中交通环岛、公交车站的绿色基础设施的布置应结合相邻绿化带、雨水口位置综合考虑，尽可能利用绿化带净化、消减径流。当道路红线外绿地空间有限或毗邻建筑与小区时，可结合红线内外的绿地，采用植草沟、雨水花园等雨水滞留设施净化、下渗雨水，减少雨水排放。当道路红线外绿地空间规模较大时，可结合周边地块条件设置人工雨水湿地、调蓄塘等雨水调节设施，集中消纳道路及部分周边地块雨水径流，并控制径流污染。

4）附属绿地

附属绿地包括小区绿地、单位绿地等独立单元式的绿地，应将其建筑屋面和道路径流雨水通过有组织的汇流与传输，引入附属绿地内的雨水渗透、储存、净化等低影响开发设施。可通过对不透水铺装的面积限制、对屋顶排水的要求、植被浅沟和调蓄水池的设计等方面进行雨洪控制管理。附属绿地雨水控制利用流程见图 12.17。

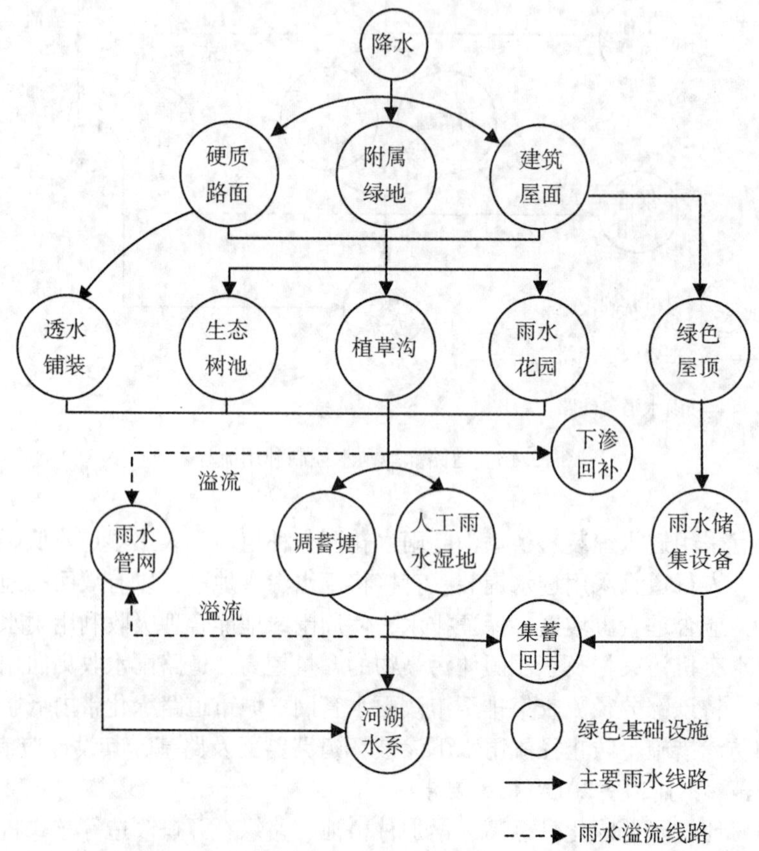

图 12.17　附属绿地（建筑小区绿地）雨水控制利用流程

附属绿地可通过落水管截留、绿色屋顶、植草沟、雨水花园、种植池、透水铺装、人工湿地、湿塘、蓄水池等低影响开发设施来消纳自身径流雨水；可采取落水管截留设施将屋面雨水引入周边绿地内分散的植草沟、雨水花园等设施，再通过这些设施将雨水引入绿地内的蓄水池、湿塘、人工湿地等设施；附属绿地适宜位置可建雨水收集回用系统用于绿地灌溉；道路应采用透水铺装路面，透水铺装路面设计应满足路基路面强度和稳定性等要求。

小区绿地包括居住用地、公共设施用地、工业用地、仓储用地的附属绿地，它们的绿色基础设施建设具有一定的相似性。建筑小区绿地绿色基础设施的目标以控制径流总量、雨水积蓄利用为主，污染较重区域辅以径流污染削减。适宜在建筑小区绿地使用的绿色基础设施主要有：落水管截留技术、植草沟、雨水花园、透水铺装、生态树池、绿色屋顶、雨水收集利用设备、调蓄塘和人工雨水湿地。在对既有建筑改造时，应优先考虑雨落管断接方式，将建筑屋面、硬化地面雨水利用具有一定景观功能的明沟或者暗渠引入周边绿地中的绿色基础设施。坡度较缓(小于 15°)的屋顶或平屋顶、绿化率较低、与雨水收集利用设施相连的建筑与小区(新建或改建)可考虑采用绿色屋顶。普通屋面的建筑可利用建筑周围绿地设置雨水花园等吸收和净化屋面雨水。居住区屋面表面应采用对雨水无污染或污染较小的材料，不宜采用沥青或沥青油毡。有条件时可采用种植屋面。屋面雨水收集回用前应设初期雨水弃流装置。低影响开发设施内植物宜根据设施水分条件、径流雨水水质进行选择，宜选用耐涝、耐旱、耐污染能力强的乡土植物。建议优先采用植草沟等自然地表排水形式输送、消纳、滞留雨水径流，减少小区内雨水管道的使用。在空间局限且污染较重区域，若设置雨水管道，宜采用雨水过滤池净化水质。

有水景的小区绿地，应优先利用水景来收集和调蓄场地雨水，同时兼顾雨水蓄渗利用及其他设施。景观水体面积应根据汇水面积、控制目标和水量平衡分析确定。雨水径流经各种源头处理设施后方可作为景观水体补水和绿化用水。对于超标准雨水进行溢流排放。无水景的小区绿地，如果以雨水径流削减及水质控制为主，可以根据地形划分为若干个汇水区域，将雨水通过植草沟导入雨水花园，进行处理、下渗，对于超标准雨水溢流排入市政管道。如果以雨水利用为主，可以将屋面雨水经弃流后导入雨水桶进行收集利用，道路及绿地雨水经处理后导入地下雨水池进行收集利用。对于大面积的停车场，应采用透水性铺装建设，并充分利用竖向设计，引导径流到场地内部或者周边的下沉式绿地中，下渗、调蓄、净化或利用雨水。

5)防护绿地

防护绿地，是指城市中具有卫生、隔离和安全防护功能的绿地。包括卫生隔离带、道路防护绿地、城市高压走廊绿带、防风林、城市组团隔离带等。防护绿地绿色基础设施的目标以控制地表径流和削减径流污染为主、雨水调节和收集利用为辅。适宜在防护绿地使用的绿色基础设施主要有：植草沟、雨水花园、调蓄塘、植被缓冲带和生态驳岸。将防护绿地周边汇水面(如广场、停车场、建筑与小区等)的雨水径流通过合理竖向设计引入防护绿地，结合排涝规划要求，设计雨水控制利用设施。防护绿地内部浇灌养护设施与排水设施应合理设计，结合雨水回收利用设施，蓄水用于干旱季节的灌溉。在植被规划方面，尽量选择乡土树种。此外，结合防护绿地的类型，选择具备不同防护功能(如污染物的去除)的植物。防护绿地雨水控制利用流程见图 12.18。

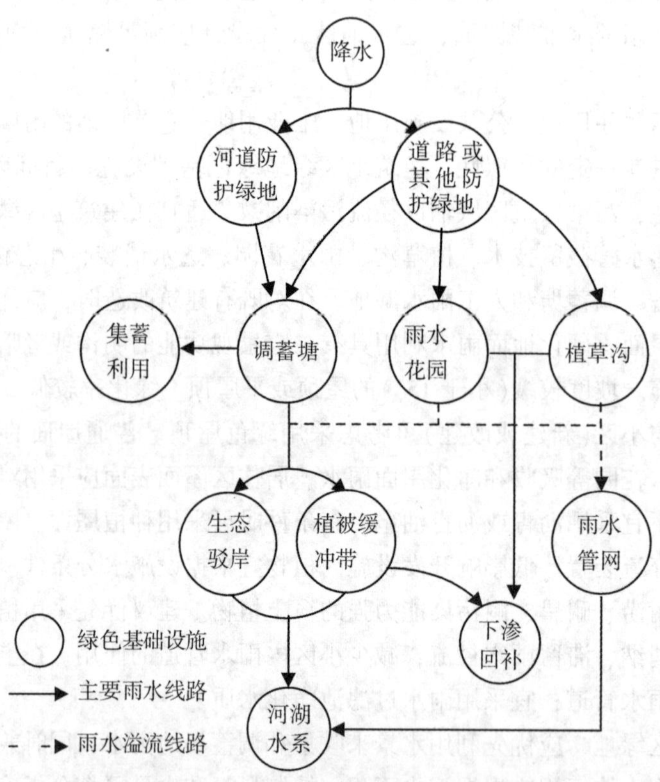

图 12.18　防护绿地雨水控制利用流程

5. 经济技术分析

低影响开发设施建成后要进行经济技术分析，明确维护管理责任单位，落实设施管理人员，细化日常维护管理内容，确保低影响开发设施运行正常。

经济技术分析，要注重设施规模计算和效益估算两方面。低影响开发设施的规模应依据控制目标及设施的主要功能通过计算确定。以综合控制目标进行设计的设施，应综合运用容积法、流量法或水量平衡法等方法进行计算，并选择其中较大的规模作为设计规模。效益估算，在设施规模计算和设施规划建设的基础上，主要对雨水滞蓄率、污染物消减率、径流渗透率等进行计算评估，对规划建设提出合理修正意见，从而进一步印证海绵城市建设对城市雨洪管理调蓄的有效性。

本章小结

(1)海绵城市是指城市能够像海绵一样，在适应环境变化和应对自然灾害等方面具有良好的“弹性”，下雨时吸水、蓄水、渗水、净水，需要用水时将蓄存的水“释放”并加以利用。

(2)海绵城市建设的六大要素包括渗、滞、蓄、净、用、排。

(3)海绵城市建设的基本原则是规划引领、生态优先、安全为重、因地制宜、统筹建设。

(4)海绵城市——低影响开发雨水系统构建的步骤包括现状调研分析、目标定位、总体规划、技术类型选择、开发设施选择、不同城市绿地类型应用、经济技术分析。

(5)低影响开发技术主要包括保护修复技术、渗透技术、储存技术和传输净化技术。

思　考　题

1. 什么是海绵城市？其建设应当遵循的基本原则有哪些？
2. 与海绵城市相关的理论有哪些？各自的特点是怎样的？
3. 海绵城市的规划设计方法具体内容有哪些？其中低影响开发技术类型有哪些？

参 考 文 献

[1]诺曼·K. 布思. 风景园林设计要素[M]. 北京：北京科学技术出版社，2015.

[2]朱黎青. 风景园林设计初步[M]. 上海：上海交通大学出版社，2016.

[3]车生泉，于冰沁，严巍. 海绵城市研究与应用：以上海城乡绿地建设为例[M]. 上海：上海交通大学出版社，2015.

[4]蔡云楠. 绿道规划：理念·标准·实践[M]. 北京：科学出版社，2013.

[5]郭栩东，胡剑双. 绿道研究与规划设计[M]. 北京：中国建筑工业出版社，2013.

[6]郭栩东. 基于消费者参与的城市游憩型绿道经营管理研究[M]. 北京：中国社会科学出版社，2014.

[7]汪辉. 园林规划设计[M]. 第2版. 南京：东南大学出版社，2015.

[8]陈磊. 大秦岭山麓区绿道网络规划与建设[M]. 北京：中国建筑工业出版社，2014.

[9]徐清. 景观设计学[M]. 北京：同济大学出版社，2010.

[10]于立晗. 城市景观设计[M]. 北京：化学工业出版社，2015.

[11]张建涛，卫红. 城市景观设计[M]. 北京：中国水利水电出版社，2008.

[12]邵春福. 城市交通规划[M]. 北京：北京交通大学出版社，2014.

[13]岑乐陶. 城市道路交通规划设计[M]. 北京：机械工业出版社，2006.

[14]刘滨谊. 城市道路景观规划设计[M]. 南京：东南大学出版社，2002

[15]王浩. 园林规划设计[M]. 南京：东南大学出版社，2009.

[16]沈建武，吴瑞麟. 城市道路与交通[M]. 武汉：武汉大学出版社，2011.

[17]《城市园林绿地规划》编写委员会. 城市园林绿地规划与设计[M]. 北京：中国建筑工业出版社，2006.

[18][日]土木学会. 道路景观设计[M]. 章俊华，等，译. 北京：中国建筑工业出版社，2003.

[19]过秀成. 城市交通[M]. 南京：东南大学出版社，2010.

[20]屠苏莉，刘志强，丁金华. 城市景观规划设计[M]. 北京：化学工业出版社，2014.

[21]丁圆. 滨水景观设计[M]. 北京：高等教育出版社，2010.

[22][德]赫伯特德莱赛特尔，迪亚特格劳. 最新水景设计[M]. 北京：中国建筑工业出版社，2008.

[23]蓝先林. 园林水景[M]. 天津：天津大学出版社，2007.

[24]尹安石. 现代城市滨水景观设计[M]. 北京：中国林业出版社，2010.

[25]潘召南. 生态水景观设计[M]. 重庆：西南师范大学出版社，2008.

[26]黄生贵，吕明伟，郭磊. 山水田园城市：滨水景观设计[M]. 北京：中国建筑工业出版社，2015.
[27]张浪. 滨水绿地景观[M]. 北京：中国建筑工业出版社，2008.
[28]赵慧宁. 城市景观规划设计[M]. 北京：中国建筑工业出版社，2011.
[29]张建涛. 城市景观设计[M]. 北京：中国水利水电出版社，2007.
[30]王其钧. 城市景观设计[M]. 北京：机械工业出版社，2011.
[31]陈斌. 景观设计概论[M]. 北京：化学工业出版社，2012.
[32]谭纵波. 城市规划[M]. 北京：清华大学出版社，2005.
[33]蔡永洁. 城市广场：历史脉络·发展动力·空间品质[M]. 南京：东南大学出版社，2006.
[34]文增. 城市广场设计[M]. 沈阳：辽宁美术出版社，2014.
[35]赵之枫. 小城镇街道和广场设计[M]. 北京：化学工业出版社，2005.
[36]赵宇. 城市广场与街道景观设计[M]. 重庆：西南师范大学出版社，2011.
[37]田勇. 城市广场及商业街景观设计[M]. 长沙：湖南人民出版社，2011.
[38]王萍. 景观规划设计方法与程序[M]. 北京：中国水利水电出版社，2012.
[39]赵艳岭. 城市公园植物景观设计[M]. 北京：化学工业出版社，2011.
[40]加文. 城市公园与开放空间规划设计[M]. 北京：中国建筑工业出版社，2007 .
[41]孟刚. 城市公园设计[M]. 第 2 版. 上海：同济大学出版社，2005.
[42]谭晖. 城市公园景观设计[M]. 重庆：西南师范大学出版社，2011 .
[43]蔡雄彬. 城市公园景观规划与设计[M]. 北京：机械工业出版社，2014.
[44]刘扬. 城市公园规划设计[M]. 北京：化学工业出版社，2010 .
[45]李素英. 城市带状公园绿地规划设计[M]. 北京：中国林业出版社，2011.
[46]徐进. 居住区景观设计[M]. 武汉：武汉理工大学出版社，2013.
[47][德]普林茨. 城市景观设计方法[M]. 天津：天津大学出版社，1989.
[48]常俊丽，娄娟. 园林规划设计[M]. 上海：上海交通大学出版社，2012.
[49]霍兰德，科克伍德，高德，等. 棕地再生原则：废弃地的清理、设计和再利用[M]. 北京：中国建筑工业出版社，2014.
[50]吴晓松，吴虑. 城市景观设计：理论、方法与实践[M]. 北京：中国建筑工业出版社，2009.
[51]王向荣. 西方现代景观设计的理论与实践[M]. 北京：中国建筑工业出版社，2002.
[52]赵兵. 园林工程学[M]. 南京：东南大学出版社，2003.
[53]徐清. 景观设计学[M]. 第 2 版. 上海：同济大学出版社，2014.
[54]徐磊青. 人体工程学与环境行为学[M]. 北京：中国建筑工业出版社，2006.
[55]王光军，项文化. 城乡生态规划学[M]. 北京：中国林业出版社，2015.
[56]金煜. 园林植物景观设计[M]. 第 2 版. 沈阳：辽宁科学技术出版社，2015.
[57]刘伯英，冯钟平. 城市工业用地更新与工业遗产保护[M]. 北京：中国建筑工业出版

社, 2009.
[58]刘抚英. 后工业景观设计[M]. 上海：同济大学出版社, 2013.
[59]贾斯汀，等. 棕地再生原则：废弃地的清理 · 设计 · 再利用[M]. 北京：中国建筑工业出版社, 2014.
[60]刘康, 李团胜. 生态规划——理论、方法与应用[M]. 北京：化学工业出版社, 2004.
[61]张玉明. 环境行为与人体工程学[M]. 北京：中国电力出版社, 2011.
[62]盖尔. 交往与空间[M]. 北京：中国建筑工业出版社, 2002.
[63]邬建国. 景观生态学：格局、过程尺度与等级[M]. 北京：高等教育出版社, 2007.
[64]车生泉，张凯旋. 生态规划设计：原理、方法与应用[M]. 上海：上海交通大学出版社, 2013.
[65]余新晓. 景观生态学[M]. 北京：高等教育出版社, 2006.
[66]傅伯杰，陈利顶，马克明，等. 景观生态学原理及应用[M]. 北京：科学出版社, 2001.
[67]郭晋平，周志翔. 景观生态学[M]. 北京：中国林业出版社, 2007.
[68]徐昌斌. 景观设计理论与实践研究[M]. 北京：中国水利水电出版社, 2014.
[69]俞孔坚. 景观设计：专业、学科与教育[M]. 北京：中国建筑工业出版社, 2003.
[70]魏兴琥. 景观规划设计[M]. 北京：中国轻工业出版社, 2010.
[71]徐坚. 景观规划设计[M]. 北京：中国建筑工业出版社, 2014.
[72]宁晶. 日本庭园读本[M]. 北京：中国电力出版社, 2013.
[73]朱建宁. 西方园林史：19 世纪之前[M]. 第 2 版. 北京：中国林业出版社, 2013.
[74]刘永福. 景观规划设计[M]. 上海：上海交通大学出版社, 2013.
[75]曹磊，杨冬冬. 走向海绵城市：海绵城市的景观规划设计实践探索[M]. 天津：天津大学出版社，2016.
[76]李海生，潘家普. 视觉电生理的原理和实践[M]. 上海：上海科学普及出版社，2002.
[77]朱书强. 居住区景观设计中“非视觉要素”研究[D]. 西安：西安建筑科技大学, 2015.
[78]赵志诚. 从废弃垃圾堆放场到城市公园的景观改造研究[D]. 哈尔滨：东北林业大学, 2011.
[79]赵思宇. 棕地景观生态修复途径研究[D]. 北京：中国林业科学研究院, 2014.
[80]郑晓笛. 基于“棕色土方”概念的棕地再生风景园林学途径[D]. 北京：清华大学, 2014.
[81]何姗. 棕地的生态恢复与景观再生设计研究[D]. 咸阳：西北农林科技大学, 2011.
[82]白宇璐. 棕地景观中的设计感研究[D]. 西安：西安建筑科技大学, 2016.
[83]崔晓培. 变“棕”为“绿”——棕地修复与景观再生设计研究[D]. 重庆：重庆大学, 2016.
[84]虞莳君，丁绍刚. 生命景观：从垃圾填埋场到清泉公园[J]. 风景园林，2006(6)：26-31.
[85]翁玫. 听觉景观设计[J]. 中国园林, 2007, 23(12)：46-51.

[86]张剑东. 海绵城市建设六大要素在合肥城市规划中的应用[J]. 门窗，2017(10)：128. 窗.
[87]车生泉，谢长坤，陈丹，于冰沁. 海绵城市理论与技术发展沿革及构建途径[J]. 中国园林，2015，31(6)：11-15.
[88]Hall E T. The Hidden Dimension[J]. Hidden Dimension，1990，6(1)：94.
[89]郑晓笛. 棕地再生的风景园林学探索——以"棕色土方"联结污染治理与风景园林设计[J]. 中国园林，2015，31(4)：10-15.
[90]邬建国. 景观生态学——概念与理论[J]. 生态学杂志，2000，19(1)：42-52.
[91]Kolasa J，Pickett S T A. Ecological Heterogeneity[M]. Springer New York，1991.
[92]Li H，Reynolds J F. On Definition and Quantification of Heterogeneity[J]. Oikos，1995，73(2)：280-284.
[93]CJJ 37—2012(2016 年版)，城市道路工程设计规范[S].
[94]GB 51192—2016，公园设计规范[S].
[95]CJJ/T 85—2017，城市绿地分类标准[S].
[96]GB 50137—2011，城市用地分类与规划建设用地标准[S].
[97]GB/T 51328—2018，城市综合交通体系规划标准[S].